高等院校土木工程专业选修课教材

PKPM 建筑结构 CAD 软件教程

杨星　赵钦　编著

中国建筑工业出版社

图书在版编目(CIP)数据

PKPM 建筑结构 CAD 软件教程/杨星，赵钦编著. —北京：中国建筑工业出版社，2009（2020.12 重印）
高等院校土木工程专业选修课教材
ISBN 978-7-112-11182-4

Ⅰ.P… Ⅱ.①杨…②赵… Ⅲ.建筑结构—计算机辅助设计—应用软件，PKPM—高等学校—教材 Ⅳ.TU311.41

中国版本图书馆 CIP 数据核字（2009）第 151606 号

本教程对中国建筑科学研究院 PKPM 结构软件的使用方法和操作步骤，进行系统的深入浅出的介绍，可操作性强，便于课堂教学和个人自学。

本教程在众多 PKPM 结构软件中抓住 PMCAD 建立模型、SATWE 计算分析、JCCAD 基础设计这三个关键环节作为主线，以一个混凝土框剪结构例题贯穿始终，详细阐述建立模型、设置参数、计算分析、优化设计、施工图设计和基础设计等建筑结构 CAD 技术的应用方法。

本教程可以作为高等院校土木工程专业"建筑结构 CAD"课程教材，也可作为"混凝土结构和砌体结构"、"高层建筑结构分析"、"房屋建筑学"等课程设计和毕业设计的上机指导书，对刚步入工作岗位的工程设计人员也极有参考价值。

* * *

责任编辑：咸大庆 刘瑞霞 王 梅
责任设计：赵明霞
责任校对：兰曼利 关 健

高等院校土木工程专业选修课教材
PKPM 建筑结构 CAD 软件教程
杨星 赵钦 编著
*
中国建筑工业出版社出版、发行（北京西郊百万庄）
各地新华书店、建筑书店经销
北京红光制版公司制版
北京建筑工业印刷厂印刷
*
开本：787 毫米×1092 毫米 1/16 印张：12¾ 字数：310 千字
2010 年 1 月第一版 2020 年 12 月第十次印刷
定价：38.00 元
ISBN 978-7-112-11182-4
（36787）

前　言

随着科学技术特别是计算机技术的突飞猛进，计算机辅助设计（CAD）日益深入各个应用领域，使建筑结构工程设计发生了翻天覆地的变化，设计单位早已告别绘图板时代，设计人员再也不受繁冗计算和趴图板的困扰，极大地提高了劳动生产率和设计质量。可以毫不夸张地说，在今天的工程设计行业中，离开计算机技术将寸步难行。结构设计从业人员除了掌握专业知识以外，还必须掌握计算机辅助设计技术，并与时俱进和 CAD 软件的发展同步前进。从这个意义上说，CAD 技术对工程设计人员不但是必修课，而且是常修课。

PKPM 软件是由中国建筑科学研究院建筑结构研究所推出的一套集建筑设计、结构设计、设备设计、管理信息化于一体的大型综合工程 CAD 系统，经过二十多年的研发和升级换代，软件日臻完善，涵盖建筑结构设计的各个方面，是目前国内建筑工程界应用最广，用户数量最多，国内影响力最大的计算机辅助设计软件，PKPM 结构软件事实上已成为行业标准，是广大结构工程师设计工作中必不可少的利器。

但是很多初学者和年轻朋友不知如何学习 PKPM 结构软件，常常在大量用户手册和专业书籍面前不知所措，对于如何快速入门、自学入门更是不得要领，本教程就力图弥补这一缺憾。我们在长期从事 CAD 技术教学，特别是 PKPM 结构软件教学工作中积累了一定的经验，深知哪些教学内容是最需要最实用的，熟悉由浅入深、循序渐进掌握软件核心技术的教学方法，了解如何突出重点，举一反三提高学习效率。建议初学者先阅读本书，这是学习 PKPM 结构软件的捷径，本教程以简洁、明了、实用的方式，引领初学者快速步入计算机辅助工程设计的殿堂。

本教程共 7 章，前 5 章以一个混凝土框架-剪力墙结构设计为主线，详细叙述计算机辅助设计的四大关键环节：建立模型、计算分析、绘施工图和基础设计，重点介绍 PK-PM 的三个核心软件：PMCAD、SATWE 和 JCCAD 板元法。只要认真阅读本教程的学习内容，按教程例题的操作要领上机实习，就能领略 CAD 技术的神奇功能，快速掌握 PK-PM 结构软件的基本操作方法。作为以上教学内容的补充，第 6 章简要介绍底框结构和砌体结构的设计步骤，及 QITI、TAT、PK 等软件的用法；第 7 章介绍 APM 建筑软件应用方法。

建议在阅读本书后继续参阅有关的 PKPM 软件用户手册和其他有关的专业 CAD 书籍，以便使学习更加系统深入。

因时间仓促，水平有限，书中难免有疏漏之处，恳请读者批评指正。

目　　录

第 7 章 APM 建筑设计

结束语

第1章 建筑结构 CAD 概述

1.1 建筑结构 CAD 应用概况及发展

CAD 即计算机辅助设计（Computer Aided Design），是利用计算机硬件和软件系统，对产品和工程进行设计、绘图、分析和编写技术文档等设计活动的总称，是一种综合性、集成化、不断发展和完善中的电子信息技术。

CAD 的设计对象主要有两大类，一类是机械、电气、电子、轻工和纺织产品；另一类是工程设计产品，即工程建筑。而如今，CAD 技术的应用范围已经延伸到艺术、电影、动画、广告和娱乐等领域，产生了巨大的经济及社会效益，有着广泛的应用前景，是代表和衡量国家工业化与现代化水平的重要标志。在商品化及全球经济一体化时代，CAD 技术的应用与发展可实现：极大地提高工程与产品的设计质量；缩短设计周期；提高设计工作的科学性与创造性；加速产品更新换代；提高产品市场竞争力；增强企业创新能力；加速新工程与新产品的诞生。

CAD 是一种多学科交叉的知识密集型技术，它涉及：计算机科学与工程，计算数学，计算力学等相关的计算学科；工程设计理论与方法，工程规范与工程管理，知识工程，人机工程等各个知识领域。掌握 CAD 是一个合格工程设计人员的必备条件。

1.1.1 CAD 的发展历史

CAD 技术主要是用计算机及其图形输入、输出外围设备帮助设计人员进行工程和产品设计与开发的技术，它的发展与计算机硬件及其软件的发展和完善是密切相关的。它的发展历史可分为五个发展时期。

1. 破壳出世（20 世纪 50 年代）

20 世纪 50 年代初期，美国麻省理工学院（MIT）研制开发出了数控自动铣床，随后又完成了用于数控的 APT 语言，从此开始了对 CAD 技术的研究。50 年代末，在数控铣床的基础上，美国 GERBER 公司研制出平板式绘图仪，美国 CALCOMP 公司则制成了滚筒式绘图仪，这就为 CAD 技术的实现提供了最基本的物质条件。

2. 羽翼渐丰（20 世纪 60 年代）

1963 年美国麻省理工学院林肯实验室的 I. E. Sutherland 成功开发了 sketchpad 系统，该系统将图形显示器、键盘、光笔等设备连接在计算机上，使设计者可以和计算机进行对话，对在显示器上显示的图形进行交互式处理，标志着 CAD 技术的诞生。

3. 雄姿展现（20 世纪 70 年代）

1972 年国际信息处理联合会（IFIP）在荷兰召开了"关于 CAD 原理的工作会议"；1979 年提出了图形交互标准。Applicon 公司、Computer Vision 公司、Calma 公司等推出了被称为 TurnKey 的图形处理系统，交互式绘图已成为较容易的事。此时商品化 CAD 系统在中小企业中开始应用与推广。

4. 晴空翱翔（20 世纪 80 年代）

在此时期出现了廉价的固体电路随机存储器，逼真图形的光栅扫描显示器、鼠标器、静电式绘图仪，伴随着超大规模集成电路技术的进步，微型机、超级微型机和图形工作站得到广泛应用，商品化图形系统也获得迅速发展。CAD 技术从发达国家向发展中国家扩展，从用于产品设计发展到用于工程设计，标志着 CAD 技术进入了实用期并广泛普及。

5. 一往无前（ 20 世纪 90 年代）

当前计算机技术正以前所未有的速度飞跃发展，以 Intel 公司芯片技术为代表的硬件革命，为 CAD 技术的创新提供了更加强大的实现手段。计算机辅助设计作为多学科交叉渗透的高科技发展产物，目前正向标准化、集成化、智能化、网络化方向发展。

- 标准化——图形标准相继问世。
- 集成化——软件算法固化在电路芯片的功能模板上，网络技术使得 CAD 资源共享，并行处理提高处理速度，并行设计出现，在信息集成的基础上强调过程集成。
- 智能化——ICAD（Intelligent CAD），设计型专家系统，只含一个专家系统，单一领域知识，集中在单台计算机上；IICAD（Integrated Intelligent CAD），集成化智能专家系统，含多个专家系统，多领域综合性知识，分布在网络节点上，基于 Web 进行网络传输和通信。
- 网络化——1984 年由 I. Greif 和 Paul Cashman 提出，经 20 多年研究与发展，在军事、商业、生产制造等多领域得到发展；多个设计者通过互联网进行图形、图像、文字、声音的交流及协同工作。

1.1.2 影响未来 CAD 发展趋势的因素

美国 SolidWorks 公司创始人兼第一任 CEO Jon Hirschtick 提出，主机端计算、开源、视频游戏、触摸界面技术和三维打印将成为影响未来 CAD 发展趋势的五大技术因素。

1. 主机端计算

不少人没有接触过计算机的最初阶段，一个主机带若干个终端。终端本身只是一个低成本的操作界面，所有系统上的应用程序的计算都是在调用主机上的资源。现在，比如网上邮箱、网上银行、网上文字处理等，从技术上讲，都是将应用程序放在主机上，只需使用 PC 上的 Internet 浏览器访问主机，并调用相关程序罢了。所以，未来通过基于 Internet 浏览器的主机端调用设计图的软件产品，任何人都可以在电脑中只有网站浏览器的前提下，查看到项目设计的详细图纸。

2. 开源

开源是 CAD 发展的重要组成部分，如 linux，apache 网站服务器，mySQL Jboss，Ecilipse Open office Firefox，GCC 等都是当前成功的开源软件。开源软件与某一专业领域的产品的优势组合，可实现对用户的最终的完整解决方案。

3. 视频游戏

视频游戏 Video Games 越来越让 CAD 开发者感到亲近，这倒不是这些程序设计者都爱玩电脑游戏，而是它有太多可以借鉴或者"拿来"的东西了。首先能从游戏中借鉴的就是图形图像处理的质量和表现，而三维用户操作界面，对实物的仿真效果，多人游戏对照多人协作这些都是可以参考的技术。

4. 触摸界面技术

谈到触摸界面技术，这里有苹果的 Iphone，Nintendo 的游戏机 Will，3D Connection 类似功能增强型的 CAD 作图用鼠标，还有车用 GPS，这些都是触摸技术的成功典范。今后触摸界面技术将在专业的 CAD 上得到广泛应用。

5. 三维打印

三维打印技术必将快速成熟，市场需求也将逐渐展开。对于技术本身，我们应该关注打印速度、质量和色彩，另一方面，降低成本仍然是非常重要的一环。

1.1.3　建筑结构 CAD 常用软件

1. 工具软件

● AutoCAD (Auto Computer Aided Design)：美国 AutoDesk 公司 1982 年 12 月推出的，既能在微机上又能在工作站上运行的工程绘图软件包。AutoCAD 从一开始开发就严格遵守工程制图的各种国际标准及行业习惯。该软件不断升级及完善，不仅在绘制二维图形上表现优越，而且对三维造型、空间渲染方面也出类拔萃。AutoCAD 除自身功能外还具有开发性，允许用户在其基础上进行二次开发，因此出现了以 AutoCAD 为图形平台的众多应用软件，形成广泛的应用领域。目前，随着网络技术日益普及，AutoCAD 已成为大众技术，是走上工程设计工作岗位的必备技能。

● OpenGL (Open Graphics Library)：美国 SGI 公司 1992 年 7 月推出的三维图形工业标准软件，是一种多平台高性能图形处理和交互式视景生成的三维图形软件开发系统，是一套独立于操作系统和硬件环境的三维图形库。基于 OpenGL 开发了大量图形应用软件，它已被广泛应用于科学计算可视化、实体造型、CAD/CAM、仿真、地理信息系统等领域。

● 3DS (3D Studio MAX)：美国 AutoDesk 公司推出的三维建模和动画软件，它和二维动画软件 Animator 是众多动画软件的代表，是与 AutoCAD 紧密联系用途广泛的三维渲染动画设计软件。

● Photoshop：是美国 Adobe 公司推出的平面图形设计软件，在土木工程 CAD 中常用于对扫描的图形进行编辑加工、合成处理、绘制工程草图、渲染图、布置图等；对设计图进行颜色校正、特技效果处理等。

2. 专业应用 CAD 软件

● PKPM 结构系列软件：由中国建筑科学研究院开发研制的一套优秀软件产品，是 PKPM 系列软件的重要组成部分，可以用于多高层及复杂建筑结构的建模、计算、绘图等，是目前国内建筑行业应用最为广泛的一套软件。

● TBSA 结构软件：是由中国建筑科学研究院开发的多层及高层建筑结构三维空间分析软件系统，它可同时完成 TBSA 及 TBWE 的数据图形输入，输出结果完善，表格和平面简图表达方式可供选择，可以完成单塔楼、多塔楼、连体、错层结构的计算。

● 广厦建筑结构软件：是由广东省建筑设计研究院和深圳市广厦软件有限公司联合开发的一个面向民用建筑的多高层结构 CAD 软件。可完成从建模、计算到施工图自动生成及处理的一体化设计工作，结构材料可以是砖、钢筋混凝土和钢，结构计算部分包括空间薄壁杆系计算 SS 和空间墙元杆系计算 SSW。

- 天正 Tasd 结构软件：是天正公司研发人员根据工业与民用建筑结构设计的具体需要重新开发的，构建在 AutoCAD 平台上。它是一款功能强大的后处理结构设计软件，用户可以轻松完成杆件和节点的设计、节点详图、施工图的绘制。

- TUS 结构软件：是清华大学建筑设计研究院开发的多层及高层空间结构一体化设计系统。该系列软件以 Auto CAD 为图形平台，集建模、计算和施工图生成及处理于一体。

- 探索者 TSSD 结构软件：由北京探索者公司开发，构建在 AutoCAD 平台上，可进行结构平面图设计以及梁、板、柱、剪力墙施工图的绘制。

3. 大型有限元分析软件

有限单元法（FEM）是最基本的、应用最广泛的、软件开发最丰富的、理论体系最完整的、被工程科学界最认可的计算技术，已成为目前计算机辅助设计的核心技术，是支持创新设计的 CAD 软件重要组成部分；目前已形成了成熟的商业国际市场；各类商业通用软件数百种，较著名且市场份额较大的软件有 20 余种，大多用 FORTRAN 语言编制，如：ANSYS、NASTRAN、ABAQUS、GTSTRUDL、ADINA、SAP 等。

提示：聪明的人不是力图把什么都交给计算机做，而是充分利用计算机可以达到的能力，把那些适合于计算机的工作交给计算机做——这才是 CAD 的真正含义。

1.2　PKPM 结构软件的组成与功能

1.2.1　PKPM 结构软件概述

1. PKPM 软件组成

PKPM 结构系列软件由以下模块组成：

（1）建立模型软件

➢ PMCAD：多高层混凝土建筑结构建模及绘图软件

➢ SPASCAD：多高层建筑结构复杂空间建模软件

（2）计算分析软件

➢ PK：混凝土框排架结构和连续梁二维设计软件

➢ TAT：多高层建筑结构薄壁柱模型空间有限元分析软件

➢ SATWE：多高层建筑结构墙元模型空间有限元分析软件

➢ PMSAP：多高层建筑结构通用空间有限元分析软件

➢ QITI：砖混结构、底框结构和混凝土砌块结构设计软件

➢ TAT-D：多高层建筑结构弹性动力时程分析软件

➢ EPDA：多高层建筑结构弹塑性动力和静力分析软件

（3）基础设计软件

➢ JCCAD：独基、条基、桩基、地梁、筏基设计软件

➢ BOX：箱形基础设计软件

（4）钢结构设计软件

➢ STS：门式刚架、框架、排架、桁架、支架等钢结构设计软件

➢ STPJ：钢结构重型工业厂房设计软件

➢ STXT：钢结构详图设计软件

（5）其他结构设计软件

➢ LTCAD：楼梯设计软件

➢ GJ：混凝土构件设计软件

➢ SLABCAD：复杂楼板设计软件

➢ PREC：预应力混凝土结构设计软件

➢ SILO：筒仓设计软件

➢ CHIMNEY：烟囱设计软件

2. 各类建筑结构在各个设计阶段采用的软件

各种类型的建筑结构在各个设计阶段所需用到的 PKPM 软件如表 1.2-1 所示。

各类建筑在各设计阶段需用的设计软件　　　表 1.2-1

	砌 体 结 构		钢筋混凝土结构		钢 结 构	
	砖　混	底框、砌块	一般工业民用建筑	带重型吊车的厂房	单榀门架	三维门架三维框架
建模	QITI 三维	QITI 三维	PM 三维	PK 二维	STS 二维	STS 三维
计算	QITI	QITI	TAT SATWE PMSAP	PK	STS	TAT SATWE PMSAP
出图	QITI	QITI	梁柱墙施工图 PMCAD3	PK	STS	STS

3. PKPM 系列软件之间的关系

PKPM 系列软件之间的相互关系，如图 1.2-1 所示。

1.2.2　各类建筑结构的建模方式

运用 CAD（计算机辅助设计）技术完成建筑结构设计，建立模型是前提，计算分析是关键，绘施工图是结果。面对现实生活中千差万别的建筑结构类型，PKPM 提供了多种不同的建模方式和建模软件：

1. 三维混凝土结构

如框架结构、框架-剪力墙结构、剪力墙结构、筒体结构、复杂高层结构等，调用 PKPM 主界面〈结构〉页的 PMCAD 软件建模。

2. 二维混凝土框排架结构

调用 PKPM 主界面〈结构〉页的 PK 软件建模，也可以从三维模型中抽取一榀框排架模型。

3. 砌体结构、底部框架-抗震墙结构、混凝土配筋砌块结构

调用 PKPM 主界面〈砌体结构〉页的 QITI 软件建模。

4. 钢结构、混合结构、组合结构

图 1.2-1　PKPM 系列软件构成图

调用 PKPM 主界面〈钢结构〉页的 STS 软件建模，或接力 PMCAD 软件补充建模。

5. 预应力结构

调用 PKPM 主界面〈特殊结构〉页的 PREC 软件接力 PMCAD 软件补充建模。

6. 复杂空间结构设计

调用 PKPM 主界面〈结构〉页中〈PMCAD〉（或〈PMSAP〉、或〈钢结构〉页中〈空间结构〉）的复杂空间结构建模及分析 SPASCAD 软件建模。

7. 各类基础设计

调用 PKPM 主界面〈结构〉页的 JCCAD 软件建模。

8. 各类特殊结构或构件设计

如筒仓、烟囱、楼梯等，调用相应软件建模。

提示：

（1）由于 PKPM 结构系列的各个软件数据结构是相近的，多数建模软件之间可以互相传递数据，但又各具特色不能替代。

（2）PKPM 软件对混凝土结构提供了四种建模方式：

➢ PMCAD 建立结构模型

➢ 将建筑 APM 模型转换为结构模型

➢ 将 AutoCAD 软件的平面图形转换为结构模型

➢ SPASCAD 复杂空间结构建模

PKPM 结构软件建立模型数据的方式虽然很多，但 PMCAD 是最基本最核心的建模方式，其他建模方式都是在它的基础上扩充延伸出来的，因此学习掌握 PMCAD 建模方法，是每个结构软件初学者的首要任务。

1.2.3　各类建筑结构的计算分析方法

为了适应现实生活中千变万化、形态各异的建筑结构设计分析需求，PKPM 系列软件提供了多个结构计算分析软件。应当注意的是，一方面各个计算分析软件具有不同的应用条件和适用范围，应根据其特点合理使用；另一方面软件之间又有功能交叉，都能对某些同类结构进行计算分析，以便满足规范要求的对复杂结构的抗震计算应采用不少于两个不同的力学模型进行分析，便于用户对计算结果进行对比校核。

PKPM 结构系列软件对上部建筑结构多遇地震作用的整体计算分析提供了五个软件，其功能特点是：

1. QITI 砌体结构设计分析软件

QITI 软件采用底部剪力法计算分析，用于完成砖混结构、底部框架-抗震墙结构、混凝土配筋砌块结构的建模、计算、出图等设计工作。

2. PK 二维计算分析软件

PK 是平面杆系的结构计算软件，可以自行建立二维模型或从 PMCAD、QITI、STS 的三维模型中抽出一榀框排架进行二维分析计算，适用于二维框架、排架的结构计算，尤其是带重型吊车的工业厂房设计，可以自动生成牛腿柱配筋施工图。

3. TAT 多高层建筑结构三维分析软件

TAT 是采用薄壁杆件原理的空间分析软件，接力 PMCAD、QITI、STS 等建模程序进行计算，适用于分析各种常见的多高层建筑结构。它除了有高层增强版外，还有 8 层普及版 TAT-8。

4. SATWE 多高层建筑结构空间有限元分析软件

SATWE 是基于壳元理论的三维有限元分析软件，其核心技术是解决复杂剪力墙和楼板的模型化及分析精度问题，接力 PMCAD、SPASCAD、QITI、STS 等建模程序进行计算，适用于分析设计体形复杂的多高层建筑结构。它除了有高层增强版外，还有 8 层普及版 SAT-8。

5. PMSAP 特殊多高层建筑结构有限元分析软件

PMSAP 软件是独立于 SATWE 软件的又一个多高层分析软件，其核心是通用三维有限元分析程序，接力 PMCAD、SPASCAD、STS 等建模程序进行计算，适用于分析复杂空间多高层建筑结构。

在 PKPM 众多结构计算分析软件中，SATWE 软件功能强大，是 PKPM 的代表性软件和核心技术所在，在工程设计中得到广泛应用，建议初学者首先学习掌握 SATWE 的应用方法，并以此为突破口，为继续学习使用其他软件奠定基础。

1.2.4　各类建筑基础设计分析方法

JCCAD 基础软件可以设计分析除箱基以外的五大类基础，分别是：独立基础、条形基础、桩基础、弹性地基梁基础和筏板基础，并对各类基础提供了不同的计算分析方法。

1. 浅基础计算

柱下独立基础和砌体墙下条形基础属于浅基础，由于其计算相对简单，在基础生成的同时即完成全部计算分析。

2. 弹性地基梁计算

该基础分析方式简称为"梁元法"，主要用于对弹性地基梁和较薄的梁筏板进行计算。

3. 桩基承台计算

该基础分析方式主要用于对桩承台基础进行计算，新版软件将该项计算功能前移到桩承台生成时自动完成。

4. 桩筏板计算

该基础分析方式简称为"板元法"，主要用于对中厚平筏板、梁筏板、桩筏板、地基梁、带桩的地梁和桩承台等基础进行计算。

由于板元法功能较强，应用范围广，如能掌握该软件的使用方法，就可以从容应对各类不同的基础分析计算。

1.2.5　学习 PKPM 结构软件的关键途径

PKPM 结构软件数量众多，如果不分主次，眉毛胡子一把抓，不仅耗时费力，还不得要领，难以学好用活。根据我们长期的教学经验，学习 PKPM 结构软件一定要抓住三个关键环节，掌握三个关键软件，就可以取得举一反三、事半功倍的效果。

1. 建立模型——PMCAD

建立模型是结构设计的第一步，是结构计算分析的前提，它需要花费结构工程师大量时间和劳动。尽管 PKPM 软件提供了多种建模方式，但 PMCAD 仍然是建模最重要最常用的方式，学会使用 PMCAD 是初学者掌握 PKPM 软件不可回避的第一关。本教程第 2 章详细介绍 PMCAD 用法。

2. 计算分析——SATWE

计算分析是结构设计的关键，在众多计算分析软件中，应首先学好 SATWE，这对解决各类多高层建筑结构的计算分析能起到立竿见影的效果，在此基础上再学习使用其他计算软件就能触类旁通、运用自如。本教程第 3 章详细介绍 SATWE 用法。

3. 基础设计——JCCAD 板元法

上部建筑不可能没有基础，基础设计离不开 JCCAD，在 JCCAD 中学会使用板元法就为基础设计打开了通往成功之门。本教程第 5 章详细介绍 JCCAD 板元法用法。

本教程抓住建立模型、计算分析、基础设计这三个关键环节，重点介绍 PMCAD、SATWE 和 JCCAD 板元法这三个关键软件，以一个例题贯穿全书，带领初学者快速步入建筑结构 CAD 殿堂。

第 2 章　PMCAD 建立模型

PMCAD 建模软件是 PKPM 结构系列软件的核心软件之一，它为各功能设计软件提供模型数据。

2.1　建模概述

2.1.1　PMCAD 功能

1. 人机交互建立全楼结构模型

PMCAD 采用人机交互方式，引导用户按标准层布置柱、梁、墙、板、洞口等构件，再进行楼层组装，建立起一套描述建筑物整体结构的数据。

2. 自动导算荷载

PMCAD 具有较强的荷载输入和传导计算功能，引导用户输入或修改各房间楼面荷载、主梁荷载、次梁荷载、柱间荷载、墙间荷载和节点荷载，提供荷载增、删、改等编辑功能。除自动计算结构自重外，还能完成从楼板到次梁，从次梁到主梁，从主梁到柱、墙，再从上部结构到基础的全部导荷计算。

3. 为各计算软件提供数据文件

PMCAD 为 PK、SATWE、TAT、PMSAP、JCCAD 等计算分析软件提供数据文件。

4. 绘制楼板施工图

PMCAD 辅助绘制结构平面施工图，计算单向、双向和异形楼板的弯矩及配筋，允许修改板的边界条件、板钢筋级配库，设置楼板配筋参数，提供多种楼板钢筋画图方式和标注方式，自动生成楼板配筋施工图。

2.1.2　PMCAD 应用范围

PMCAD 结构模型的平面形式和立面形式任意，平面网格可以正交，也可斜交成复杂体型，可以处理弧墙、弧梁、斜墙、斜柱、异形构件、带偏心和转角的构件等。

PMCAD 建模的限值如下：

1. 层数　　　　　　　　　　　　　　　　≤190
2. 结构标准层和荷载标准层各　　　　　　≤190
3. 正交网格的横向网格和纵向网格各　　　≤100
　　斜交网格的网格线条数　　　　　　　　≤5000
4. 网格节点总数　　　　　　　　　　　　≤8000
5. 标准柱截面　　　　　　　　　　　　　≤300
　　标准梁截面　　　　　　　　　　　　　≤300

标准墙体洞口	≤240
标准楼板洞口	≤80
标准墙截面	≤80
标准斜杆截面	≤200
标准荷载定义	≤6000

6. 每层柱数   ≤3000

每层主梁数	≤8000
每层圈梁数	≤8000
每层墙数	≤2500
每层房间数	≤3600
每层次梁数	≤1200
每个房间周围最多可以容纳的梁墙数	<150
每节点周围不重叠的梁墙数	≤6
每层房间次梁布置种类数	≤40
每层房间预制板布置种类数	≤40
每层房间楼板开洞种类数	≤40
每个房间楼板开洞数	≤7
每个房间次梁布置数	≤16

7. 在墙的两节点间最多布置一个洞口，如需要布置两个以上时，应在洞口间增设节点。

8. 软件将结构平面上由墙或梁围成的闭合区域自动设置为房间，自动布置楼板，可以在该房间布置次梁、板洞和悬挑板。

9. 建模仅输入结构承重墙和抗侧力墙，不输入填充墙，但填充墙的重量应作为梁间荷载布置在支撑填充墙的梁上。

10. 结构平面布置时应避免大房间内套小房间，否则荷载导算或统计材料时会重复计算，可以在大小房之间用 100mm×100mm 的虚梁连接，将大房间切割成小房间。

2.1.3 PMCAD 建模步骤

PKPM 结构软件采用标准层建模方式，首先将整体建筑物划分为若干标准层（所谓标准层就是构件布置和荷载布置都相同，可以共同完成同样操作的若干楼层的代表楼层），然后将各类构件和荷载布置在标准层内，最后将各标准层组装成全楼模型。采用标准层操作方式能大大提高工作效率，特别是对高层建筑效果显著。

1. 进入 PMCAD 建模环境

在计算机桌面上点击 PKPM 软件图标 ，在 PKPM 软件主界面的〈结构〉页中选择〈PMCAD〉的第 1 项〈建筑模型与荷载输入〉，输入工程目录和工程名，点击〈确定〉即可进入 PMCAD 建模操作界面。

2. 建立第 1 标准层

首次为新工程建立模型，程序默认进行第 1 标准层操作。

用【轴线输入】菜单绘制建筑物平面定位轴线，用【网格生成】菜单对轴线网格做进一步的修改和完善。

用【楼层定义】菜单定义各类构件的截面形状和尺寸，并布置到平面网格中。

用【荷载输入】菜单定义并输入作用在楼面、梁、墙、柱和节点上的恒载、活载及其他荷载。

3. 添加新标准层

利用【楼层定义】菜单中的【换标准层】命令添加新的标准层，新增标准层可以全部或局部复制原标准层，再根据本标准层平面布置要求，对构件和荷载进行增、删、改等操作。重复以上操作，建立各标准层模型。

4. 设置参数

通过【设计参数】菜单和各标准层中的【本层信息】菜单，输入必要的总信息、构件信息、材料信息、风荷载信息和地震信息。

5. 组装全楼模型

在【楼层组装】菜单中将各标准层按一定顺序和层数组装成全楼模型。

2.1.4 PMCAD 重要操作方式

下面介绍 PMCAD 最重要和常用的鼠标和键盘操作方法，其他操作参看用户手册。

1. 鼠标

- 鼠标左键：同键盘［Enter］，用于确认、输入等操作
- 鼠标右键：同键盘［Esc］，用于否定、放弃、返回等操作
- 鼠标中轮滚动：用于动态缩放图形
- 鼠标中轮平移：用于拖动平移图形
- 鼠标中轮平移＋［Ctrl］：用于动态改变三维透视图的观测角度

2. 键盘功能键

- ［F1］：帮助
- ［F4］：打开或关闭角度捕捉
- ［F5］：重新显示
- ［F9］：设置功能键参数，例如设置捕捉角度、圆弧精度等
- ［Tab］：用于切换图素选择方式

3. 键盘键

- ［U］：取消上一步操作
- ［S］：选择光标捕捉方式，如图 2.1-1 所示

4. 人机交互输入（在屏幕下方显示）

- 输入英文命令或缩写命令：执行指定的操作
- 输入"？"：显示命令功能对照文件 CFG．ALI

5. 下拉菜单

- 【状态设置/点网设置】：用于捕捉和显示设置
- 【状态设置/定时存盘】：用于设置自动存盘时间间隔

6. 捕捉方式光标自动提示

- 当光标靠近图素时，光标会自动根据捕捉方式改变形状，例

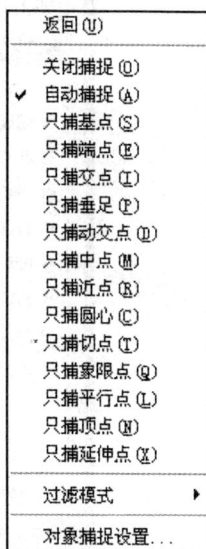

返回(U)
关闭捕捉(O)
✓ 自动捕捉(A)
只捕基点(S)
只捕端点(E)
只捕交点(I)
只捕垂足(P)
只捕动交点(D)
只捕中点(M)
只捕近点(R)
只捕圆心(C)
只捕切点(T)
只捕象限点(Q)
只捕平行点(L)
只捕顶点(N)
只捕延伸点(X)
过滤模式 ▶
对象捕捉设置…

图 2.1-1 捕捉方式

如：捕捉到直线端点显示正方形，捕捉到直线中点显示三角形，捕捉到圆心显示圆形等。

2.2 轴线输入

本教程以一个五层框架-剪力墙结构办公楼为例题贯穿全书，详细介绍运用 PKPM 软件进行结构设计，在建立模型、计算分析、绘施工图和基础设计各个阶段的操作方法和步骤，本例题三维透视图，如图 2.2-1 所示。

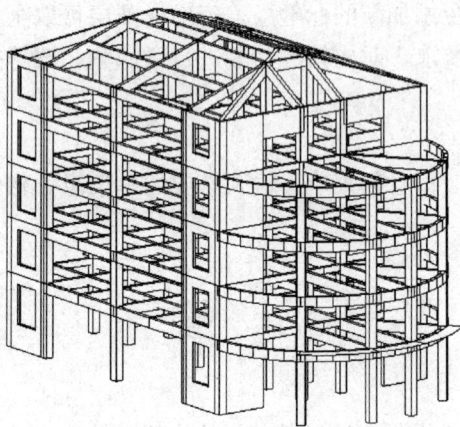

提示：1) 本章突出重点，介绍的都是最主要最常用的建模操作方法，建议初学者务必学习掌握好。对于不常用和较为复杂的操作本教程没有介绍，可以留待熟练掌握 PKPM 结构软件应用后再行钻研，避免主次不分，陷在繁琐的命令学习中不能自拔。

2) 建筑工程 CAD 是一门实践性很强的技能，仅学理论是很难奏效的。初学者一定要认真进行上机操作，特别是把本教程例题反复练

图 2.2-1 例题透视图

熟，方能体会 PKPM 结构软件应用的真谛。

2.2.1 进入建模环境

1. 打开 PMCAD 主界面

在计算机桌面上双击 PKPM 软件图标，打开 PKPM 软件主界面，如图 2.2-2 所示。

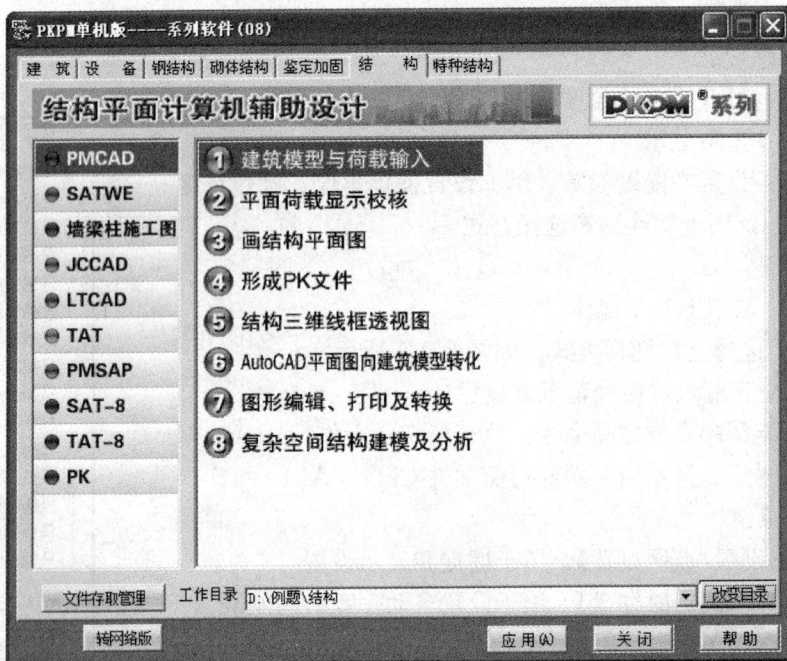

图 2.2-2 PMCAD 主界面

2. 建立工程目录

建立新工程模型前，首先应在计算机硬盘上建立该工程的存放目录（文件夹），在PKPM 主界面〈结构〉页中，选择〈PM-CAD〉的第 1 项〈建筑模型与荷载输入〉，点击〈改变目录〉，弹出改变工作目录对话框，如图 2.2-3 所示。本例题输入"D：/例题/结构"，点击〈确定〉，返回主界面，即在 D 盘上新建了"例题/结构"文件夹，用于存放例题模型的全部文件。

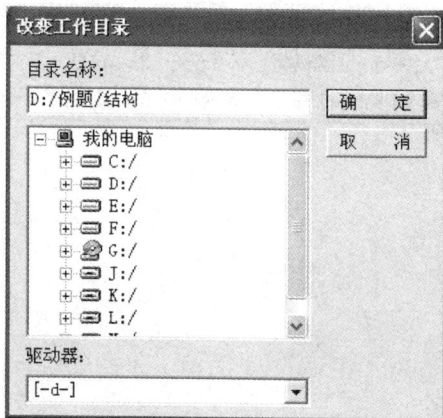

图 2.2-3　改变工作目录对话框

3. 输入文件名

在 PKPM 主界面点击〈应用〉，弹出输入工程名对话框，如图 2.2-4 所示。本例题输入"ltjg"，点击〈确定〉，进入建立模型与荷载输入操作环境，如图 2.2-5 所示。程序默认新建工程首先进行第 1 标准层建模操作，如屏幕左上角所示。

图 2.2-4　工程命名对话框

4. 建模环境介绍

（1）屏幕中部为工程建模区域，绘图比例：1：1，单位：毫米。

（2）屏幕上方为标题栏、下拉菜单区和快捷图标区，是辅助建模的工具命令区。

（3）屏幕下方为人机交互操作栏和绘图状态提示栏。

（4）屏幕右方为工程建模主菜单、子菜单和命令区，是建模操作的主要功能区，也是本教程讲解的重点。

提示：下拉菜单中的【视窗变换】和屏幕左上角的三个小方块，是 APM 建筑软件用于平面、立面、剖面多窗口显示切换的，与结构软件无关，不要点取，以免把视窗搞乱不能回到正常的显示状态。

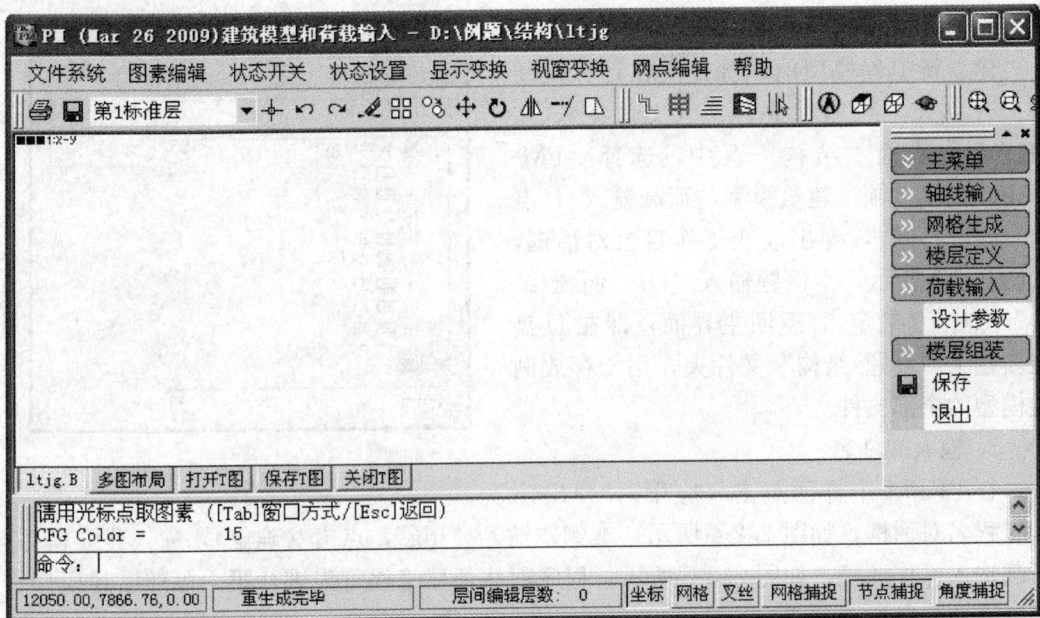

图 2.2-5　PMCAD 建模环境

2.2.2　轴线输入

程序要求平面布置的所有构件都要以网格线和节点为基准，因此凡是需要布置构件的位置一定先用【轴线输入】菜单布置轴线，程序自动在轴线相交处生成节点，两节点之间的一段轴线称为网格线。梁、墙等构件应布置在两节点之间的网格线上，柱应布置在节点上。轴线输入是整个建模交互输入中最重要的环节之一，只有绘制出准确的定位轴网，才能为构件布置打下良好的基础。

点击【主菜单】中的【轴线输入】，打开轴线输入子菜单，程序提供了多种绘制节点和直轴线、弧轴线命令，再配合各种捕捉工具命令，如网格捕捉、节点捕捉、角度捕捉等，可以绘制出各种复杂形式的轴网。

1. 绘正交轴网

【轴线输入/正交轴网】命令采用参数方式绘制正交轴网，是工程中最常用效率最高的轴网输入方式。本教程例题先用此方式输入基本轴网，再用其他绘图命令将轴网补充完善。

点击【正交轴网】，打开直线轴网输入对话框。本例题轴网尺寸为：开间 6 跨都是 3600mm，进深 5 跨都是 3000mm。点击〈常用值〉列表中的数字或直接键盘输入，在〈下开间〉项输入 "3600 * 6"，在〈左进深〉项输入 "3000 * 5"，其他参数取初始值，如图 2.2-6 所示。点击〈确定〉，将自动生成的正交轴网拖放到屏幕适当位置，如图 2.2-7 所示。

提示：1)〈上开间〉不输入数据表示与〈下开间〉相同，〈右进深〉不输入数据表示与〈左进深〉相同。

2)〈改变基点〉用于改变直线轴网插入的基准点，程序默认的基准点是轴网左下角节

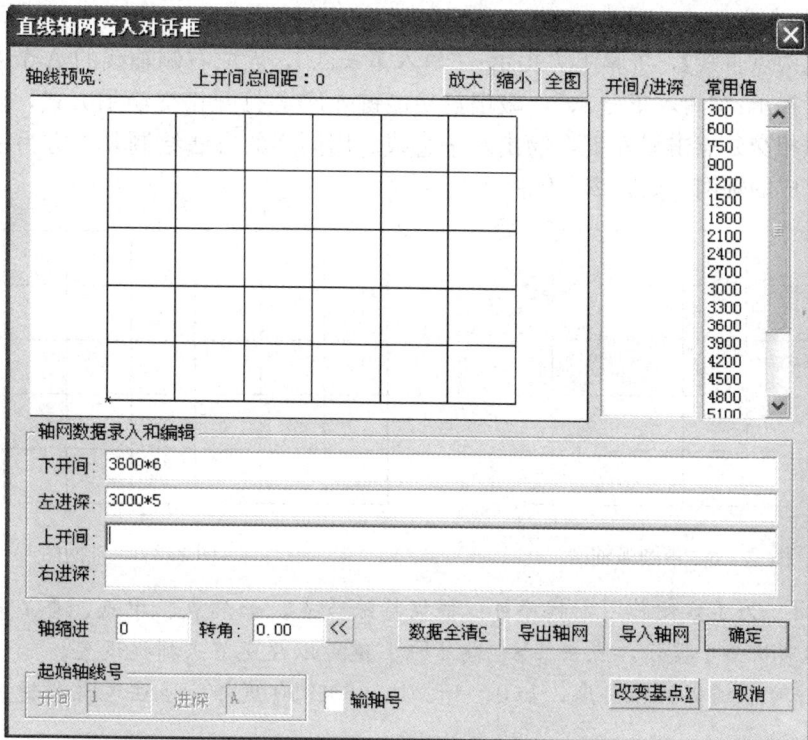

图 2.2-6　直线轴网输入对话框

点。本例题不改变。

3)〈数据全清〉用于在输入数据混乱时，清除全部已输入数据，以便重新输入。

4) 若勾选〈输轴号〉，并在其左侧输入〈开间〉和〈进深〉的轴线起始号，则程序自动对轴线进行命名。

2. 绘圆弧轴线

点击【轴线输入/圆弧】，屏幕下方提示："输入圆弧圆心"，点击屏幕右下角【节点捕捉】，激活节点捕捉方式；或敲键盘［S］，在弹出的捕捉方式中选择"只捕中点"，当光标移动到最右端轴线中部时，光标显示为三角形，即捕捉到直轴线的中点，点击鼠标左键

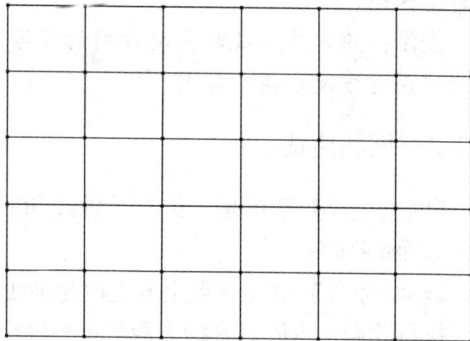

图 2.2-7　正交轴网

选择该点为圆弧轴线的圆心。屏幕下方随即提示："输入圆弧半径，起始角"，点选该轴线下端点；接着又提示："输入终止角"，点选该轴线上端点，点击鼠标右键或敲键盘［Esc］键两次，结束绘圆弧命令。绘出的圆弧轴线，如图 2.2-8 所示。

3. 绘辐射线

点击【轴线输入/辐射线】，屏幕下方提示："输入旋转中心点"，点选右端轴线的 A 节点；继续提示："输入第一点"，再次点取 A 节点；又提示："输入第二点"，点击屏幕右下角的【节点捕捉】，当光标沿圆弧移动变成三角形，即捕捉到圆弧中点时点击鼠标左键，绘好右下方的辐射线。用同样的方法绘制右上方的另一条辐射线。

4. 绘直轴线

点击【两点直线】，屏幕下方提示："输入第一点"，点取右侧轴线的 A 节点作为直线起点，继续提示："输入下一点"，敲键盘功能键 [F4] 打开正交绘图方式，拉伸水平轴线在与圆弧相交处点击鼠左键，绘出水平直线。用同样的方法绘制其上方另一条水平直线。补充完成的轴网，如图 2.2-9 所示。

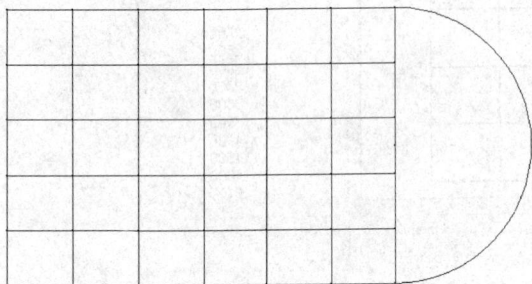

图 2.2-8　带圆弧轴网　　　　　　　　　　　　　　图 2.2-9　轴网图

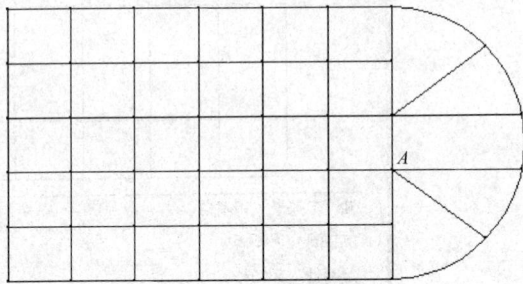

提示：1）为了方便作图，程序可以捕捉特殊节点，如端点、中点、垂足点等，并用不同的光标形状给予提示，点击 [S] 或 [F9] 键可以改变节点捕捉设置。

2）程序可以捕捉特殊角度，如 0、30、45、60、90 度等，点击 [F9] 键可以改变角度捕捉设置。

3）程序提供正交和非正交两种绘直轴线方式，用 [F4] 功能键切换。

4）同一轴网，可以采用不同的输入方式。

点击【主菜单】，结束轴网输入，返回建模主菜单。点击【保存】，将绘制完成的轴网图存盘保留。

提示：建议养成及时主动存图的好习惯，不仅可以应对突发不测事件，还可以在作图发生错误时方便地找回原图。

2.2.3　网格生成

【网格生成】菜单是一组有关轴线和网点编辑、显示和查询的命令。

1. 轴线命名

【轴线命名】是在网点生成之后为轴线命名的菜单。在此输入的轴线名可在施工图中使用。执行此命令可以对光标点取的单根轴线命名，也可以对一组平行的直轴线成批命名。

点击【网格生成/轴线命名】，屏幕下方提示："请用光标选择轴线（[Tab] 成批输入）"；按 [Tab] 键一次（若按两次 [Tab] 键，就又返回到光标逐一选择轴线了）。接下来依次出现提示："移光标点取起始轴线"；"移光标去掉不标的轴线（[Esc]）"；"输入起始轴线名"；根据提示命令依次操作：用鼠标点取①轴；点取不标轴线号的轴线，按 [Esc] 键；输入数字"1"，按 [Enter] 键。同理依次操作：点取 A 轴；点取要去掉的中间的纵向轴线，按 [Esc] 键；输入字母"A"，按 [Enter] 键。本例题带轴线号和尺寸标注的轴网，如图 2.2-10 所示。

2. 轴线显示

点击【网格生成/轴线显示】，这是一条开关命令，奇次点击显示已命名的轴线号，偶次点击关闭显示。

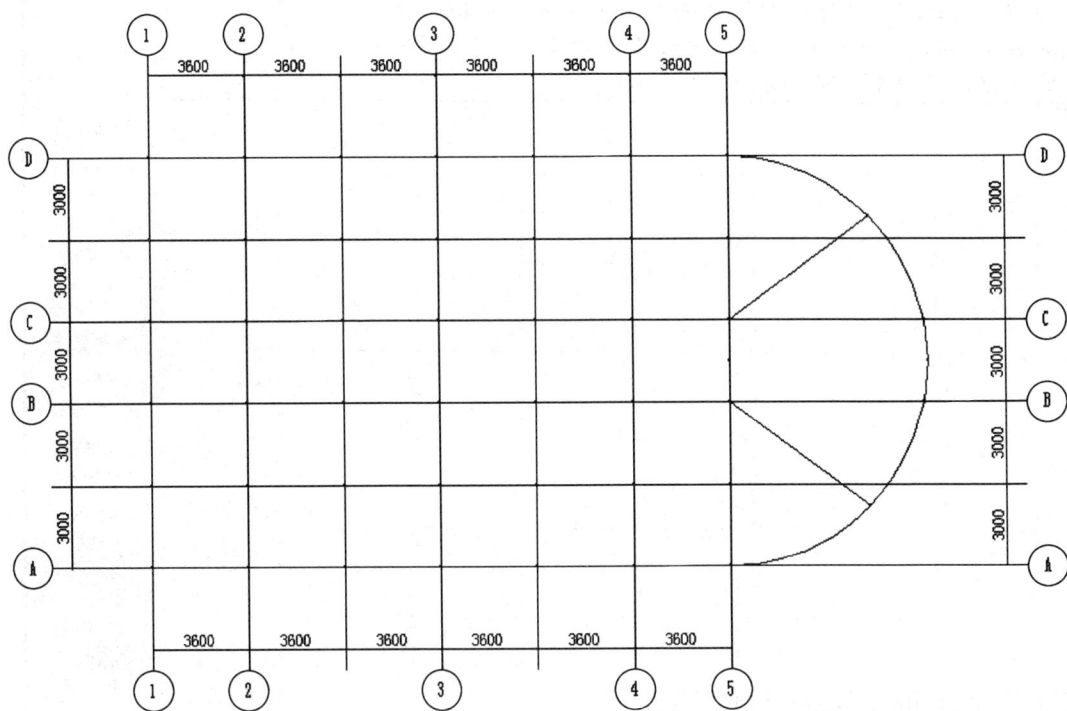

图 2.2-10　带标注的轴网图

2.3　构件布置

轴线输入完成后，就可以进行第 1 标准层柱、梁、墙、板等构件布置。点击【楼层定义】，显示各类构件布置子菜单，如图 2.3-1 所示。

2.3.1　柱布置

1. 柱定义

点击【柱布置】，弹出柱截面列表对话框（参见图 2.3-3），用于对柱进行定义、删除、修改、清理、布置等操作。点取〈新建〉，程序弹出柱定义对话框，如图 2.3-2 所示，允许创建新的柱截面类型。

提示：1）程序要求所有构件先定义后布置。

2）修改构件定义后，已布置的构件自动更新。

本例题柱为矩形，截面尺寸为 500mm×500mm，材料类别为混凝土，输入柱参数，点取〈确定〉，已定义的柱显示在柱截面列表对话框中，如图 2.3-3 所示。

如果结构有多种不同截面类型、尺寸、材质的柱，都可以按此方式定义。例如需要更改柱截面类型，可以点击图 2.3-2 所示的〈截面类型〉，程序提供了多种标准柱截面类型供选择，或用户根据需要自定义柱截面类型，如图 2.3-4 所示。

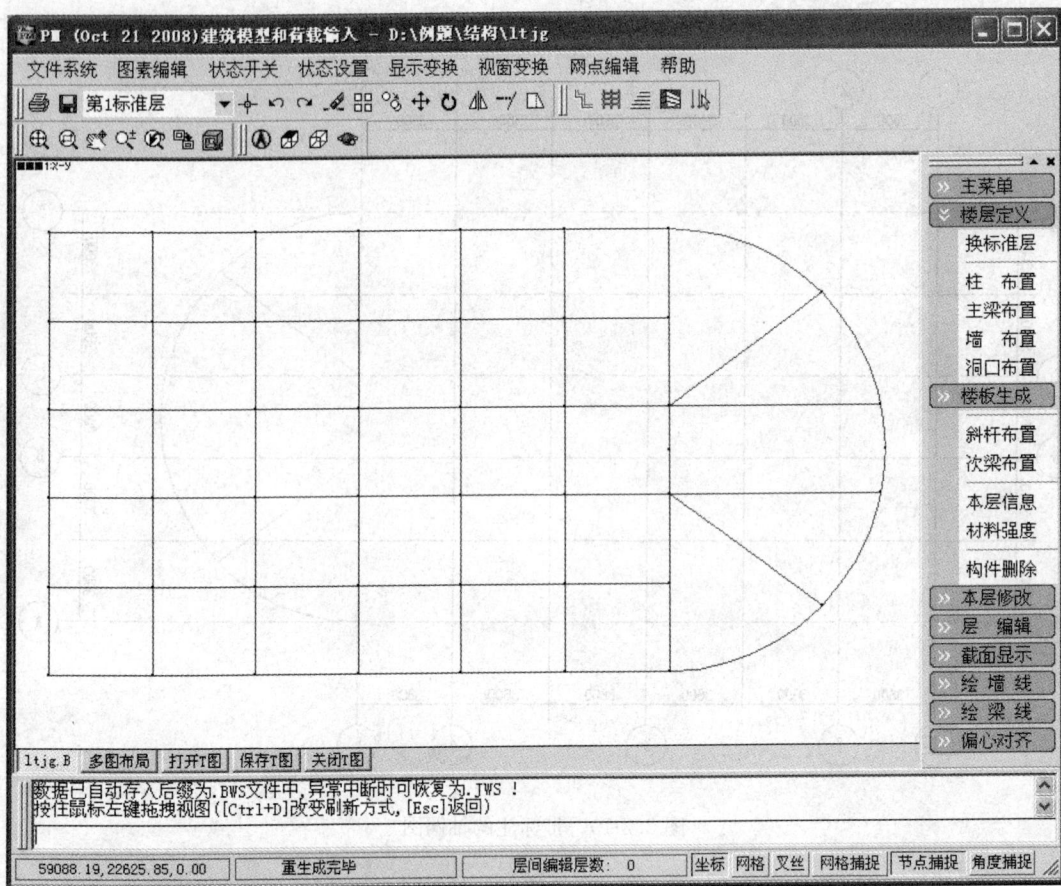

图 2.3-1　楼层定义菜单

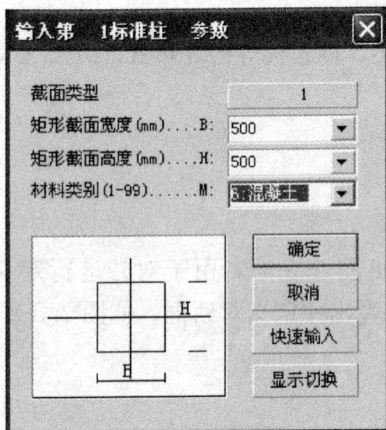

图 2.3-2　柱定义对话框

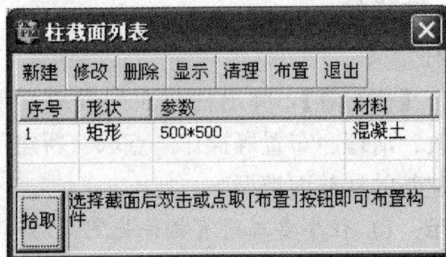

图 2.3-3　柱截面列表对话框

　　柱定义后，即可进行柱布置。程序规定柱必须布置在节点上，每个节点只能布置一根柱，如果在已布置柱的节点上再布置柱，后布置的柱将替换已有的柱。如果需要修改已布置好的柱截面尺寸或类型，可以点击图 2.3-3 所示的〈修改〉，对柱定义数据进行修改，已布置好的柱将自动更新。

2. 柱布置

在柱截面列表对话框中选择已定义的矩形柱，点取〈布置〉，弹出柱布置参数对话框，如图 2.3-5 所示，其各参数意义如下：

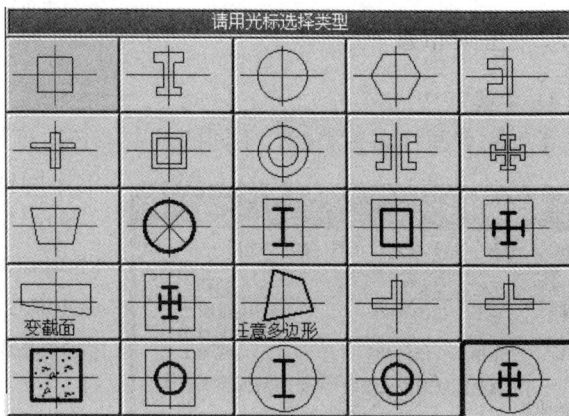
图 2.3-4　柱截面类型

● 沿轴偏心：取 0，表示柱截面中心在截面宽度方向上与参考节点重合；取正值表示在该方向右偏的距离，取负值为左偏的距离；

● 偏轴偏心：取 0，表示柱截面中心在截面高度方向上与参考节点重合；取正值表示在该方向上偏的距离，取负值为下偏的距离；

● 轴转角：表示柱截面宽度方向与水平轴线的夹角；

● 柱底高：取 0 表示柱底与楼层底标高相等；取正值表示高于层底标高，取负值表示低于层底标高。

本例题柱布置参数均取初始值 0。

3. 构件布置方式

程序提供四种构件布置方式，通过连续按[Tab]键，可以在四种方式间依次转换，也可以在相关对话框上直接点选布置方式，如图 2.3-5 下部选项所示。各选择方式的用法是：

（1）光标方式：构件布置在光标点选的节点或网格线上。

（2）轴线方式：构件布置在光标选中轴线的所有节点或网格线上。

（3）窗口方式：构件布置在光标围成的矩形窗口内的所有节点或网格线上。

（4）围栏方式：构件布置在光标围成的任意形状围栏内的所有节点或网格线上。

本例题先选择轴线方式，点取弧轴线，程序自动在弧轴线上布置带转角的柱；再选择光标方式，布置其他节点上的柱，柱布置完毕点击〈退出〉，柱布置如图 2.3-6 所示。

图 2.3-5　柱布置参数对话框

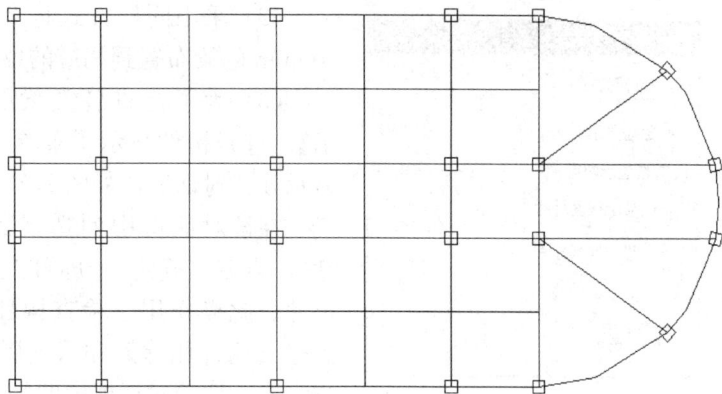
图 2.3-6　柱布置图

2.3.2 主梁布置

1. 主梁定义

主梁布置与柱布置类似，不同的是主梁必须布置在网格线上，并且允许在一根网格线的不同标高上布置多根主梁。本例题需要定义三种矩形截面的混凝土梁，截面尺寸分别是：250mm×600mm、250mm×500mm、250mm×400mm。点击【主梁布置】，在打开的梁截面列表对话框中定义各主梁属性，如图 2.3-7 所示。

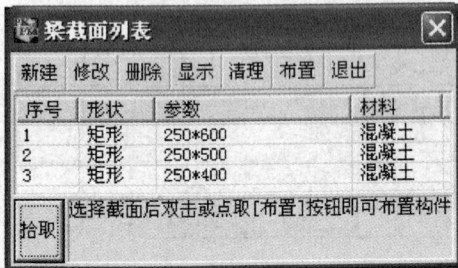

图 2.3-7 梁截面列表对话框

2. 主梁布置

选取已定义的主梁，点击〈布置〉，弹出梁布置参数对话框，如图 2.3-8 所示，各参数意义如下：

● 偏轴距离：表示梁沿轴方向的中心线与轴线之间的距离，向上为正，向下为负；也可以输入绝对值，在布置梁时，光标靶心偏向网格的哪一边，梁就偏向那一边。

● 梁顶标高：如果梁布置在垂直网格线上，梁顶标高 1 指下面的节点，梁顶标高 2 指上面的节点；如果梁布置在水平网格线上，梁顶标高 1 指左边的节点，梁顶标高 2 指右边的节点。梁顶标高 1 与 2 均取 0，表示梁上沿与楼层等高；通过改变梁顶两端点的标高，可以生成斜梁、层间梁和错层梁。

● 轴转角：表示梁截面宽度方向与网格线的夹角。

本例题梁布置参数均取初始值 0。

图 2.3-8 梁布置参数对话框

各类梁布置步骤如下：

（1）首先布置 250mm×600mm 的梁，选择轴线方式将其布置在ⓒ、ⓘ直轴线和弧轴线上，再选择光标方式把该梁布置到其余位置。

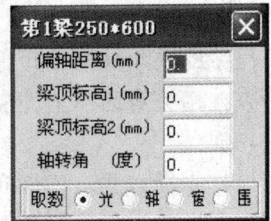

（2）采用同样方式将 250mm×500mm 和 250mm×400mm 的梁布置到相应的位置上。

（3）为了检查各类梁的布置情况，点击【截面显示】，打开构件显示子菜单。点击【主梁显示】，弹出梁显示开关对话框，如图 2.3-9 所示。

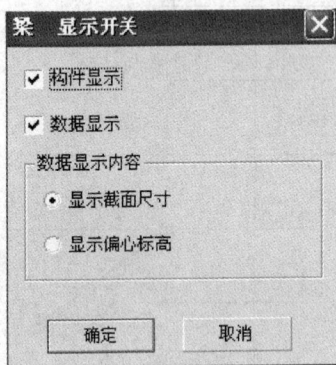

在该对话框中勾选〈数据显示〉和〈显示截面尺寸〉，点取〈确定〉，屏幕上显示所有已布置主梁的截面尺寸。此操作用于检查构件布置是否正确，如有错误，点击【构件删除】和【本层修改】等命令进行修改。检查完毕，取消对话框中的勾选，返回原图。

图 2.3-9 梁显示开关对话框

主梁布置图及截面尺寸显示，如图 2.3-10 所示。

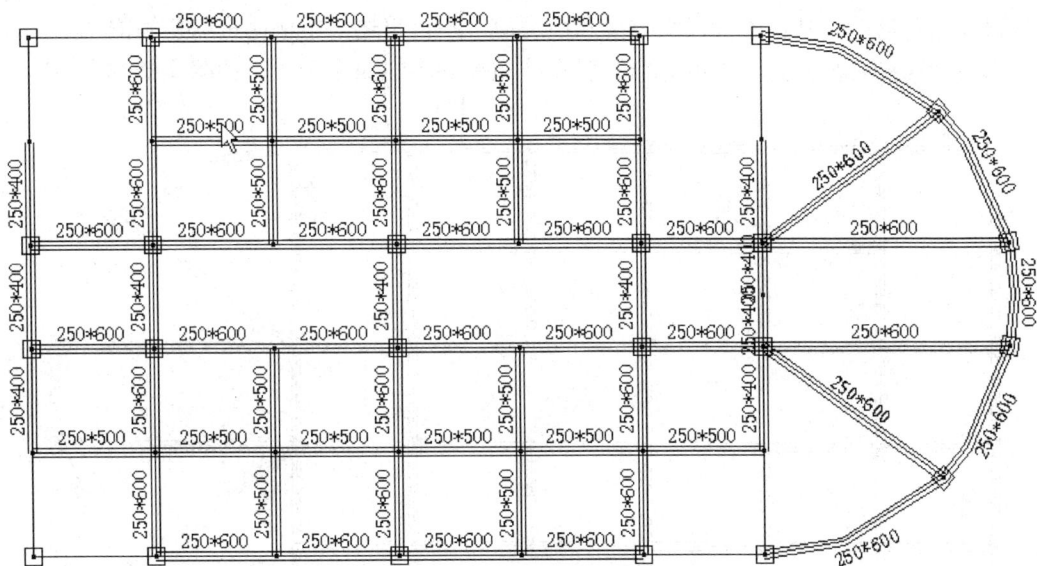

图 2.3-10 主梁布置及截面尺寸显示

2.3.3 次梁布置

次梁定义与主梁定义方法相同，但次梁布置与主梁不同，它不需要先布置网格线，次梁和主梁、墙相交处不产生节点。次梁布置通常应打开【节点捕捉】，点取与次梁两端相交的主梁或墙，连续次梁可以跨越多跨主次梁一次布置，次梁的顶面标高与它相连的主梁或墙的标高相同。

工程中的次梁既可以点击【主梁布置】输入，称为次梁作为主梁输入；也可以点击【次梁布置】输入，称为次梁作为次梁输入。次梁作为次梁输入的好处是：当工程规模较大时，可避免生成过多的无柱连接节点，避免这些节点将主梁分割过细，造成梁根数、节点数或房间数过多而超限。但程序对作为次梁输入的次梁是简化计算，其刚度没有计入结构整体刚度，因此不考虑地震作用，不考虑裂缝影响。在实际工程中如次梁都作为主梁输入，程序会自动区分主梁和次梁的连接关系，按空间交叉梁系分析计算，从而正确计算主次梁内力和配筋。本例题的所有次梁都作为主梁输入。

2.3.4 斜杆布置

程序提供了按节点和按网格线两种方式布置斜杆，可以布置水平斜杆和竖向斜杆，斜杆可以层间布置或越层布置，斜柱通常按斜杆输入。本例题不布置斜杆。

2.3.5 剪力墙布置

墙布置方式与主梁相同，也必须布置在网格线上，但一根网格线上只能布置一道墙。点取【墙布置】，定义 250mm 厚的混凝土墙，如图 2.3-11 所示。选取该墙，点击〈布置〉，弹出

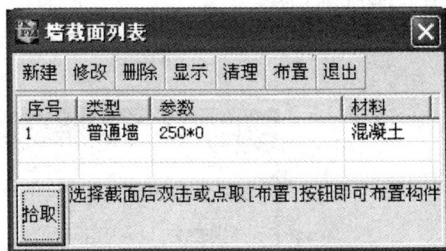

图 2.3-11 墙截面列表对话框

墙布置参数对话框，其各参数意义与梁和柱类似，不再赘述。本例题都取初始值0。

本例题选择光标方式，将剪力墙布置在结构平面图的四个角上，如图 2.3-12 所示。

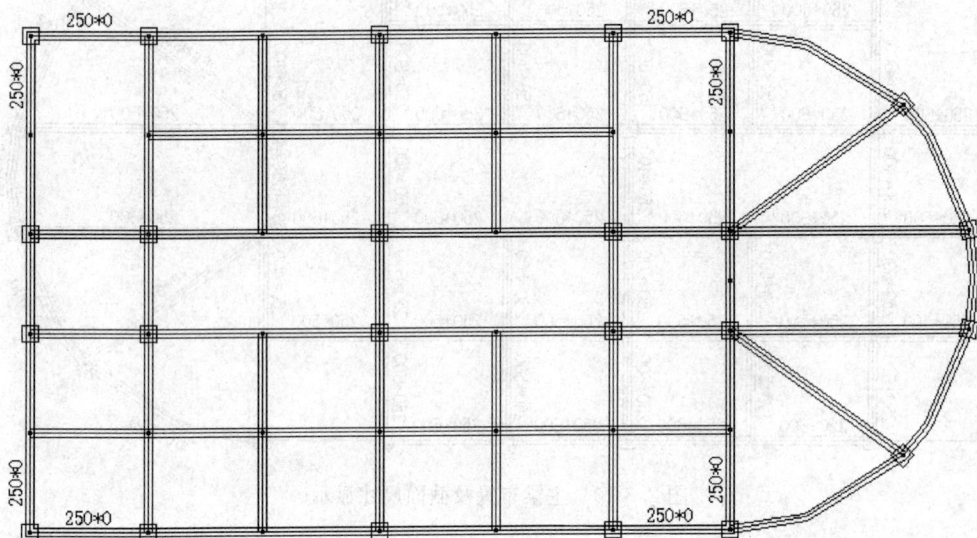

图 2.3-12　墙布置图

2.3.6　墙洞口布置

墙洞口必须布置在有墙的网格线上，通常网格线两节点间只能布置一个洞口，如需要布置多个洞口，程序会自动在洞口间增加节点；如洞口跨越节点布置，该洞口会被节点裁为两个洞口。墙洞口必须为矩形，其他形状的洞口应简化为相近的矩形洞口输入。

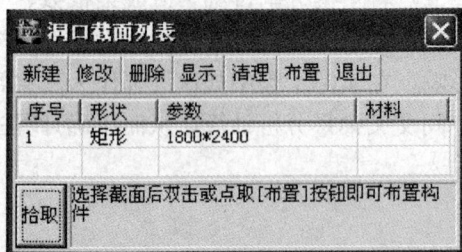

图 2.3-13　洞口截面列表对话框

点击【洞口布置】，定义宽 1800mm、高 2400mm 的洞口，如图 2.3-13 所示。选取该洞口，点击〈布置〉，弹出洞口布置参数对话框，如图 2.3-14 所示，其各参数意义如下：

• 定位距离：输入 0 洞口居中布置；输入 1 洞口紧贴左端点布置；输入-1 洞口紧贴右端点布置。如输入正值表示洞口左边缘与网格线左端点的距离；输入负值表示洞口右边缘与网格线右端点的距离。

• 底部标高：洞口底边相对于层底的高差。

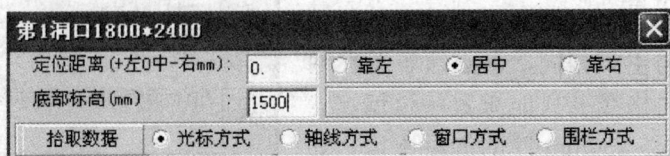

图 2.3-14　洞口布置参数对话框

本例题洞口底部标高取 1500mm，采用光标方式在水平墙上居中布置 4 个洞口，如图 2.3-15 所示。

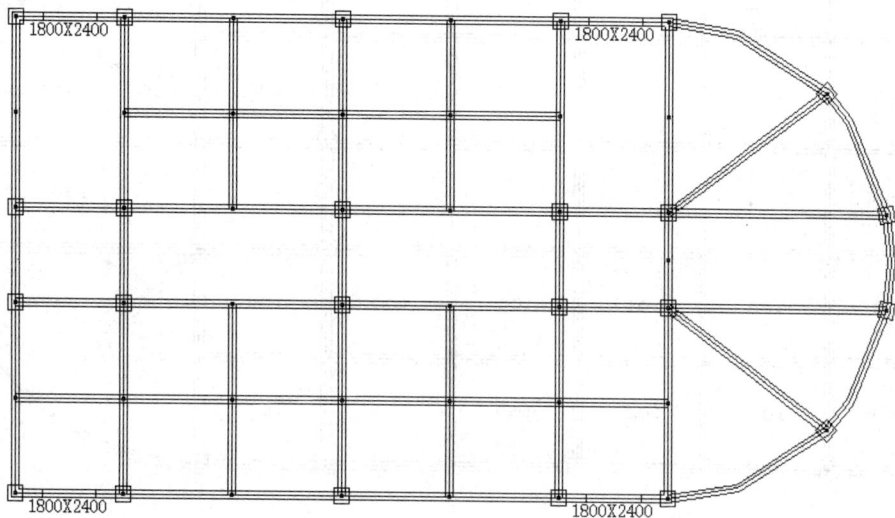

图 2.3-15　洞口布置图

提示：结构首层层高通常从基础顶面起算，本教程例题首层层高为 4500mm，洞口高 2400mm，洞口上方的墙高 600mm，所以洞口底部标高为：4500－2400－600＝1500mm。

2.3.7　楼板生成

【楼板生成】菜单是有关楼板的操作，包含自动生成楼板、楼板错层设置、板厚设置、板洞设置、悬挑板布置、预制板布置等功能。

初次点击【楼板生成】，程序弹出是否自动生成楼板对话框，如图 2.3-16 所示，点取〈是(Y)〉，程序自动在本标准层被梁、墙四面封闭的房间中布置楼板，板厚默认取【本层信息】中设置的板厚值，板上沿默认与楼层同高，生成的楼板及板厚显示，如图 2.3-17 所示。

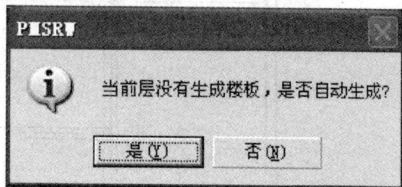

图 2.3-16　楼板生成提示框

根据工程的需要还要对部分已生成的楼板进行修改。

1. 布置错层楼板

点击【楼板生成/楼板错层】，显示各房间楼板板厚，并弹出楼板错层对话框，如图 2.3-18 所示。本例题输入楼板错层值 70mm，点取卫生间，使其楼板下降 70mm，如图 2.3-20 所示。

2. 修改板厚

点击【楼板生成/修改板厚】，弹出修改板厚对话框，如图 2.3-19 所示，输入板厚值，在图中点选需要修改板厚的房间即可。

例如楼梯间不需要布置楼板，可以将其板厚修改为 0，即等同于全房间楼板开洞，但该房间仍可以输入楼梯的恒、活荷载，如图 2.3-21 所示。

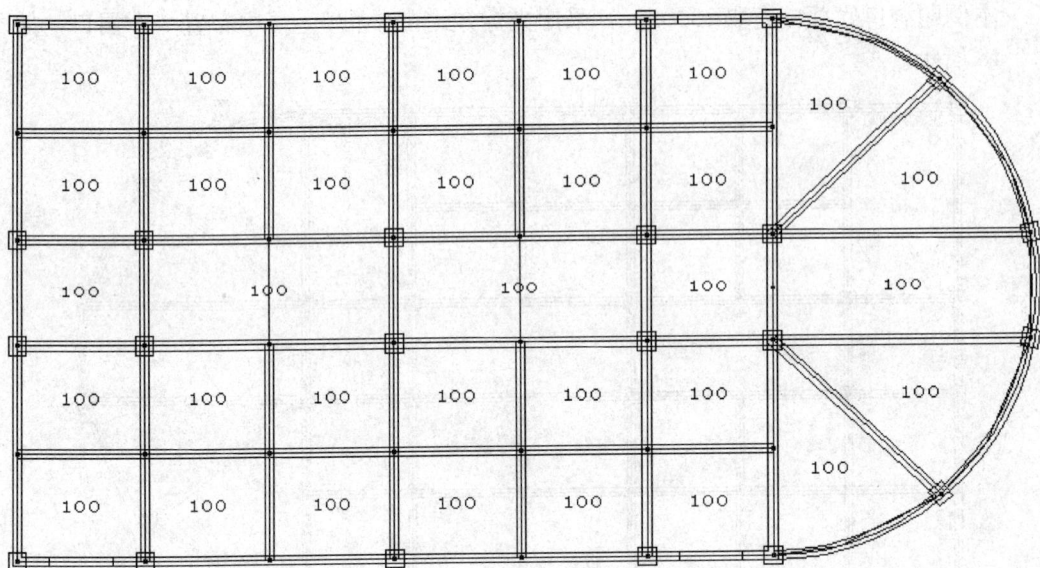

图 2.3-17　楼板图

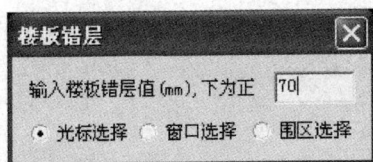

图 2.3-18　楼板错层对话框

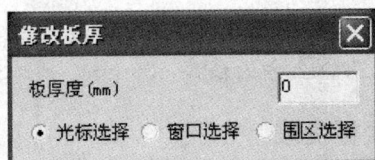

图 2.3-19　修改板厚对话框

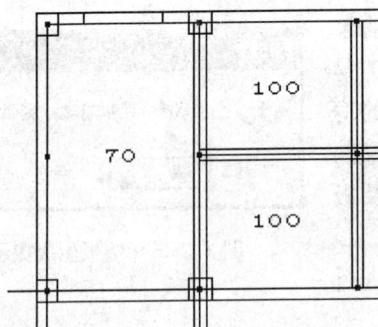

图 2.3-20　楼板错层

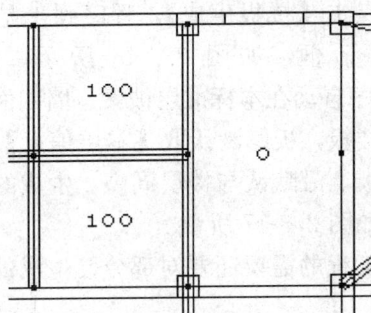

图 2.3-21　修改板厚

3. 布置悬挑板

悬挑板是指阳台、雨篷、挑檐、遮阳板等构件，其布置方式与其他构件类似，点击【楼板生成/布悬挑板】，弹出悬挑板参数对话框，如图 2.3-22 所示。定义悬挑板挑出长度为 1200mm，其他参数都取初始值 0，点取〈确定〉，在悬挑板截面列表对话框中列出已定义的悬挑板，如图 2.3-23 所示。

选择已定义的悬挑板，点取〈布置〉，弹出悬挑板布置参数对话框，如图 2.3-24 所示，其各参数意义如下：

图 2.3-23　悬挑板截面列表对话框

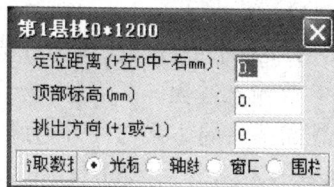

图 2.3-22　定义悬挑板对话框

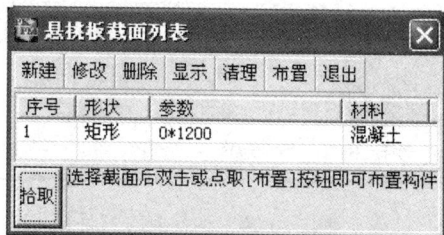

图 2.3-24　悬挑板布置参数对话框

- 定位距离：设置悬挑板相对于网格线端点的定位距离。
- 顶部标高：设定悬挑板相对于楼面的高差。
- 挑出方向：设定悬挑板挑出的方向。

本例题需要布置两块悬挑板（雨篷），所有参数取初始值 0，选择光标方式将雨篷布置在左侧直轴线和右侧弧轴线中部出入口所在的位置，如图 2.3-25 所示。

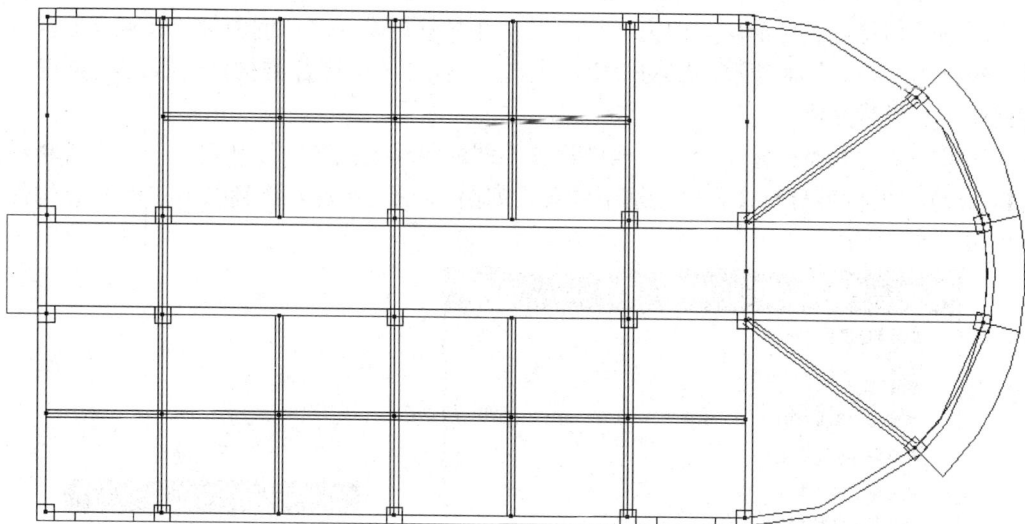

图 2.3-25　第 1 标准层

2.3.8　构件编辑

在构件布置过程中如发生错误，或需要对部分构件作调整，可以通过【楼层定义】子菜单提供的编辑命令，如【构件删除】、【本层修改】、【偏心对齐】等进行修正。

1. 构件删除

点击【构件删除】，弹出构件删除对话框，如图 2.3-26 所示。在对话框中勾选某类或某几类构件，点选构件选择方式，即可完成删除操作，且不会删除对话框中未勾选的

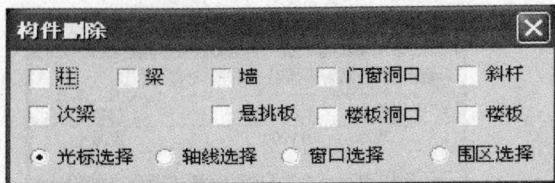

图 2.3-26 构件删除对话框

构件。

2. 本层修改

【本层修改】子菜单的命令主要由替换和查改两类操作组成。替换是把平面上已布置的某类型构件用另一类型构件替换。查改是用于显示构件的位置、参数、类型等数据，以便校核和修改。

3. 偏心对齐

【偏心对齐】用于自动完成构件的偏心布置，省去了用户在布置各类构件时的偏心计算和偏心参数输入过程。

本例题需要将周边梁与柱外边缘对齐，点击【偏心对齐/梁与柱齐】，屏幕下方提示："用光标选择目标"，按［Tab］键改变为轴线选择方式，用光标选择周边梁，该梁轴线加亮显示；继续提示："请用光标点取参考柱"，点取与该梁相交的柱；又提示："请用光标指出对齐边方向"，用光标点取梁外一点，该梁即与柱外边对齐。重复以上操作，将周边梁及走廊梁都与柱外边对齐，按［Esc］键退出命令。同理，点取【墙与柱齐】，将周边剪力墙与柱外边对齐，完成对齐操作后的第 1 标准层如图 2.3-25 所示。

2.3.9 本层信息

点击【本层信息】，弹出本层信息对话框，如图 2.3-27 所示。该对话框用于设置当前标准层构件信息，在标准层建模完成后必须打开并进行设置。本例题将〈板混凝土强度等级〉修改为 C25，其他参数都取初值，点击〈确定〉，本层各类构件的混凝土强度等级和钢筋级别设置完成。

如果需要对某类构件中的个别构件设置不同的混凝土强度等级和钢号，点击【材料强度】，在弹出的构件材料设置对话框中设置，如图 2.3-28 所示，再到图中点取相应构件修改其属性。

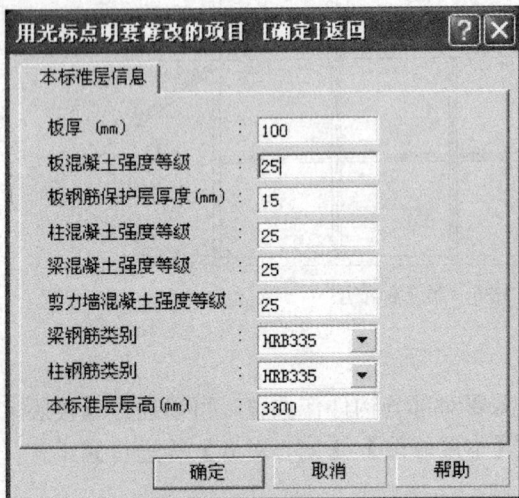

图 2.3-27 本层信息对话框

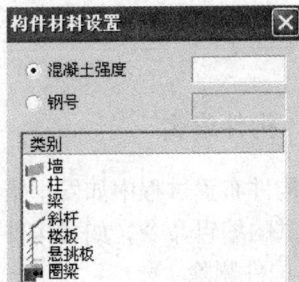

图 2.3-28 构件材料设置对话框

26

提示：（1）如果构件定义中指定了材料是混凝土，则无法指定这个构件的钢号，反之亦然。对于型钢混凝土构件，二者都可指定。

（2）PMCAD建模时设置的构件材料强度可以传给SATWE等计算软件，如在SATWE等计算软件中修改材料强度，其修改后的材料信息仍然回存到PMCAD模型中，实现了一模多改，数据共享。

至此，第1标准层构件布置和材料信息设置全部完成。一幢建筑物是由若干标准层组装起来的，只要结构平面布置有变化，就需要布置新的标准层，而这是由【换标准层】菜单实现的。

2.3.10 添加标准层

【换标准层】菜单用于添加新标准层，或将某标准层切换为当前操作层。当完成一个标准层平面布置后，须继续完成下一个标准层的输入，通常新标准层可以参照已有标准层输入，以保证上下层网格、节点对应以及提高建模效率，为此，应复制已有标准层的全部或局部，以便在此基础上修改为新标准层。

1. 添加第2标准层

点击【换标准层】，弹出选择/添加标准层对话框，如图2.3-29所示。依次选择〈添加新标准层〉、〈全部复制〉，点击〈确定〉，即可生成与第1标准层完全相同的第2标准层。

但第2标准层与第1标准层还有不同之处需要修改：该层没有当作雨篷的悬挑板，剪力墙的洞口尺寸为1800mm×2100mm。

● 点击【构件删除】或【楼板生成/删悬挑板】，按命令提示用光标方式删除悬挑板。

● 点击【洞口布置】，新定义一个1800mm×2100mm的洞口，在洞口布置参数对话框内输入底部标高600mm，以光标点取方式将已有的4个洞口替换为新洞口。

图2.3-29 添加标准层对话框

● 点击【本层信息】，确定材料信息。

修改完成的第2标准层如图2.3-30所示。

2. 添加第3标准层

再次点击【换标准层】，选择〈全部复制〉生成第3标准层。第3标准层与第2标准层的构件布置完全相同，但荷载布置不同，因此必须单独建立标准层。

3. 添加第4标准层

再次点击【换标准层】，选择〈局部复制〉生成第4标准层。按屏幕下方的提示，采用窗口方式选择需要复制的部分，程序加亮显示选中的矩形部分，确定后程序自动删除未选中的圆弧部分的构件，必要时可以用下拉菜单中的【删除】命令删除多余的轴线。局部复制完成的第4标准层，如图2.3-31所示。

此外，在【本层信息】中将本层楼板厚度改为120mm；定义750mm宽的悬挑板，将

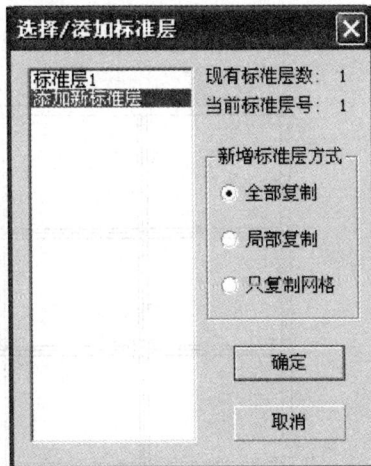

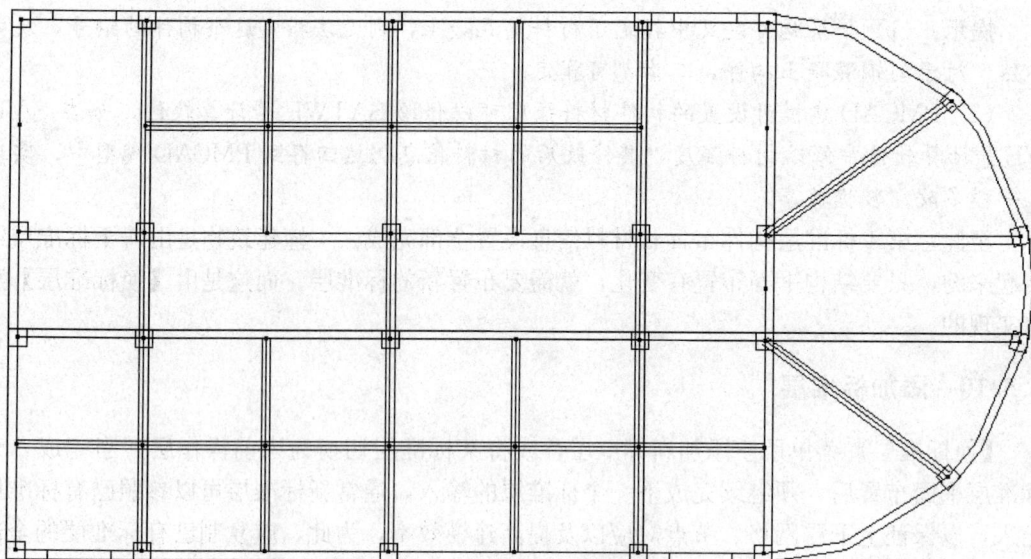

图 2.3-30　第 2 标准层

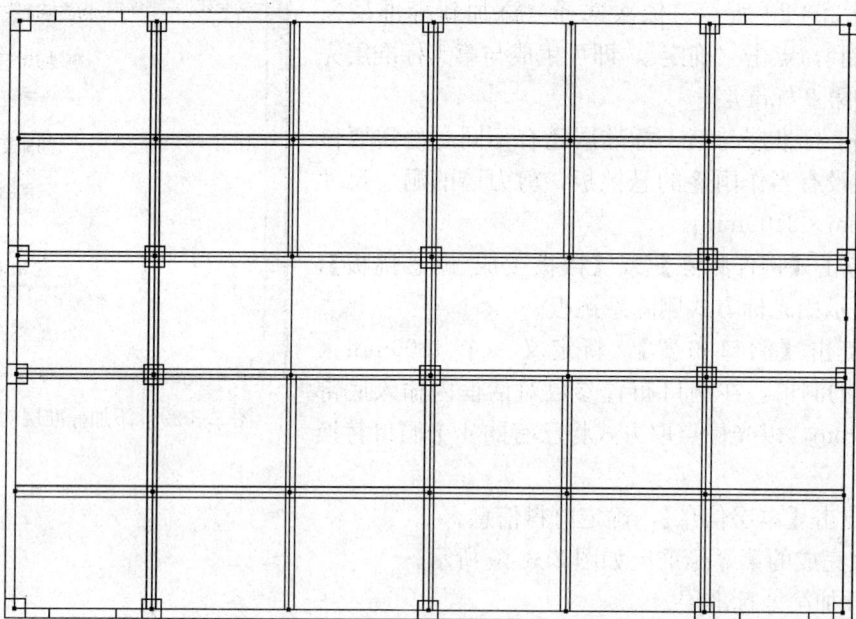

图 2.3-31　局部复制的第 4 标准层

其布置在第 4 标准层的周边。

4. 生成斜梁

本例题的第 4 标准层是屋顶层，采用四坡屋顶做法。PMCAD 可以自动生成楼板，且楼板的上沿总是与主梁上沿平齐，斜板的高度和坡度取决于斜梁，因此，斜坡屋面的做法就转换为斜梁的做法。本例题斜梁的做法如下：

（1）修改轴网。点击【轴线输入/平行直线】，按 1500mm 间距增加屋脊线轴线；点击【两点直线】，将四个房角节点经过柱节点与屋脊线相连。点击【网格生成/删除网格】和【删除节点】，将多余的网格线和节点删除。

（2）布置主梁。点击【楼层定义/主梁布置】，在屋脊线上布置 250mm×400mm 的梁，在四条斜轴线上布置 250mm×600mm 的梁；新定义 250mm×1500mm 的梁，用该梁替换两侧与剪力墙相连处的梁。

（3）布置洞口。点击【楼层定义/洞口布置】，新定义截面尺寸为 1800mm×1800mm 的洞口，布置在原洞口处，底标高取 900mm。

（4）清理图面。点击【网格生成/清理网点】，将不需要的节点和网格清除。为了检查各个构件的截面尺寸是否正确，点击【楼层定义/截面显示】，选择主梁数据显示，如图 2.3-32 所示。

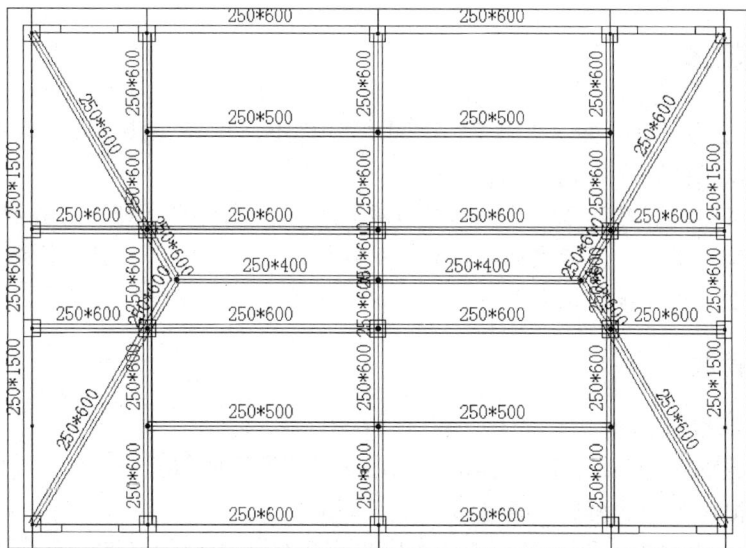

图 2.3-32　修改后的第 4 标准层

（5）提升构件。点击【网格生成/上节点高】，弹出设置上节点高对话框，如图 2.3-33 所示。在〈上节点高值〉输入"2500"mm，用窗口方式选择屋脊线的各节点，将这些节点相连的所有构件提高 2.5m。

同理，分别输入 2000mm、1000mm，用窗口方式选择与屋脊线平行的其他需要提高轴线的各节点，将坡屋顶中的各梁调整到合适的高度。

（6）三维观察。点击屏幕下拉菜单的快捷图标 ⬛，显示三维模型轴测图，点击图标 🐘，显示三维模型实体渲染图，在按住键盘［Ctrl］键的同时，按住鼠标中轮移动鼠标，调整三维观测角度，最后形成的带坡屋顶第 4 标准层轴测图，如图 2.3-34 所示。观察完毕，需

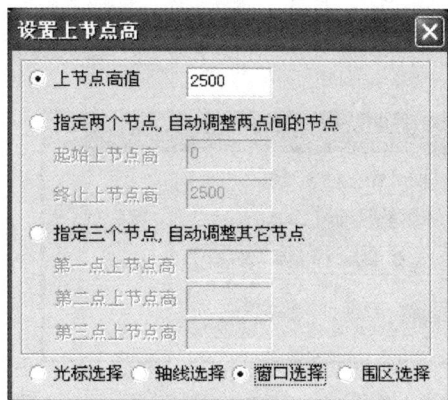

图 2.3-33　设置上节点高对话框

要返回模型平面图时，点击图标 ，返回。

图 2.3-34　第 4 标准层轴测图

这样，本教程例题的四个标准层的所有构件布置完成。

2.4　荷载输入

【荷载输入】菜单用于定义并布置作用于结构标准层中梁、柱、墙、板等构件和节点上的荷载，以及某些特殊荷载。

提示： 做实际工程时，通常是标准层所有构件布置完成后立即布置各构件上的荷载，这样对构件做编辑操作时，荷载也会做相同的操作，即联动修改。但本教程例题将荷载输入放在所有标准层构件布置完成之后进行，仅仅是为了叙述逻辑性的需要。

2.4.1　楼面荷载

1. 楼面荷载设置

点击【荷载输入/恒活设置】，弹出荷载定义对话框，如图 2.4-1 所示，用于设定当前标准层楼面的恒荷载和活荷载，其各参数意义如下：

● 自动计算现浇板自重：选择该项程序根据各房间楼板的厚度，折合成该房间的均布面荷载，将其叠加到房间的面恒载值中，即自动计算楼板自重。本例题选择此项。

● 考虑活荷载折减：选择该项表示考虑楼面活荷载折减，继续点击〈设置折减参数〉，弹出活荷载折减设置对话框，如图 2.4-2 所示，这是《荷载规范》第 4.1.2 条规定的楼面活荷载导算到梁的折减方式。本例题不考虑活荷载折减。

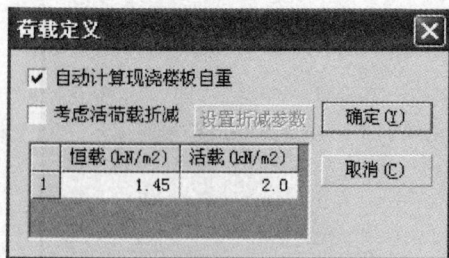

图 2.4-1　荷载定义对话框

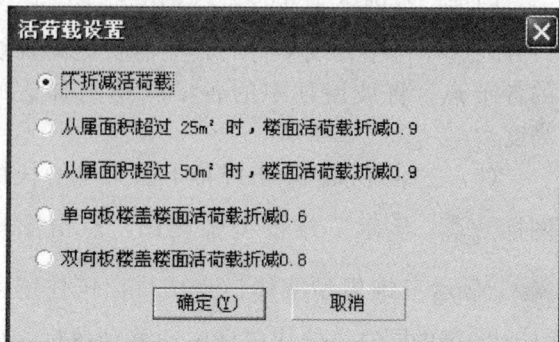

图 2.4-2　活荷载折减设置对话框

根据楼板面层自重及荷载规范本例题输入恒载 1.45kN/m^2、活载 2.0kN/m^2。点击〈确定〉，完成楼面荷载设置。

2. 楼面荷载显示修改

点取【楼面荷载/楼面恒载】（或【楼面活载】），显示当前标准层所有房间的恒载值（或活载值），同时弹出修改恒载（或修改活载）对话框，如图 2.4-3 和图 2.4-4 所示。

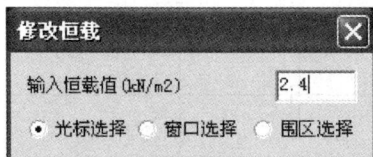

图 2.4-3　修改恒载对话框　　　　　　图 2.4-4　修改活载对话框

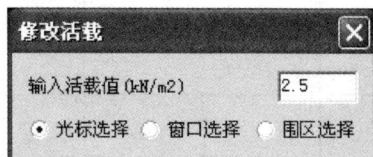

如需要修改部分房间的恒载值（或活载值），可以在对话框中输入新荷载值再点选房间。本例题输入楼面恒载 8、2.4、1kN/m^2，及楼面活载 3.5、2.5、$0.5~\text{kN/m}^2$，点选修改部分房间的楼面荷载，如图 2.4-5 和图 2.4-6 所示。

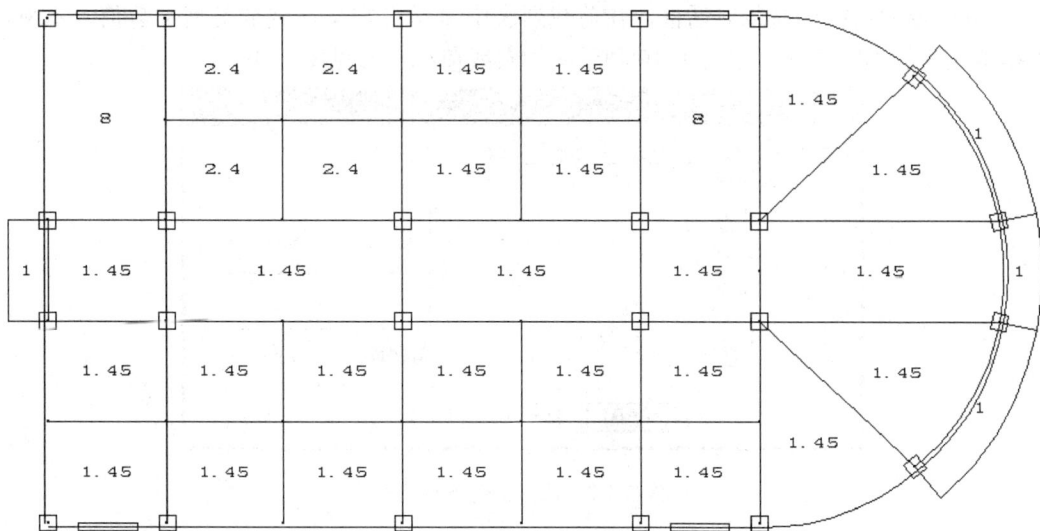

图 2.4-5　第 1 标准层楼面恒载

3. 楼面导荷方式选择

程序设定了三种楼面荷载传导方式，【导荷方式】命令用于选择或改变传导方式，【调屈服线】命令用于调整梯形三角形传导方式的屈服线角度。本例题取初始值，不执行这两个命令。

2.4.2　梁间荷载

1. 梁荷载定义

点击【梁间荷载/梁荷定义】，弹出选择梁荷载对话框，如图 2.4-7 所示。

在该对话框中点击〈添加〉，弹出选择荷载类型对话框，如图 2.4-8 所示，可根据需要选择荷载类型。本例题需要输入的梁间荷载是填充墙的自重，点击第 1 类型均布线荷载，在弹出的荷载参数对话框中输入填充墙的线荷载"9.8"，如图 2.4-9 所示。点击〈确

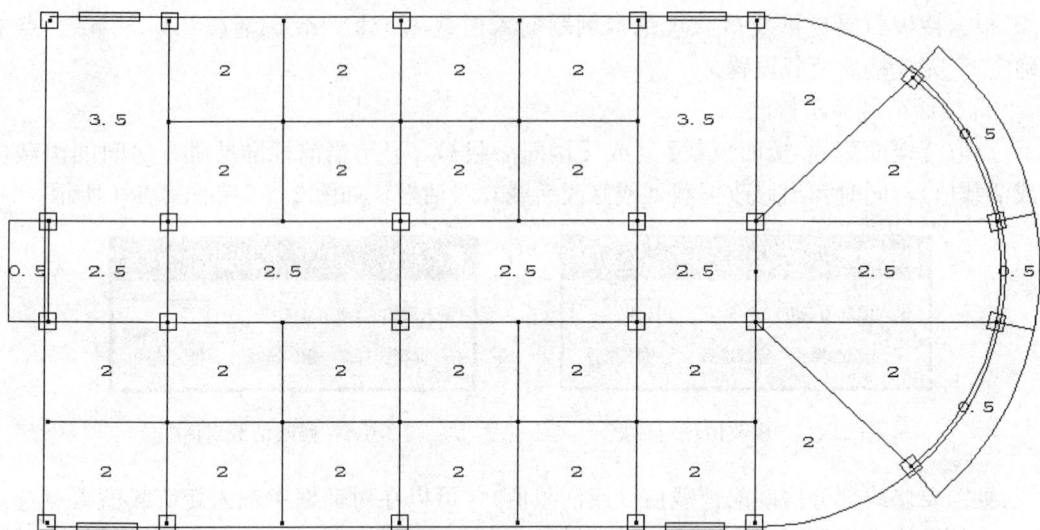

图 2.4-6　第 1 标准层楼面活载

定〉，程序返回选择梁荷载对话框，在荷载列表中显示已定义荷载的类型和数值。本例题根据填充墙的不同情况，定义了 10 种梁间均布线荷载，参见图 2.4-7。

图 2.4-7　选择梁荷载对话框

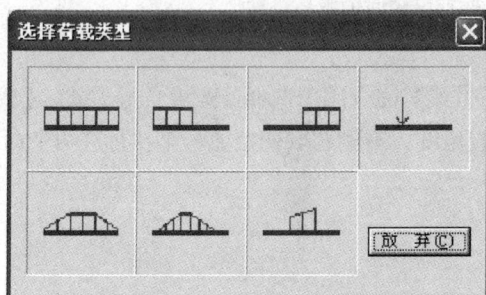

图 2.4-8　选择荷载类型对话框

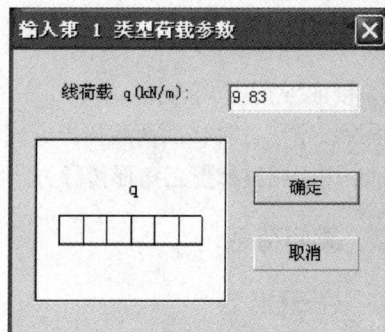

图 2.4-9　输入荷载参数对话框

2. 梁荷载输入

点击【梁间荷载/恒载输入】，再次弹出选择梁荷载对话框，从列表中选择需要布置的梁荷载，点击〈布置〉，根据操作的方便程度选择光标方式、轴线方式或窗口方式，将梁上填充墙荷载布置到相应的梁上。本例题第1标准层梁恒荷载布置结果如图2.4-10所示。

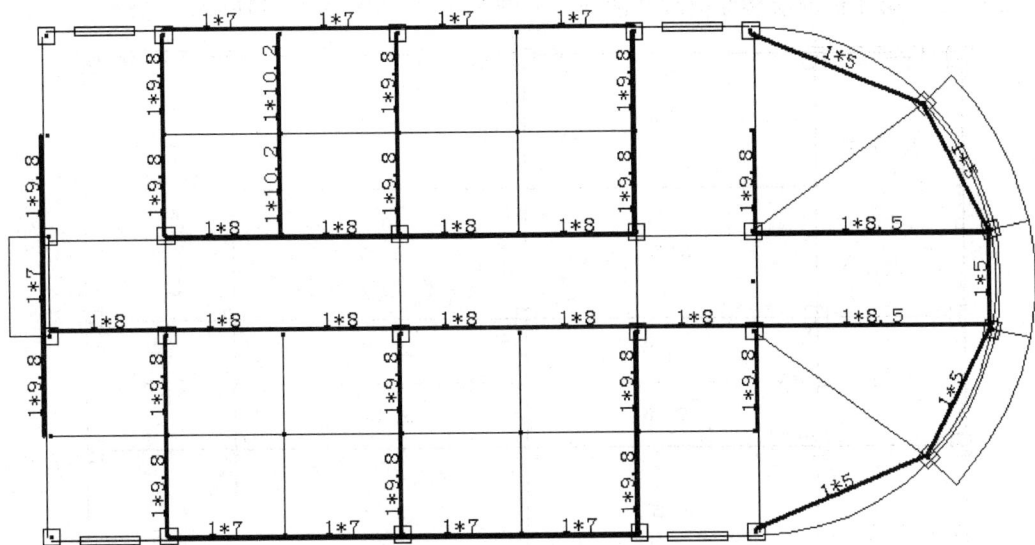

图 2.4-10　第1标准层梁恒载布置

3. 梁荷载显示

点击【数据开关】，弹出数据显示状态对话框。勾选〈数据显示〉，根据需要调整字符大小，点击〈确定〉，即可在平面图上显示梁恒载数值。

同理，梁上的活荷载也可以用类似方法输入和显示。本例题不考虑梁活荷载。

2.4.3　层间复制

【层间复制】命令用于在标准层间复制荷载，提高建模效率。

1. 切换当前层

点取【楼层定义/换标准层】，或下拉菜单中的【换标准层】，使当前楼层切换到第2标准层。

2. 层间复制荷载

点击【荷载输入/层间复制】，弹出荷载层间拷贝对话框，如图2.4-11所示。〈拷贝的标准层号〉选择"第1标准层"，〈拷贝的荷载类型〉勾选梁和楼板荷载，点取〈确定〉，第2标准层就布置了与第1标准层完全相同的梁和楼板荷载。同理，用相同方法复制得到第3标准层的梁和楼板荷载。

3. 修改楼板荷载

第2标准层的楼面荷载与第1标准层

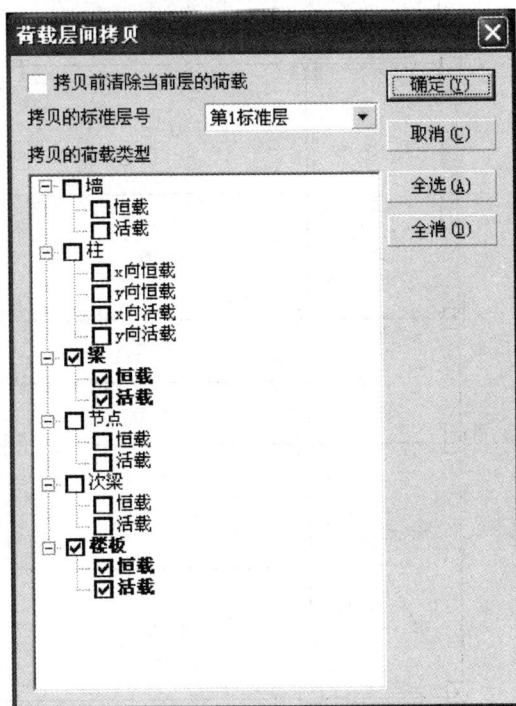

图 2.4-11　荷载层间拷贝对话框

的完全相同不必修改。第3、4标准层的楼面荷载与第1标准层不同，可以通过【楼面荷载/楼面恒载】和【楼面活载】命令重新输入。第3标准层仅将环形区域的屋面恒载改为3.6kN/m²。第4标准层楼面恒载和活载，如图2.4-12和图2.4-13所示。

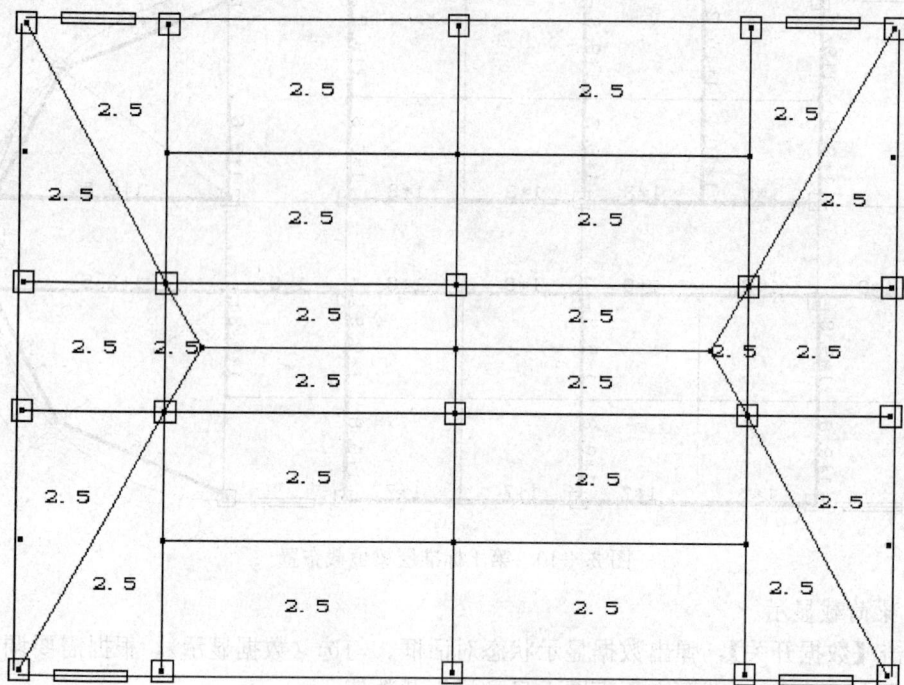

图2.4-12　第4标准层楼面恒载

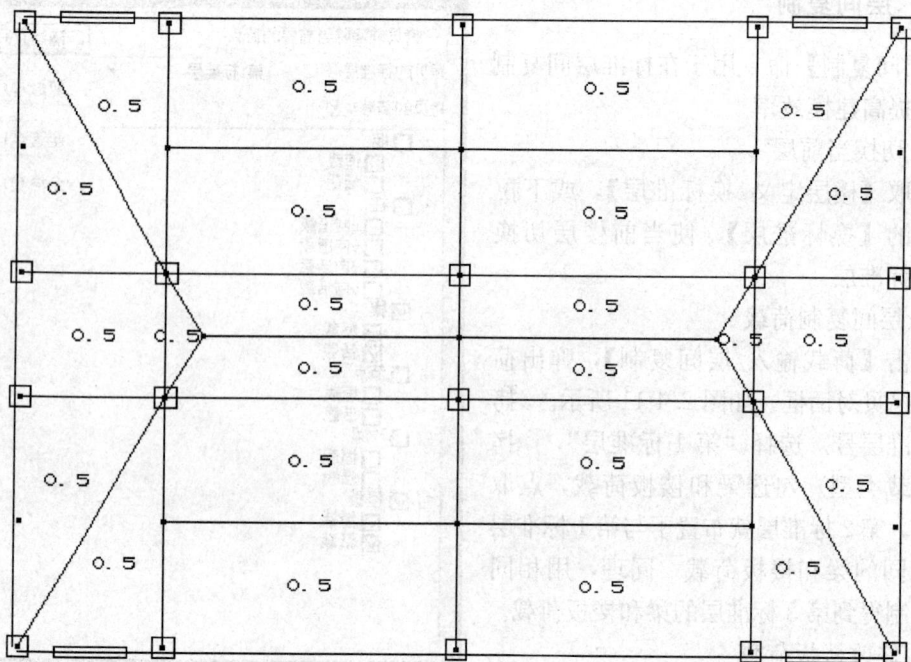

图2.4-13　第4标准层楼面活载

4. 修改梁间荷载

各标准层间如梁间荷载不同，可以用【恒载修改】、【恒载删除】和【活载修改】、【活载删除】等命令进行修改。修改后的第 2、3 标准层的梁恒载，如图 2.4-14 和图 2.4-15 所示。第 4 标准层不需要输入梁恒载，所有标准层均不考虑梁活载。

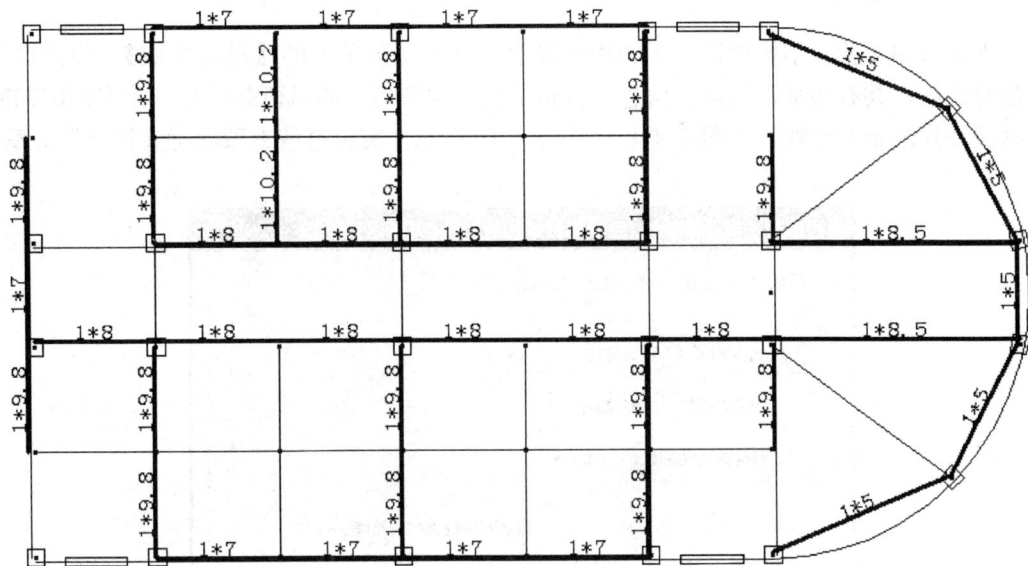

图 2.4-14　第 2 标准层梁恒载

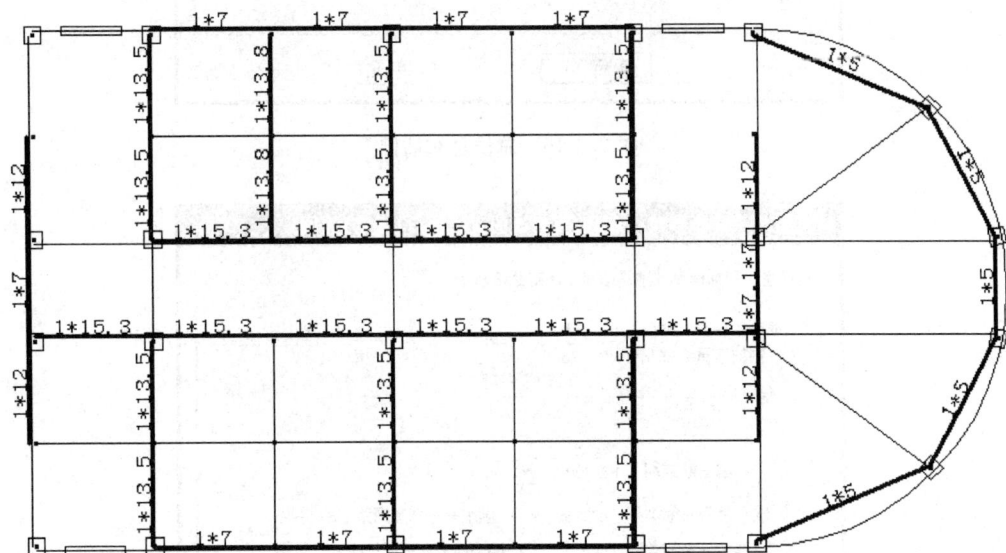

图 2.4-15　第 3 标准层梁恒载

2.4.4　其他荷载

【柱间荷载】、【墙间荷载】、【节点荷载】和【次梁荷载】等命令用于给柱、墙、节点和次梁布置荷载，其操作方法与【梁间荷载】类似。本例题不布置这些荷载。

【人防荷载】和【吊车荷载】菜单用于在结构模型中输入人防荷载（包括核武器和常规武器爆炸荷载）和吊车荷载。本例题不考虑这两类荷载。

提示：本节构件荷载的取值可参考附录1。

2.4.5 设计参数

本菜单用于输入结构设计计算的相关参数，点击主菜单下的【设计参数】，弹出设计参数对话框，共有四页，包括总信息、材料信息、地震信息和风荷载信息，按本例题的需要确认和修改相关参数，如图2.4-16～图2.4-19所示。有关这些参数的意义详见第3章。

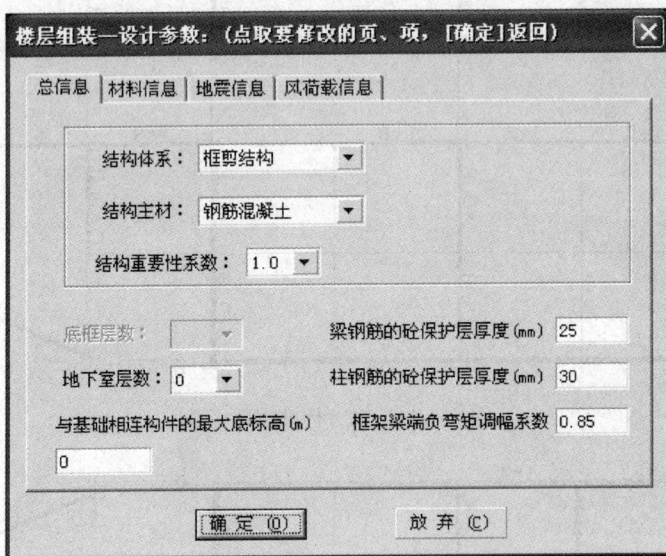

图2.4-16 总信息对话框

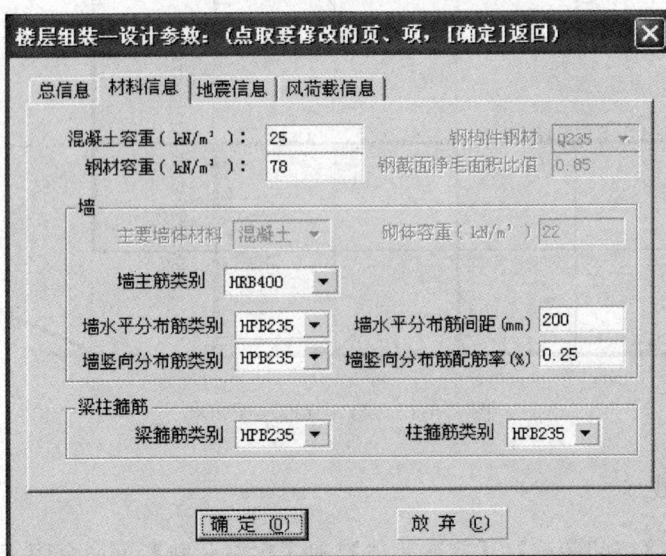

图2.4-17 材料信息对话框

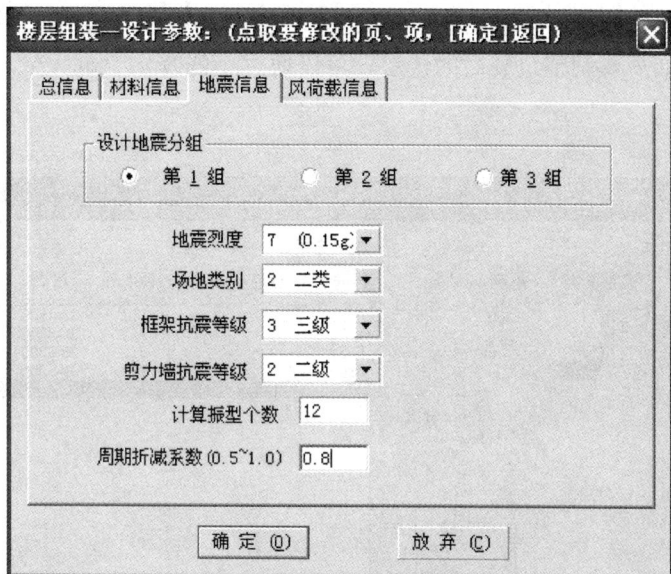

图 2.4-18　地震信息对话框

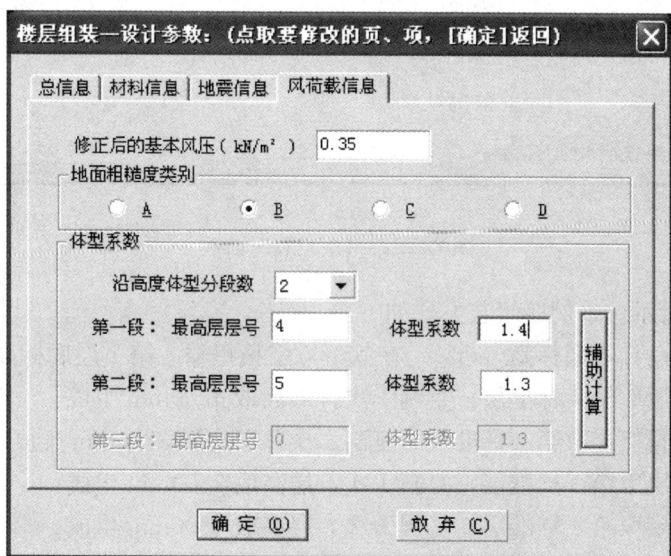

图 2.4-19　风荷载信息对话框

2.5　楼层组装

楼层组装的作用，是将构件布置和荷载输入完成的各标准层，按一定规则和顺序组合成整体结构模型。

2.5.1　楼层组装

点击【楼层组装/楼层组装】，弹出楼层组装对话框，如图 2.5-1 所示。选择〈标准层〉，输入〈层高〉，选择〈复制层数〉，点击〈增加〉，在右侧〈组装结果〉栏中显示组装后的自然楼层。如需要调整组装后的楼层，可以通过〈修改〉、〈插入〉、〈删除〉、〈全删〉等操作完成。

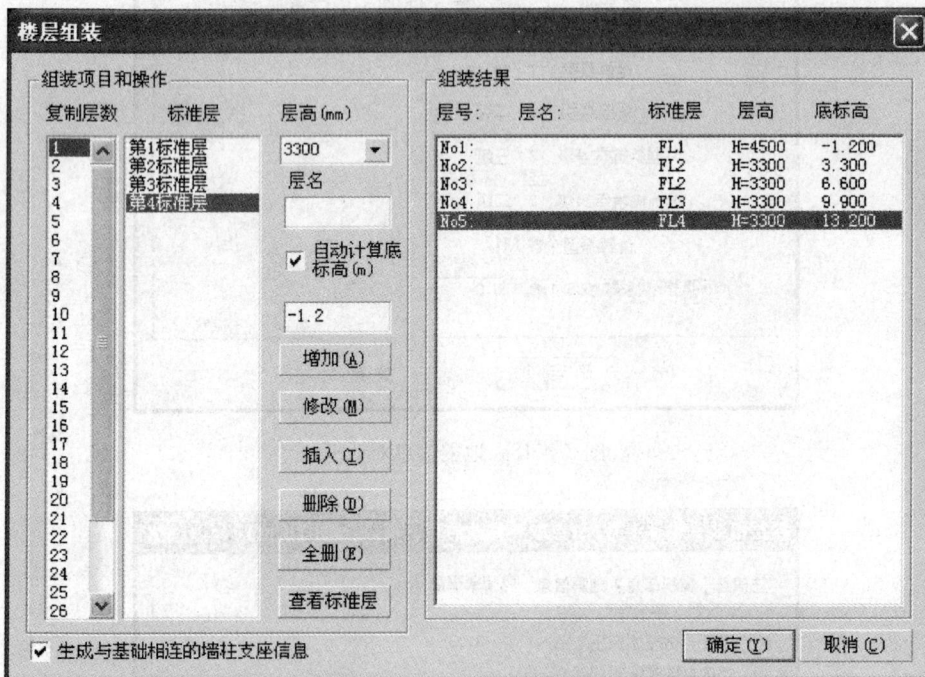

图 2.5-1　楼层组装对话框

如图 2.5-1 所示，本例题组装方式如下：
- 勾选〈自动计算底标高（m）〉，在其下方空格里输入第 1 层底标高－1.2m。
- 第 1 自然层取第 1 标准层，复制 1 次，层高取 4500mm 生成；
- 第 2 和 3 自然层取第 2 标准层，复制 2 次，层高取 3300mm 生成；
- 第 4 自然层取第 3 标准层，复制 1 次，层高取 3300mm 生成；
- 第 5 自然层取第 4 标准层，复制 1 次，层高取 3300mm 生成。

提示：（1）第 1 自然层层高为 4500mm，是因为 PMCAD 建模的起始层高从结构基础顶面起算，须计入埋深 1200mm。

（2）选择〈自动计算底标高〉，意味着程序自动计算各自然层的底标高，采用楼层号由低到高顺序排列的普通楼层组装方式，这种组装方式适用于大多数常规工程。如不选择该项，允许为每个自然楼层指定底标高，即采用不按楼层号顺序的广义楼层组装方式，适用于错层多塔大底盘结构建模。本例题选择该项，采用普通楼层组装方式。

（3）选择〈生成与基础相连的墙柱支座信息〉，程序自动生成与基础相连楼层（没有地下室时为一层）的支座信息并将其传递给基础程序，以便进行基础设计。如果结构支座情况十分复杂，可以通过【设置支座】和【取消支座】命令修改支座。通常楼层组装时均应选择此项，本例题勾选此项。

2.5.2 单层拼装和工程拼装

【单层拼装】用于调入其他工程或本工程的任意一个标准层，将其全部或部分拼装到当前标准层上。【工程拼装】用于将其他工程模型拼装到当前工程中，形成一个完整的工程模型，达到提高工效的目的。本例题不执行这些操作。

2.5.3 全楼模型显示

为了对组装好的整楼模型进行轴测观察分析，点击【整楼模型】，弹出组装方案对话框，如图 2.5-2 所示。选择〈重新组装〉，点取〈确定〉，屏幕显示全楼模型。

若需要显示三维模型透视图，如前所述，打开工具栏中的三维实时漫游开关，把线框模型转成实体模型，按下键盘［Ctrl］键的同时按住鼠标中轮移动鼠标，调整三维视图的透视角度达到最佳，如图 2.5-3 所示。

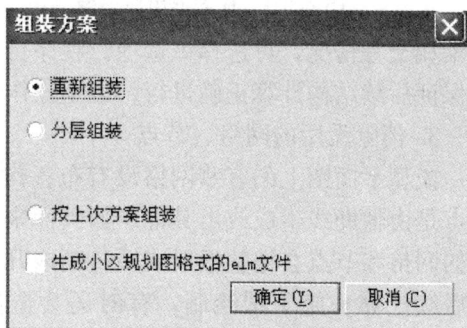

图 2.5-2　组装方案对话框

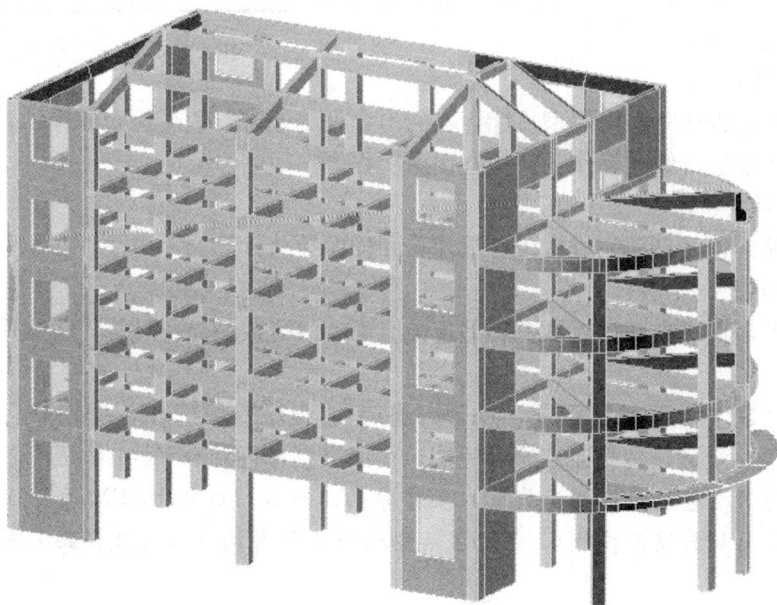

图 2.5-3　全楼模型透视图

2.5.4 数据检查和退出

全楼建模完成后，点击【保存】，将结构模型数据保存在硬盘中。

点击【退出】，弹出如图 2.5-4 所示对话框。选择〈存盘退出〉，弹出后续操作对话框，如图 2.5-5 所示，对话框中各参数意义如下：

1. 楼梯自动转换为梁

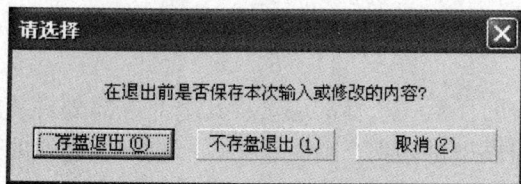

图 2.5-4 存盘退出对话框

层梁相交等情况，可选择该选项。程序自动在托梁、托墙和斜梁的相应位置上增设节点，以保证后续结构计算正确进行。以上操作也可以点击【节点下传】命令完成。

3. 清除无用的网格、节点

模型平面图上的有些网格没有布置构件，有些节点是由辅助线生成或由其他层拷贝而来，这些无用的网格和节点会把整根梁或墙打断成几截，不利于后续计算和施工图绘制，有时还会造成设计误差，因此应选择此项把它们自动清理掉。

4. 生成遗漏的楼板

选择此项，程序自动检查各楼层及各房间，将遗漏的楼板自动生成，楼板的厚度取各层信息对话框中定义的楼板厚度。

如需要楼梯参与建模和计算，选择此项后建模输入的两跑楼梯转换为三段宽扁梁参与后续计算。本例题为框剪结构，可以不考虑楼梯参与计算，不勾选此项。

2. 生成梁托柱、墙托柱的节点

如模型有梁托柱，墙托柱或斜梁与下层梁相交等情况，可选择该选项。程序自动在托梁、托墙和斜梁的相应位置上增设节点，

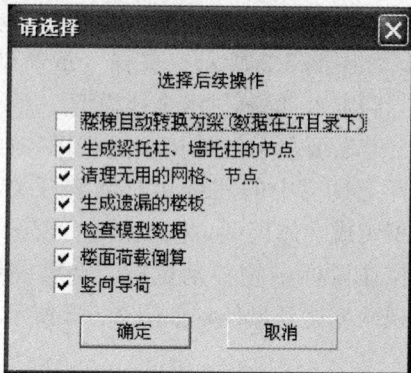

图 2.5-5 存盘后续操作对话框

5. 检查模型数据

选择此项，程序对整楼模型可能存在的不合理之处进行数据检查和提示，由用户选择是返回建模环境进行修改操作，还是直接退出程序。

6. 楼面荷载导算

选择此项，程序自动完成楼板自重计算和楼面导荷计算。

7. 竖向导荷

选择此项，程序自动完成从上到下各楼层恒、活荷载的导荷计算，生成作用在基础上的荷载。

本教程例题全部取初始设置，点取〈确定〉，程序完成建模数据检查后退出，返回PKPM 主界面。至此，建模工作全部完成，可以继续进行计算和绘图等后续操作。

提示：为了检查校对模型荷载输入及传导的正确性，选择 PKPM 主界面〈结构〉页的第 2 项〈平面荷载显示校核〉，可以显示各标准层所有构件的荷载详细分布情况，具体操作略。

第3章 SATWE 计算分析

3.1 计算前处理参数设置

PMCAD 建模完成后就可以转入计算分析阶段，接力 SATWE 等软件进行计算分析。调用 SATWE 软件可以在 PKPM 主界面的〈结构〉页中选择〈SATWE〉，如图 3.1-1 所示。

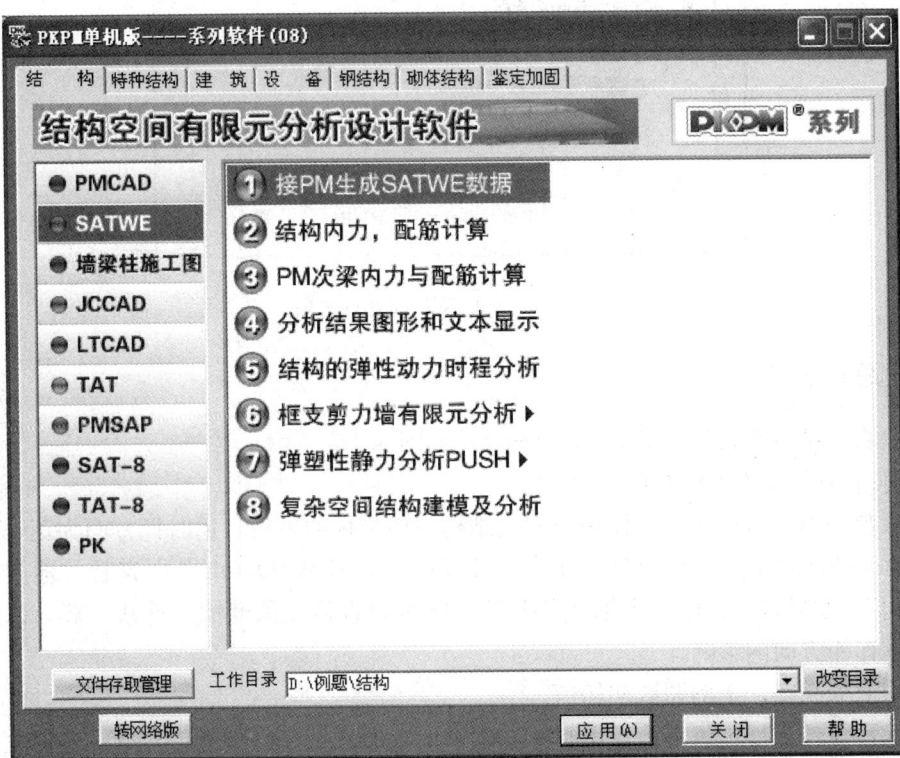

图 3.1-1　SATWE 软件选项

SATWE 软件计算分析前，首先应进行前处理工作，如设置计算参数和定义特殊构件等，为 SATWE 计算准备数据。在打开的 SATWE 软件选项中选择第 1 项〈①接 PM 生成 SATWE 数据〉，屏幕弹出 SATWE 前处理对话框，如图 3.1-2 所示。

SATWE 软件参数设置正确与否，直接关系到软件分析结果是否正确，这也是学好用好计算分析软件的关键一步。本节对 SATWE 各项计算参数的设置方法给予详细说明。

在该对话框中选择〈补充输入及 SATWE 数据生成〉页，点取〈1. 分析与设计参数补充定义（必须执行）〉，弹出 SATWE 参数设置对话框，该对话框共分十页，分别是：

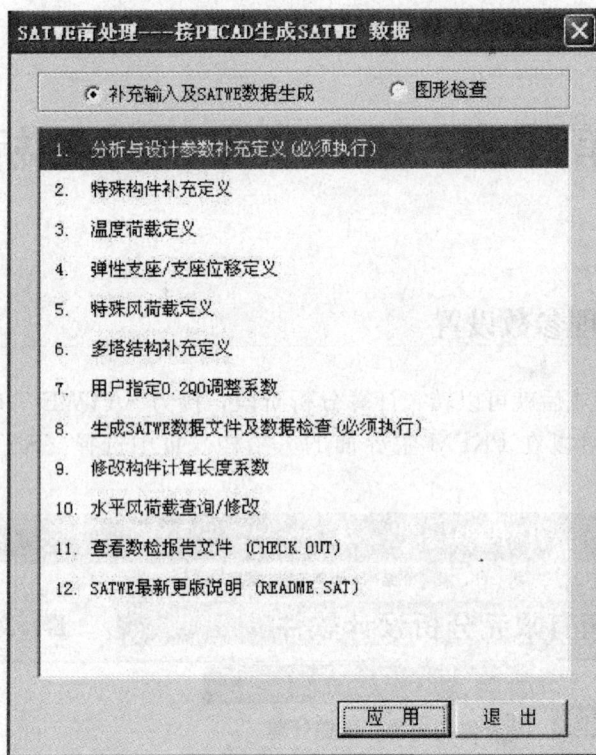

图 3.1-2　SATWE 前处理选项

3.1.1　总信息

第一页为结构总信息，共有 17 个参数，如图 3.1-3 所示。

1. 水平力与整体坐标夹角（度）

该参数为地震力或风荷载作用方向与结构整体坐标的夹角，逆时针方向为正，单位为度。通常可以先取 0 度，SATWE 计算后可以在计算书 WZQ. OUT 中查看"地震作用最大的方向"，如果这个角度与主轴夹角大于±15 度，宜将该角度输入重新计算，以考虑最不利地震作用方向的影响。

初始值为 0 度，本例题取初始值。

提示： 为避免输入该角度后图形旋转带来的不便，也可以将最不利地震作用方向在多方向水平地震参数中输入。

2. 混凝土容重（kN/m³）

输入容重是用来计算梁、柱、墙、板重力荷载用的，参看《荷载规范》附录。

初始值钢筋混凝土容重为 25kN/m³，本例题取初始值。

3. 钢材容重（kN/m³）

初始值钢材容重为 78kN/m³，本例题取初始值。

4. 裙房层数

设置裙房的层数，作为程序对高塔大底盘结构剪力墙底部加强区高度的判断依据。

初始值为 0，本例题没有裙房，取初始值。

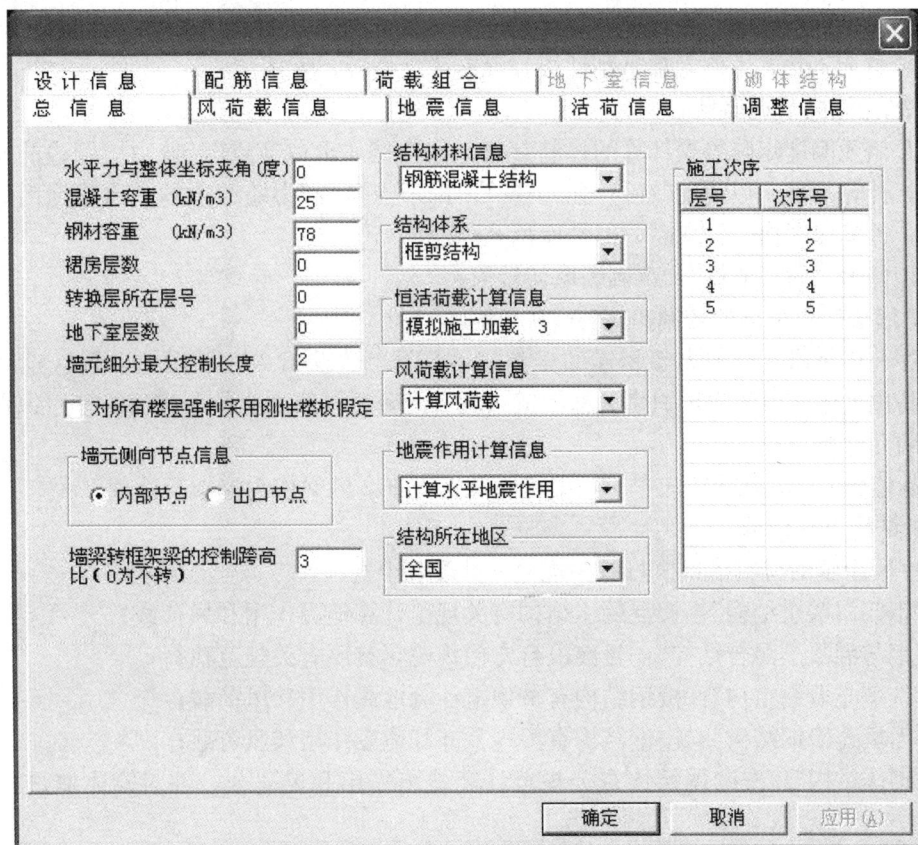

图 3.1-3 SATWE 总信息

提示：裙房层数应包含地下室，程序仅加强剪力墙，其他构件的加强措施须人工进行。

5. 转换层所在层号

如果结构有转换层，应指定转换层号，以便程序实现对转换构件地震作用的放大。

初始值为 0，如有多个转换层，各层号间以逗号或空格隔开。本例题取初始值。

提示：若有地下室，转换层号应包含地下室。

6. 地下室层数

当上部结构与地下室共同分析时，通过该参数屏蔽地下室部分的风荷载，并提供地下室外围回填土约束作用的数据。

初始值为 0，本例题没有地下室取初始值。

提示：如该参数为 0，〈地下室信息〉页为灰色，不允许输入地下室信息。

7. 墙元细分最大控制长度

SATWE 进行有限元分析时，程序将剪力墙细分成该参数限定的一系列小壳元。

该参数取值范围为 1.0～5.0，初始值为 2，本例题取初始值。

提示：框支剪力墙结构可取 1.5 或 1.0。

8. 对所有楼层强制采用刚性楼板假定

根据《高层规程》第 5.1.5 条的规定，在进行结构位移计算时，应采用刚性楼板假定。如定义了弹性楼板，在计算位移比等地震参数时应选择该项。

初始值为不选，本例题都是刚性板，没有弹性楼板，不选该项。

9. 墙元侧向节点信息

这是墙元刚度矩阵凝聚计算的控制参数，如选择"出口节点"，剪力墙侧边的变形协调性好，计算准确，但速度较慢；如选择"内部节点"，剪力墙侧边的节点作为内部节点凝聚掉，计算速度快，效率高，但精度稍有降低。

初始值为"内部节点"，本例题取初始值。

10. 墙梁转框架梁的控制跨高比（0为不转）

程序允许将所有与剪力墙相连的梁都按墙开洞的方法输入，并用此参数区别梁的类型，跨高比大于该值的程序识别为框架梁，按梁元分析；跨高比小于该值的程序识别为墙梁，按墙元分析。

初始值为0，本例题输入"3"，即将跨高比大于3的梁作为框架梁处理。

11. 结构材料信息

程序按指定的材料信息执行有关规范，共设五个选项：

➤ "钢筋混凝土结构"：按混凝土结构有关规范计算地震作用和风荷载；

➤ "钢与混凝土混合结构"：目前没有专门规范，参照有关规范执行；

➤ "有填充墙钢结构"：按钢结构有关规范计算地震作用和风荷载；

➤ "无填充墙钢结构"：按钢结构有关规范计算地震作用和风荷载；

➤ "砌体结构"：按砌体结构有关规范计算地震作用和风荷载，并对砌体墙进行抗震验算。

初始值为"钢筋混凝土结构"，本例题取初始值。

提示：08版将砌体结构SATWE计算功能移到QITI模块中，不需要选择"砌体结构"。

12. 结构体系

程序按设定的结构体系，执行规范规定的计算和调整方式。程序给出了框架、框剪、框筒、筒中筒、剪力墙、短肢剪力墙、复杂高层、板柱-剪力墙、异型柱框架和异型柱框剪等结构体系选项。

初始值为"框架结构"，本例题改设为"框剪结构"。

13. 恒活荷载计算信息

这是竖向力控制参数，程序设有五个选项：

➤ "不计算恒活荷载"：即不计算竖向力，仅用于学术研究。

➤ "一次性加载"：采用整体刚度模型，按一次加载方式计算竖向力。适用于多层结构和钢结构，不适合高层框剪结构。

➤ "模拟施工加载1"：软件采用竖向荷载逐层增加，逐层找平，使下层的变形对上层基本没有影响，适用于高层结构分析。但为了简化计算过程，采用整体刚度分层加载方式，与实际施工情况不太符合，如图3.1-4所示。

➤ "模拟施工加载2"：为防止框筒结构按刚度分配荷载可能出现的不合理情况，将筒体外围框架构件的刚度放大十倍，再进行荷载分配，这样与手工导荷结果接近，仅适用于框筒结构向基础传递荷载。

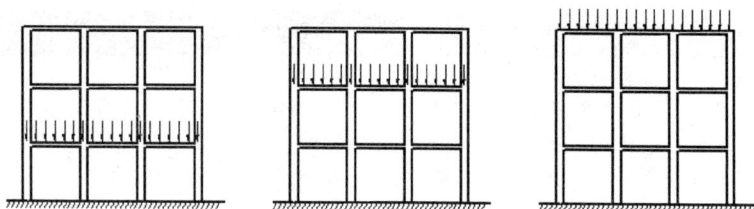

图 3.1-4　模拟施工 1 示意图

➤ "模拟施工加载 3"：软件采用逐层建立刚度，逐层加载，逐层找平方式，更符合施工实际情况，多高层结构宜优先采用，如图 3.1-5 所示。

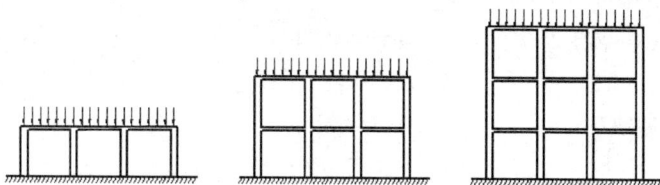

图 3.1-5　模拟施工 3 示意图

初始值为"模拟施工加载 1"，本例题建议选择"模拟施工加载 3"。

14. 施工次序

在采用模拟施工加载时，为适应广义楼层组装、转换结构、悬挑结构等复杂结构施工次序调整的特殊情况，用该参数指定各自然层的施工次序。

软件默认的施工次序为按楼层号由低到高顺序进行，本例题采用初始值。

15. 风荷载计算信息

这是风荷载计算控制参数，程序设有两个选项，"不计算风荷载"和"计算风荷载"。

初始值为"计算风荷载"，本例题取初始值。

16. 地震作用计算信息

这是地震作用控制参数，程序设有三个选项，"不计算地震作用"，"计算水平地震作用"和"计算水平和竖向地震作用"。

初始值为"计算水平地震作用"，本例题取初始值。

17. 结构所在地区

该参数用于指定程序执行何种规范，提供六个选项：

➤ 选择"全国"，程序执行国家规范。

➤ 选择"上海"，程序除执行国家规范外，还执行上海市有关的地方规范。

➤ 选择"广东"，程序除执行国家规范外，还执行广东省有关的地方规范。

其他选项还有"89 规范全国"、"89 规范上海"、"95 鉴定标准"等，用于加固改造设计。

初始值为"全国"，本例题取初始值。

3.1.2　风荷载信息

本页是与风荷载计算有关的信息，共有 11 个参数，如图 3.1-6 所示。如第一页中选择了"不计算风荷载"，可以不设置本页参数。

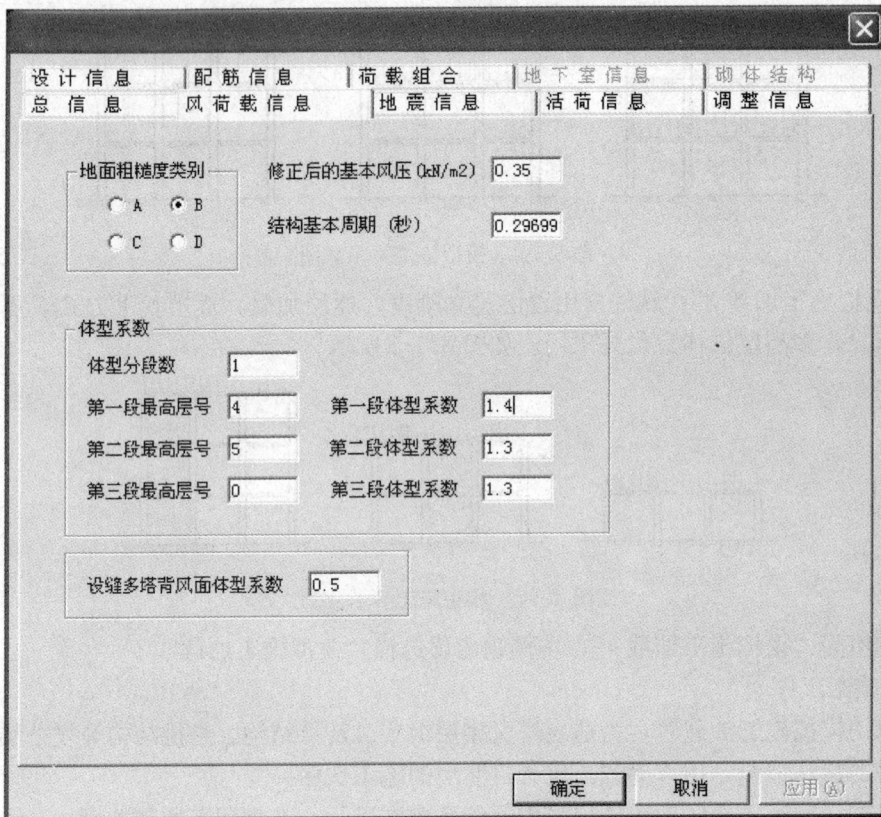

图 3.1-6 SATWE 风荷载信息

18. 地面粗糙度类别

按照《荷载规范》第 7.2.1 条规定，地面粗糙度可分为 A、B、C、D 四类。

初始值为"A"，本例题改为"B"。

19. 修正后的基本风压

按照《荷载规范》第 7.1.2 条和附表 D.4 的规定，输入本地基本风压。

初始值为 0.35，本例题取初始值。

20. 结构基本周期

结构基本周期用于计算风荷载的风振系数。

初始值是按《高层规程》第 3.2.6 条简化公式计算的数值，本例题取初始值。

提示：更准确的结构基本周期可取计算书 WZQ.OUT 中的结构第一平动周期值。

21. 体型分段数

22. 各段最高层号

23. 各段体型系数

按照《荷载规范》第 7.3.1 条和《高层规程》第 3.2.5 条的规定，取用主体结构的风荷载体型系数。程序允许分段输入不同的体形系数及每段最高楼层号，但一个建筑物最多分三段设定体型系数。

初始值分段数为 1，第一段最高层号为结构总层数，各段体型系数都为 1.3。

本例题建议改为：〈体型分段数〉为"2"，〈第一段最高层号〉为"4"，〈第一段体型系数〉为"1.4"，〈第二段最高层号〉为"5"，〈第二段体型系数〉为"1.3"。

24. 设缝多塔背风面体型系数

对于设缝结构，缝隙两边的墙体不受或很少受风荷载影响，程序通过此参数对风荷载遮挡墙面的风荷载进行修正。

初始值为 0.5。本例题没有背风面，取初始值。

提示：与此参数相配合，在〈多塔结构补充定义〉中，应指定结构的风荷载遮挡边。

3.1.3 地震信息

本页是有关地震作用的信息，共有 19 个参数，如图 3.1-7 所示。

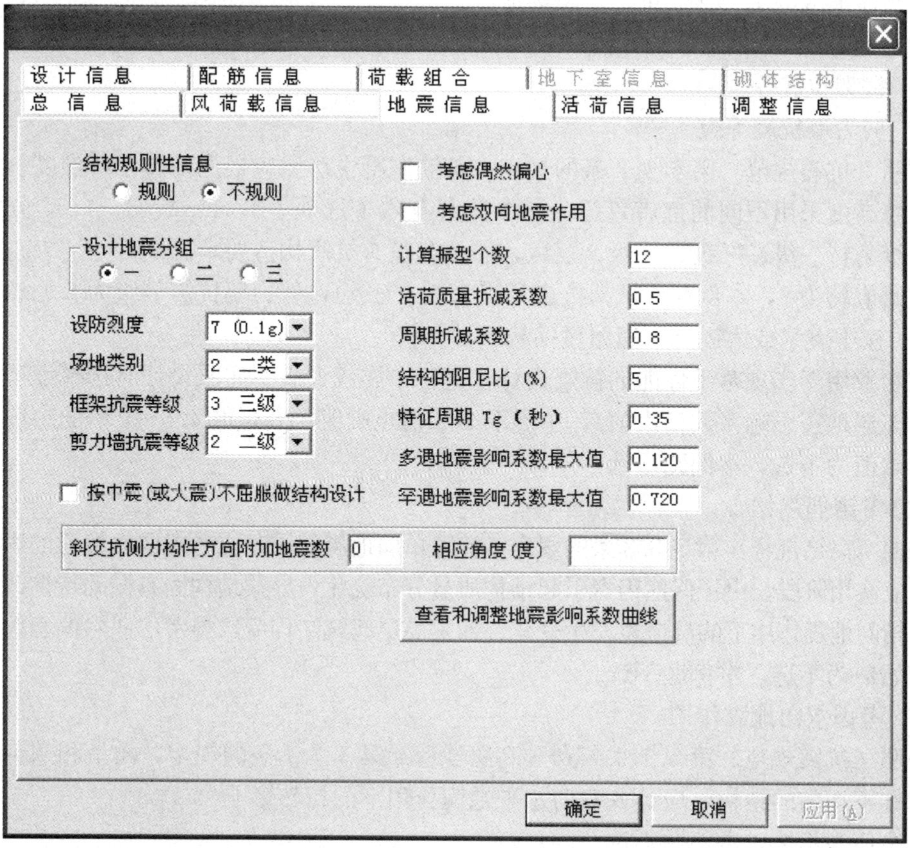

图 3.1-7 SATWE 地震信息

25. 结构规则性信息

考虑到扭转耦联计算适用于任何空间结构的分析，SATWE 软件去掉了扭转耦联选项，不论结构是否规则都进行扭转耦联计算。

初始值为"不规则"，本例题取初始值。

26. 设计地震分组

按照《抗震规范》第 3.2.3 条和第 3.2.4 条的规定设计地震共分三组，按附录 A

采用。

初始值为一组，本例题取初始值。

27. 设防烈度

按照《抗震规范》第3.2.2条和附录A的规定，抗震设防烈度和设计基本地震加速度取值，共有六个选项：6（0.05g），7（0.10g），7（0.15g），8（0.20g），8（0.30g），9（0.40g）。

初始值为7（0.1g），本例题取7（0.15g）。

28. 场地类别

按照《抗震规范》第4.1.6条的规定，建筑物场地类别，应根据土层等效剪切波速和场地覆盖层厚度划分为四类。该参数共有五个选项，0代表上海地区，1、2、3、4分别代表全国其他地区的Ⅰ、Ⅱ、Ⅲ、Ⅳ类场地。

初始值为2，本例题取初始值。

29. 框架抗震等级

30. 剪力墙抗震等级

按照《抗震规范》第6.1.2条的规定，钢筋混凝土房屋应根据地震设防烈度、结构类型和房屋高度采用不同的抗震等级。该参数共有六个选项，0、1、2、3、4、5分别代表抗震等级为特一级、一级、二级、三级、四级和没有抗震构造要求。

初始值均为2，本例题取框架抗震等级为3（三级），剪力墙抗震等级为2（二级）。

31. 按中震（或大震）不屈服做结构设计

该参数用于实现基于性能的抗震设计，进行中震或大震不屈服设计时选择该项，同时修改〈多遇地震影响系数最大值〉，中震取2.8倍小震值，大震取4.5～6倍的小震值。

初始值为不选，本例题不选。

32. 考虑偶然偏心

按照《高层规程》第3.3.3条的规定，计算单向地震作用时应考虑偶然偏心的影响，即在施工或使用阶段，由于偶然因素引起结构质量分布变化，导致结构固有振动特性改变，使结构在相同地震作用下的反应也发生变化。通常高层建筑结构应选择考虑偶然偏心影响。

初始值为不选，本例题不选。

33. 考虑双向地震作用

按照《抗震规范》第5.1.1条和《高层规程》第3.3.1条的规定，质量和刚度分布明显不对称不均匀的结构，应计入双向水平地震作用下的扭转影响。

初始值为不选，本例题不选。

提示：软件允许同时考虑偶然偏心和双向地震作用，取两者计算的最不利结果。

34. 计算振型个数

按照《抗震规范》第5.2.2条和《高层规程》第5.1.13条的规定，抗震计算振型数应使振型参与质量不小于总质量的90%。振型数是否取够，可查看计算书WZQ.OUT，检查X和Y两个方向的有效质量系数是否大于0.9，如都大于0.9表示振型数取够了，否则应增大振型数重新计算。

初始值为15，本例题输入"12"。

提示：1）通常振型数取值应不小于3，且为3的倍数。

2）必须保证有效质量系数大于0.9，否则由于计算振型数量不够多，后续振型产生的地震效应被忽略，地震作用偏小，结构设计不安全。

3）振型数也不能取的太多，不能多于结构有质量贡献的自由度总数（每块刚性板取3个，每个弹性节点取2个）。对错层、多塔、楼板开大洞、有弹性板等复杂结构振型数应相对多取。

35. 活荷载质量折减系数

按照《抗震规范》第5.1.3条和《高层规程》第3.3.6条的规定，楼面活荷载按实际情况计算时取1.0，按等效均布活荷载计算时，藏书库、档案库、库房取0.8，一般民用建筑取0.5。

该参数取值范围0.5～1.0，初始值为0.5，本例题取初始值。

36. 周期折减系数

当非承重墙体为砖墙时，各类高层建筑结构的计算自振周期折减系数按照《高层规程》第3.3.17条的规定取值。

该参数取值范围0.7～1.0，初始值为1，本例题取"0.8"。

37. 结构的阻尼比（%）

按照《抗震规范》第5.1.5条和《高层规程》第3.3.8条的规定，取用建筑结构的阻尼比。阻尼比反映结构内部在动力作用下的相对阻力情况，结构越粗糙，阻尼比越大。

通常钢筋混凝土结构可取初始值5，钢结构取2，混合结构取3，本例题取初始值。

38. 特征周期 Tg（秒）

按照《抗震规范》第3.2.3条和第5.1.4条的规定，建筑的设计特征周期应根据其所在地的设计地震分组和场地类别确定。

初始值为0.35，本例题取初始值。

39. 多遇地震影响系数最大值

40. 罕遇地震影响系数最大值

按照《抗震规范》第5.1.4条的规定，输入多遇和罕遇地震时的地震影响系数最大值。

多遇地震影响系数初始值为0.120，罕遇地震初始值为0.720，本例题取初始值。

41. 斜交抗侧力构件方向附加地震数

42. 相应角度（度）

按照《抗震规范》第5.1.1条和《高层规程》第3.3.2条的规定，有斜交抗侧力构件的结构，当相交角度大于15度时，应分别计算各抗侧力构件方向的水平地震作用。

程序限定斜交抗侧力构件方向附加地震数的取值范围0～5，初始值为0，本例题取初始值。

43. 查看和调整地震影响系数曲线

程序提供了查看和调整地震影响系数曲线的方法，允许设计人员自定义或在规范设定的地震影响曲线基础上，修改结构阻尼比、特征周期、多遇地震影响系数最大值、曲线形状等，给用户在特殊地震区设计复杂结构提供了更大的灵活性，如图3.1-8所示。

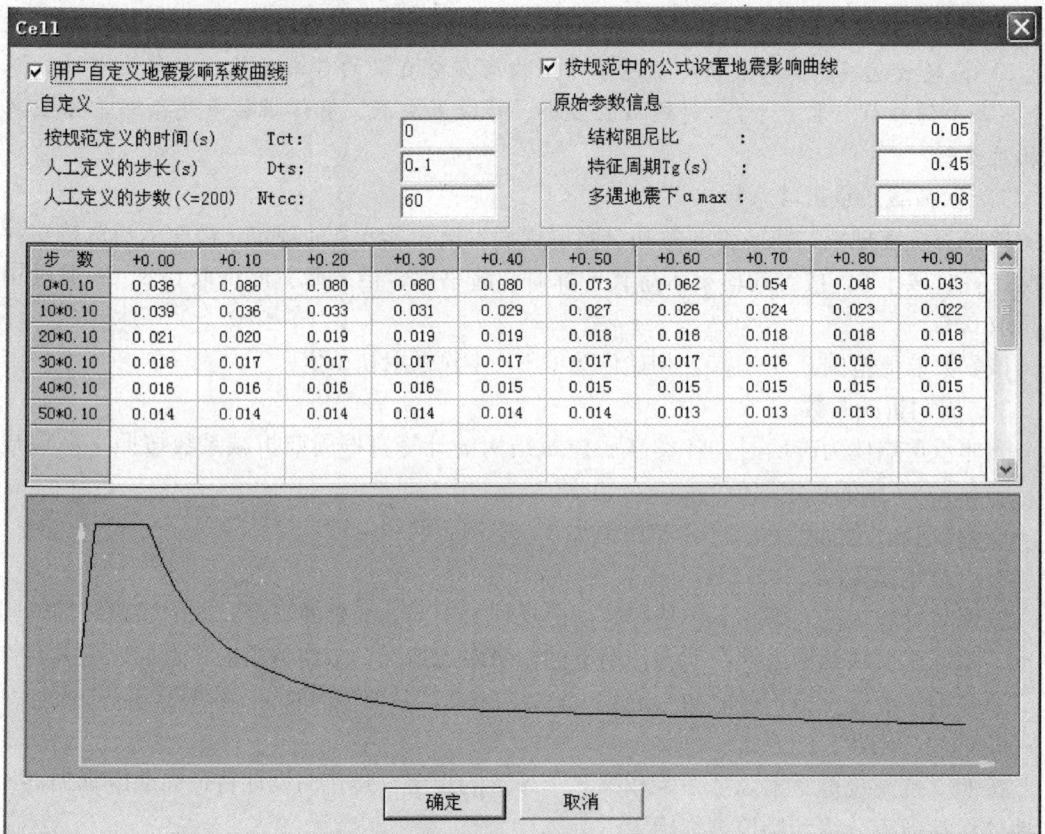

图 3.1-8 自定义地震影响对话框

3.1.4 活荷信息

本页是有关活荷载的信息，共有 9 个参数，如图 3.1-9 所示。

44. 柱、墙设计时活荷载

45. 传给基础的活荷载

46. 柱、墙、基础活荷载折减系数

按照《荷载规范》第 4.1.2 条的规定，取用设计墙、柱和基础时的活荷载折减系数。

〈柱、墙设计时活荷载〉的初始值为"不折减"，本例题取初始值。

〈传给基础的活荷载〉的初始值为"折减"，采用规范表 4.1.2 给出的楼层活荷载折减系数，本例题取初始值。

47. 梁活荷不利布置最高层号

SATWE 程序可以考虑梁的活荷载不利布置影响，但需要输入考虑活荷载不利布置的楼层数。

初始值取最高楼层数 5，本例题取"0"，即全楼各层都不考虑活荷载不利布置影响。

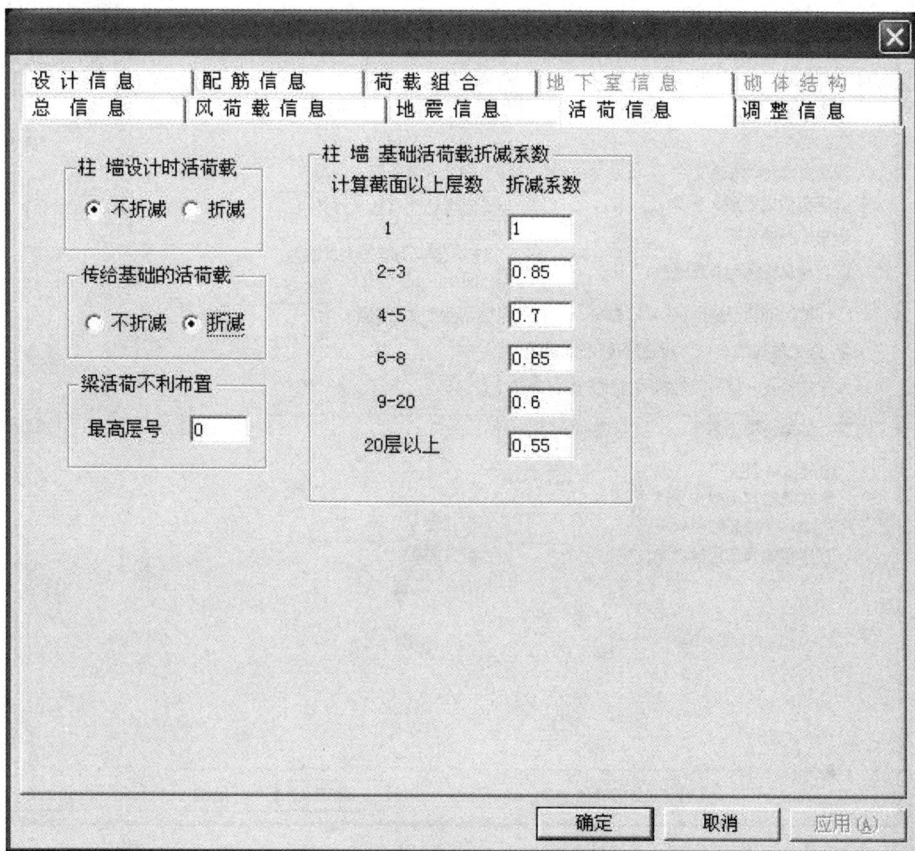

图 3.1-9　SATWE 活荷信息

3.1.5　调整信息

本页是有关调整的信息，共有 17 个参数，如图 3.1-10 所示。

48. 梁端负弯矩调幅系数

按照《高层规程》第 5.2.3 条的规定，在竖向荷载作用下，可考虑框架梁端塑性变形内力重分布对梁端负弯矩乘以调幅系数进行调幅。

现浇框架梁端负弯矩调幅系数取值范围 0.8～1.0，初始值为 0.85，本例题取初始值。

49. 梁活荷载内力放大系数

程序通过此参数对梁在满布活荷载下的内力（弯矩、剪力、轴力）进行放大，作为安全储备。

初始值为 1，本例题建议改为 "1.1"。

50. 梁扭矩折减系数

按照《高层规程》第 5.2.4 条的规定，高层建筑结构楼面梁受扭计算中应考虑楼盖对梁的约束作用。当计算中未考虑楼盖对梁扭转的约束作用时，可对梁的计算扭矩乘以折减系数予以折减。

对于现浇楼板结构，采用刚性楼板假定时，折减系数取值范围 0.4～1.0，初始值为 0.4，本例题取初始值。

设 计 信 息　　配 筋 信 息　　荷 载 组 合　　地 下 室 信 息　　砌 体 结 构

总 信 息　　风 荷 载 信 息　　地 震 信 息　　活 荷 信 息　　调 整 信 息

梁端负弯矩调幅系数 `0.85`　连梁刚度折减系数 `0.7`

梁活荷载内力放大系数 `1.1`　中梁刚度放大系数 `1.5`

梁扭矩折减系数 `0.4`

剪力墙加强区起算层号 `1`　　注：边梁刚度放大系数为 (1+Bk)/2

☐ 调整与框支柱相连的梁内力　托墙梁刚度放大系数 `1`

☑ 按抗震规范(5.2.5)调整各楼层地震内力

九度结构及一级框架结构梁柱钢筋超配系数 `1.15`

指定的薄弱层个数 `0`　各薄弱层层号 [　　　　　　]

地震作用调整

全楼地震作用放大系数 `1`

0.2Q₀ 调整起始层号 `1`　　终止层号 `5`

顶塔楼地震作用放大起算层号 `0`　放大系数 `1`

确定　取消　应用(A)

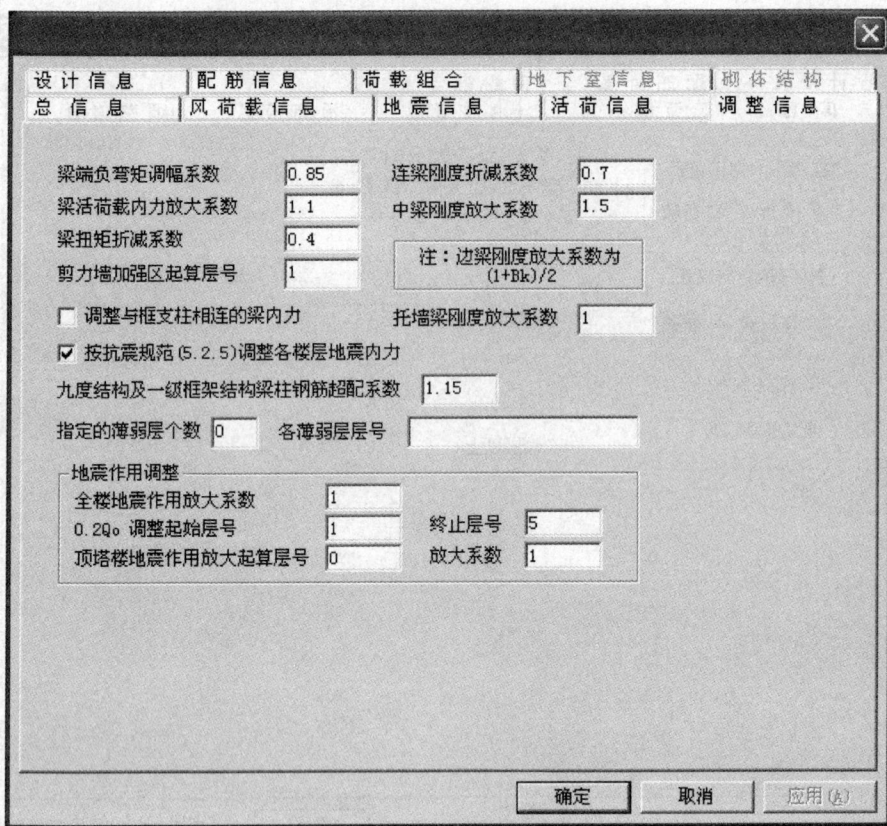

图 3.1-10　SATWE 调整信息

51. 连梁刚度折减系数

按照《抗震规范》第 6.2.13 条和《高层规程》第 5.2.1 条的规定，在内力和位移计算中，抗震设计的框架-剪力墙或剪力墙结构中的连梁刚度可予以折减，折减系数不宜小于 0.5。在保证竖向荷载承载力和正常使用极限状态性能的条件下，连梁刚度折减，即允许大震下连梁开裂或损坏，保护剪力墙，有利于提高结构的延性和实现多道抗震设防。

连梁刚度折减系数取值范围 0.5～1.0，初始值为 0.7，本例题取初始值。

提示： 非抗震设防地区和风荷载控制为主的地区连梁刚度应不折减或少折减。

52. 中梁刚度放大系数

按照《高层规程》第 5.2.2 条的规定，在结构内力与位移计算中，现浇楼面和装配整体式楼面中梁的刚度可考虑楼板翼缘的作用予以增大。

对现浇楼板的中梁刚度放大系数取值范围 1.0～2.0，初始值为 1，本例题改为"1.5"。

53. 剪力墙加强区起算层号

按照《抗震规范》第 6.1.10 条说明的规定，抗震墙底部加强部位可取地下室顶板向下延伸一层。

没有地下室时，选择初始值 1，即剪力墙加强区从一层起算。有地下室时，通常取地下室最高楼层号，即剪力墙加强区从主塔所在范围的地下室最高一层起算，如图 3.1-11

阴影区所示。本例题取初始值。

54. 调整与框支柱相连的梁的内力

55. 托墙梁刚度放大系数

在框支转换结构中，实际情况是剪力墙的下边缘与转换大梁的上表面变形协调，而计算模型是剪力墙的下边缘与转换大梁的中性轴变形协调，与实际情况相比计算模型的刚度偏柔。根据经验托墙梁刚度放大系数取100，会使转换层附近构件的超筋情况得到

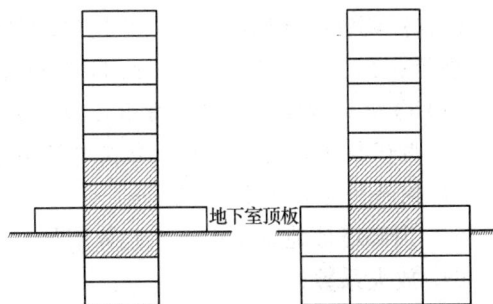

图 3.1-11　地下室剪力墙加强区起算层号

缓解，但为了使设计保持一定的冗余度，也可以少放大或逐步增大放大系数。

对框支剪力墙转换结构通常应选择调整框支梁的内力，并输入适当的梁刚度放大系数。放大系数初始值为1，本例题取初始值。

56. 按抗震规范5.2.5条调整各楼层地震内力

按照《抗震规范》第5.2.5条的规定，对于基本周期较长的结构，计算的水平地震作用效应有可能较小，而地震动态作用中的地面运动速度和位移可能对结构具有更大的破坏影响，出于结构安全的考虑，提出对各楼层水平地震剪力最小值及相应调整的要求。

初始值为选择，本例题取初始值。

提示： 如结构剪重比离规范要求相差较大，应首先优化设计方案，调整结构布局、增加结构刚度，绝不能仅靠程序调整剪重比完成设计。

57. 9度结构及一级框架结构梁柱钢筋超配系数

对于9度设防的各类框架和一级抗震等级的框架结构，框架梁和连梁端部剪力、框架柱端部弯矩和剪力调整，应按实配钢筋和材料强度标准值来计算。但在出施工图前，程序尚不知实配钢筋情况，需要设计人员根据经验输入超配系数。

初始值为1.15，本例题取初始值。

58. 指定的薄弱层个数

59. 各薄弱层层号

按照《抗震规范》第3.4.3条和《高层规程》第5.1.14条的规定，对竖向不规则的高层建筑结构，如楼层抗侧力刚度突变，或楼层抗侧力承载力突变，或楼层竖向抗侧力构件不连续等情况，其薄弱层对应于地震作用标准值的地震剪力应乘以1.15的增大系数。

当有薄弱层时，应输入薄弱层的个数和楼层号；当有多个薄弱层时，层号间用逗号或空格隔开。薄弱层个数初始值为0，本例题取初始值。

60. 全楼地震作用放大系数

此参数是地震力调整系数，可通过其放大地震力，提高结构的抗震安全度。

该参数取值范围1.0~1.5，初始值为1，本例题取初始值。

61. $0.2Q_0$ 调整起始层号

62. 终止层号

按照《抗震规范》第6.2.13条的规定，对于框架-剪力墙结构，剪力墙承担大部分地震剪力，框架部分也应承担一定的地震剪力，以实现多道设防，增加结构安全度的目的。程序根据设定的调整范围和调整系数，自动对框架部分的剪力进行调整，以满足规范要求。

0.2Q₀ 调整的起始层号和终止层号的初始值都为 0，本例题取初始值。

提示：1）如果需要人为控制调整系数，可以在 SATWE 的数据文件 SATIN-PUT. O2Q 中，按照模板格式给出各楼层调整系数。

2）当调整值超过 2.0 时，应在起始层号前加负号。

3）钢结构为 0.25Q₀ 调整。

63. 顶部塔楼地震作用放大起算层号

64. 放大系数

按照《抗震规范》第 5.2.4 条的规定，建筑顶部小塔楼在动力分析中会引起很大的鞭梢效应，尤其是结构高振型对其影响很大。但由于 SATWE 采用振型分解法计算，不需要特别放大地震作用，但结构建模时应将突出屋面部分同时输入，并增加振型数量。

〈顶部塔楼地震作用放大起算层号〉初始值为 0，〈放大系数〉为 1，本例题取初始值。

3.1.6 设计信息

本页是有关设计的信息，共有 10 个参数，如图 3.1-12 所示。

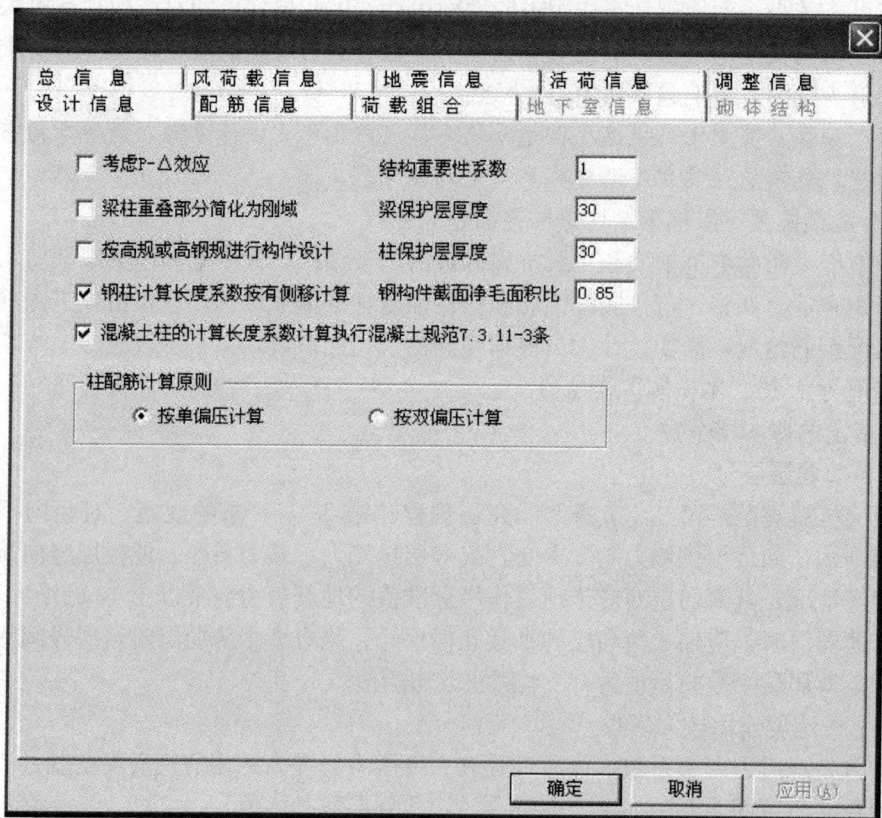

图 3.1-12 SATWE 设计信息

65. 考虑 P-Δ 效应

《抗震规范》第 3.6.3 条规定，当结构在地震作用下的重力附加弯矩大于初始弯矩的 10% 时，应计入重力二阶效应的影响。

初始值为不考虑，本例题取初始值。

提示：是否需要考虑重力二阶效应可以查阅计算书 WMASS.OUT，如提示"可以不考虑重力二阶效应"，则可以不选择此项，否则应选择此项。

66. 梁柱重叠部分简化为刚域

《高层规程》第 5.3.4 条规定，在内力与位移计算中，可考虑框架或壁式框架梁柱节点区的刚域影响。当柱的截面积较大时，可将梁柱重叠部分作为刚域考虑，程序按扣除刚域后的梁长计算。

初始值不作为刚域，本例题取初始值。

67. 按高规或钢高规进行构件设计

选择此项，程序按《高层规程》进行荷载组合计算，按《高层钢规程》进行构件设计计算；不选择此项，程序按多层结构进行荷载组合计算，按《钢结构规范》进行构件设计计算。

初始值为不选，本例题取初始值。

68. 钢柱计算长度系数按有侧移计算

此参数对钢柱有效：

➢ 当选择"有侧移"时，程序执行《钢结构设计规范》附录表 D-2 的系数及公式。

➢ 当选择"无侧移"时，程序执行《钢结构设计规范》附录表 D-1 的系数及公式。

初始值为"有侧移"，本例题取初始值。

69. 混凝土柱的计算长度系数计算执行混凝土规范 7.3.11-3 条

《混凝土规范》第 7.3.11-3 条规定，当水平荷载产生的弯矩设计值占总弯矩设计值的 75％以上时，框架柱的计算长度 l_0 可按下列两个公式计算，并取其中的较小值。

➢ 不选择此项，SATWE 按《混凝土规范》表 7.3.11-2 取用混凝土柱计算长度，对现浇楼盖底层柱计算长度取 $1.0H$，上层柱取 $1.25H$。

➢ 选择此项，SATWE 自动判断水平弯矩占总弯矩的比值，如大于 $75％$，混凝土柱计算长度执行《混凝土规范》7.3.11-3 条的计算公式；否则，同上一条。

初始值为不选，本例题建议选择。

提示：工业厂房排架柱的计算长度，应按《混凝土规范》第 7.3.11-1 条的规定设定。

70. 结构重要性系数

按照《抗震规范》第 3.1.1 条的规定，建筑根据其使用功能的重要性分为甲类、乙类、丙类、丁类四个抗震设防类别，应根据规范及工程实际情况选择。

初始值为 1，本例题取初始值。

71. 梁保护层厚度

72. 柱保护层厚度

按照《混凝土规范》第 9.2.1 条的规定执行。

梁和柱的保护层厚度初始值为 30mm，本例题取初始值。

73. 钢构件截面净毛面积的比值

程序按钢构件截面净面积与毛面积的比值，计算构件实际受力截面积。通常根据钢构件上螺栓孔的布置情况，输入钢构件净毛面积比值，如全焊连接为 1，螺栓连接宜小于 1。

该参数取值范围为 0.5～1，初始值为 0.85，本例题取初始值。

74. 柱配筋计算原则

➤ 选择"按单偏压计算"，程序按单向偏心受力构件计算配筋，在计算一个方向配筋时不考虑另一个方向钢筋的作用，计算结果具有唯一性。

➤ 选择"按双偏压计算"，程序按双向偏心受力构件计算配筋，在计算一个方向配筋时要考虑与另一个方向钢筋的叠加，框架柱作为竖向构件配筋计算时会多达几十种组合，使计算结果不具有唯一性，有时可能配筋较大。

初始值为"按单偏压计算"，本例题取初始值。

提示：建议采用单偏压计算后进行双偏压验算。

3.1.7 配筋信息

本页是有关配筋的信息，共有 13 个参数，如图 3.1-13 所示。

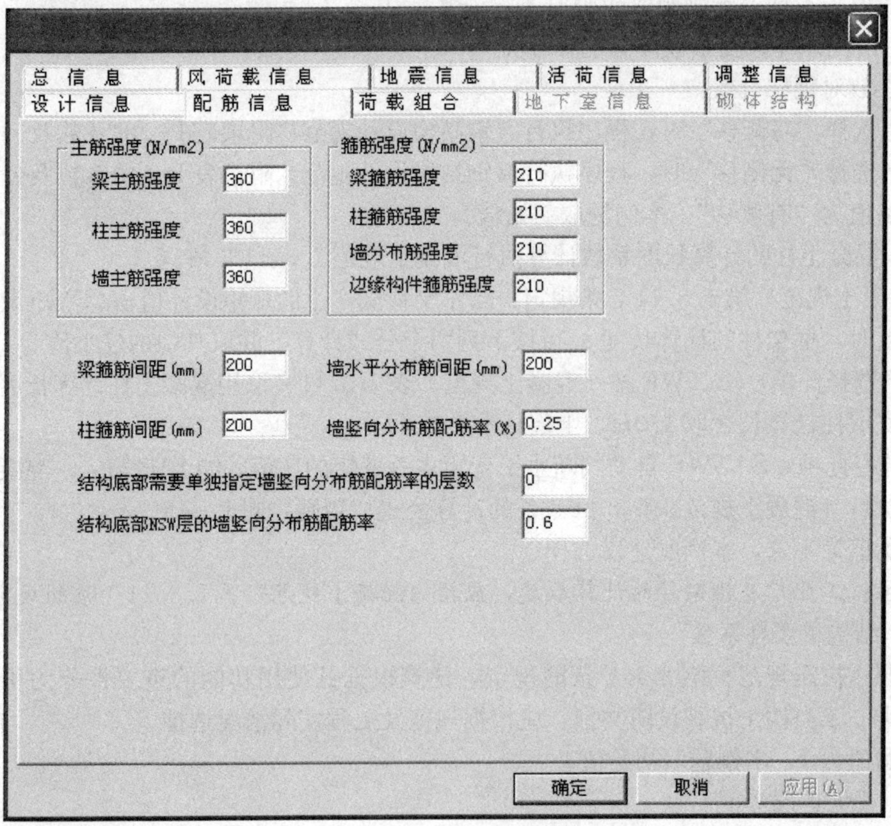

图 3.1-13　SATWE 配筋信息

75. 梁主筋强度

76. 柱主筋强度

77. 墙主筋强度

按照《混凝土规范》第 4.2.1 条、4.2.2 条、4.2.3 条的有关规定执行。

初始值梁、柱、墙主筋强度都为 300N/mm²，本例题改为 360N/mm²。

提示： 此处设置的钢筋强度应与 PMCAD 建模时设置的相同。

78. 梁箍筋强度

79. 柱箍筋强度

80. 墙分布筋强度

81. 边缘构件箍筋强度

按照《混凝土规范》第 4.2.1 条、4.2.2 条、4.2.3 条的有关规定执行。

初始值梁箍筋、柱箍筋、墙分布筋、边缘构件箍筋强度都为 210N/mm²，本例题取初始值。

82. 梁箍筋间距

83. 柱箍筋间距

84. 墙水平分布筋间距

85. 墙竖向分布筋配筋率

按照《混凝土规范》第 10.2.10 条、10.3.2 条、10.5.9 条、10.5.10 条和《抗震规范》第 6.3.3 条、6.3.8 条、6.4.3 条的有关规定执行。

初始值梁、柱箍筋间距为 100mm，本例题改为 200mm；剪力墙水平分布筋为 150mm，本例题改为 200mm；剪力墙竖向分布筋配筋率取值范围 0.15%～1.2%，初始值为 0.3%，本例题取 0.2%。

86. 结构底部需要单独指定墙竖向分布筋配筋率的层数

87. 结构底部 NSW 层的墙竖向分布筋配筋率

《广东规范》第 10.2.4 条规定，应采用有效措施提高钢筋混凝土筒体的延性。筒体底部加强部位的分布筋最小配筋率不宜小于 0.6%，筒体一般部位的分布筋最小配筋率不宜小于 0.3%。该参数允许对剪力墙结构的各楼层设定不同的竖向配筋率。

广东用户可设置此参数，本例题不考虑此参数取值。

3.1.8　荷载组合

本页是有关荷载组合的信息，共有 13 个参数，如图 3.1-14 所示。

88. 恒荷载分项系数

《荷载规范》第 3.2.5 条规定了永久荷载的分项系数，程序自动按规范规定取值。

初始值为 1.2，本例题取初始值。

89. 活荷载分项系数

90. 活荷载组合值系数

91. 活荷载重力代表值系数

92. 风荷载分项系数

93. 风荷载组合值系数

94. 水平地震作用分项系数

95. 竖向地震作用分项系数

按照《荷载规范》第 3.2.5 条、4.1.1 条、7.1.4 条和《抗震规范》第 5.1.3 条、5.4.1 条的有关规定执行。

程序采用规范规定的系数作为初始值，本例题取初始值。

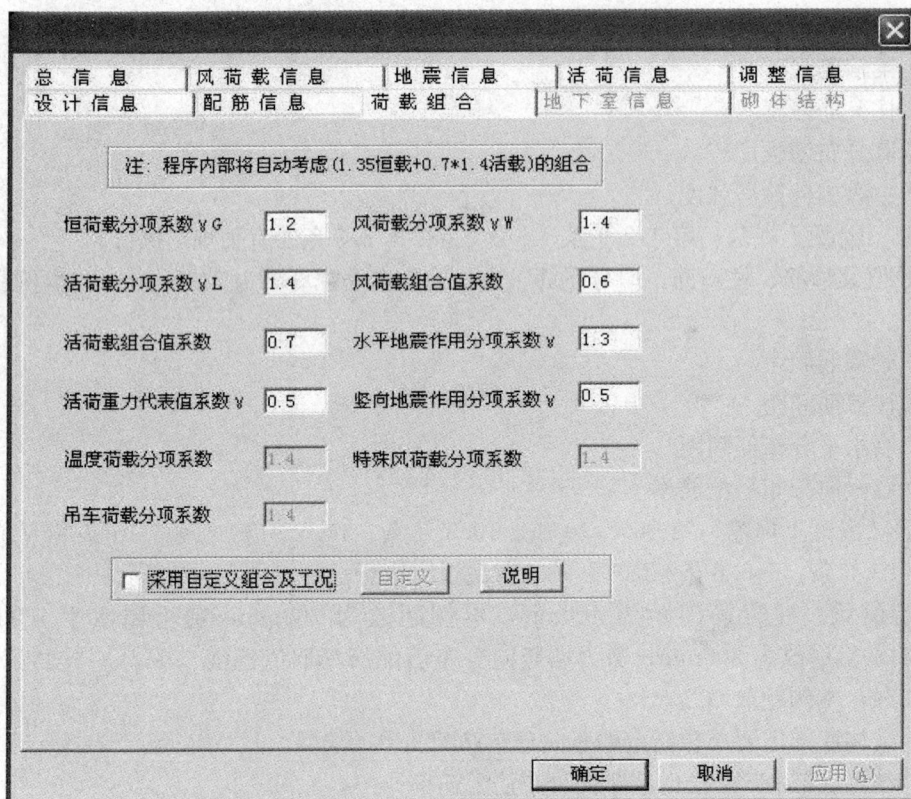

图 3.1-14　SATWE 荷载组合

96. 温度荷载分项系数

97. 吊车荷载分项系数

98. 特殊风荷载分项系数

程序可以考虑温度荷载、吊车荷载、特殊风荷载的影响。

鉴于民用工程一般不考虑此类荷载，本例题取初始值。

99. 采用自定义组合及工况

100. 自定义

当结构分析考虑了温度荷载、人防荷载、特殊风荷载、支座位移、吊车荷载时，需要确定这些荷载工况与恒荷载、活荷载、风荷载和地震作用的组合方式、组合分项系数。该选项允许用户直接修改各类荷载的组合系数，或增加、删除组合数。如未指定，程序按《荷载规范》的规定取值。

初始值为不定义荷载组合及工况，本例题取初始值。

3.1.9　地下室信息

本页是有关地下室的信息，共有 12 个参数，如图 3.1-15 所示。只有在〈总信息〉页中输入了地下室层数，此页方能打开。本例题没有地下室，不必设置地下室参数，但考虑到其他工程的需要，该页参数介绍如下。

101. 土层水平抗力系数的比例系数

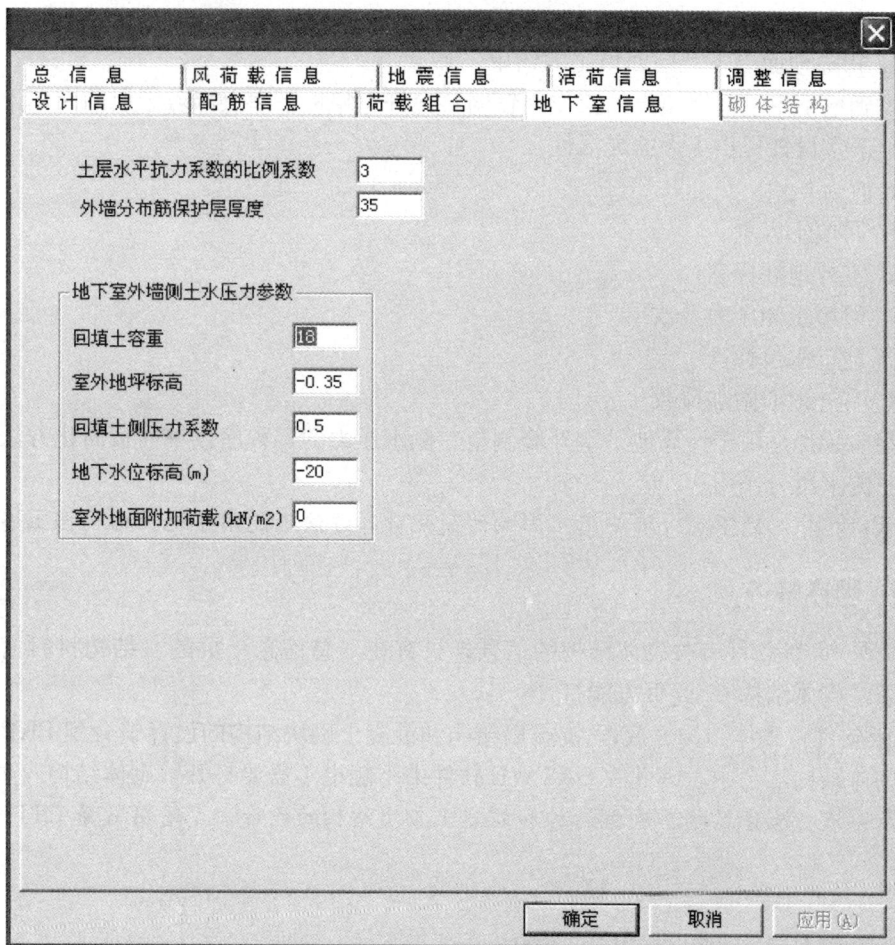

图 3.1-15　SATWE 地下室信息

参照《建筑桩基技术规范》(JGJ 94—2008) 表 5.7.5 灌注桩取值，一般在 2.5～100 之间，可以有三种选择：

➢ 取 0：基础回填土对结构没有约束作用。

➢ 取正数：基础回填土对结构有约束作用，取值越大约束作用越强。

➢ 取负数 m：则 m 层以下地下室嵌固，但 m 层应满足规范对刚度比的要求。

初始值为 3。

提示：为了确定地下室有无嵌固部位，通常应计算两次：

1) 第一次计算考察有无嵌固部位，将地下室层数填 0 或回填土的相对约束刚度比填 0，或采用剪切刚度计算，考查地下室是否有层间刚度比大于 2 的楼层。

2) 第二次为正式计算，如地下室层间刚度比有大于 2 的，将回填土的约束刚度填为负数，进行后续计算；如没有刚度比大于 2 的，回填土约束刚度比输入正数，进行后续计算。

102. 外墙分布筋保护层厚度

该参数用于计算地下室外墙配筋。

初始值为 35mm。

103. 扣除地面以下几层回填土的约束

考虑到地下室上部回填土约束作用较弱，允许忽略地下室上部若干层的回填土约束作用，给地下室设计提供更大的灵活性。

初始值为 0。

104. 回填土容重

105. 室外地坪标高

106. 回填土侧压力系数

107. 地下水位标高

108. 室外地面附加荷载

这些参数都是用于计算地下室外墙侧土、侧水压力的，程序按单向板简化方法计算外墙侧土、侧水压力作用。

提示：程序对地下室外墙回填土影响的简化计算方法不能用于地上结构挡土墙设计。

3.1.10 砌体结构

本页是 05 版软件有关砌体结构的信息，只有在〈总信息〉页的〈结构材料信息〉栏中选择了"砌体结构"，此页方能打开。

08 版软件将砌体结构、底框-抗震墙结构和混凝土砌块结构的设计整合到 PKPM 主界面的〈砌体结构〉页中，因此在 SATWE 软件中不能也不需要打开〈砌体结构〉页。

提示：有关砌体结构、底框结构和混凝土砌块结构的设计，参看第 6 章 QITI 底框结构设计。

3.2 特殊构件与特殊荷载设置

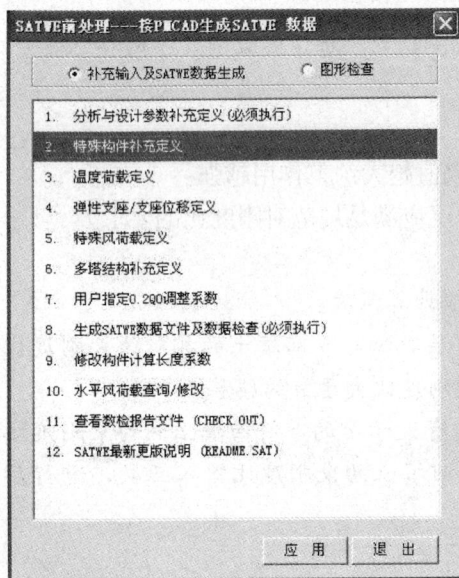

图 3.2-1 SATWE 前处理对话框

在 SATWE 前处理选项中，〈1. 分析与设计参数补充定义〉和〈8. 生成 SATWE 数据文件及数据检查〉两项是最重要的选项，也是必须执行的选项。除这两项以外的其他各项，用于设定特殊构件、特殊荷载、定义多塔、查询修改参数和显示数检文件，如图 3.2-1 所示。其中多数选项在民用工程中不常用，不是必须执行的。

本例题不需要执行这些选项，仅做简要介绍。

3.2.1 特殊构件定义

在 SATWE 前处理选项中选择〈2. 特殊构件补充定义〉，显示工程图形及特殊构件定义菜单。设定特殊构件后，程序根据规范的有关规定，选择合适的计算方法，进行相应的内力调整和采取必要的抗震构造措施。

1. 特殊梁

点取【特殊梁】菜单，可以设定八类特殊梁，包括：不调幅梁、连梁、转换梁、（一端或两端）铰接梁、滑动支座梁、门式钢梁、耗能梁和组合梁。

提示：奇次点取构件为设置特殊梁，该梁改变显示颜色；偶次点取构件为取消设置，梁又改变为原来的颜色。

程序另设有五个命令，允许修改梁的抗震等级、材料强度、刚度系数、扭矩折减和调幅系数等属性。通过这些命令，程序允许在对所有构件统一设定属性后，修改部分特殊构件的属性以满足工程设计的需要。

提示：程序可以根据规范的有关规定，对某些特殊结构的特殊构件自动提高抗震等级，但如果人工设定了构件的抗震等级，程序就不再自动提高构件的抗震等级。

2. 特殊柱

点取【特殊柱】菜单，可以设定四类特殊柱，包括：（上端、下端和两端）铰接柱、角柱、框支柱和门式钢柱。

程序另设有三个命令，允许修改柱的抗震等级、材料强度和剪力系数。

提示：由于柱与剪力墙连接后成为剪力墙的端柱，而不是框架柱，因此本例题没有角柱，不需要设置特殊柱。

3. 特殊支撑

点取【特殊支撑】菜单，可以设定六类特殊支撑，包括：两端固接支撑、（上端、下端和两端）铰接支撑、人字支撑/V字支撑、十字支撑/斜支撑。

程序另设有两个命令，允许修改支撑的抗震等级和材料强度。

4. 特殊墙

点取【特殊墙】菜单，程序设有三个命令，允许修改剪力墙的抗震等级、材料强度和剪力系数。

5. 弹性板

点取【弹性板】菜单，可以设定三类弹性楼板：

（1）弹性楼板6：程序考虑楼板平面内和平面外的刚度，主要用于板柱结构和厚板转换结构。

（2）弹性楼板3：假定楼板平面内无限刚，程序考虑楼板平面外的刚度，主要用于厚板转换结构。

（3）弹性膜：假定楼板平面外刚度为0，程序考虑楼板平面内的刚度，主要用于空旷结构和楼板开大洞形成的狭长板带，连体多塔结构的弱连接楼板，框支转换结构的转换层楼板等。

提示：1）如未设定弹性板，程序默认全部楼板为刚性板，假定楼板平面内无限刚，平面外刚度为0，刚性板假定适用于大多数常规工程。

2）弹性板仅能在SATWE提高版软件中设定，SAT-8普及版软件无此功能。

本例题不需要设置特殊构件及改变构件的属性。

3.2.2 特殊定义

1. 温度荷载定义

在 SATWE 前处理选项中选择〈3. 温度荷载定义〉，可以进行温度应力计算，考虑构件内外温度差的平均值比构件原始温度高（或低）造成的伸长（或缩短）效应，通过设置节点温度差反映结构的温度变化，实现温度应力分析。

SATWE 允许输入两组温度作用，点击【指定温差】，弹出输入温度荷载对话框，分别输入最高升温和最低降温两种工况，再将温度荷载布置在相应节点上。

2. 弹性支座/支座位移定义

SATWE 用两种方法分析地基变形的影响：设置弹性支座或输入支座沉降。选择〈4. 弹性支座/支座位移定义〉，点击【指定刚度/位移】，弹出指定支座刚度/位移对话框。目前弹性支座不能设置底层柱底和墙底的节点，只能设置在其他自由节点处。

提示：由于一般多高层民用建筑的温度场、混凝土收缩、支座沉降等随时间变化的因素还难以准确量化，混凝土收缩、徐变的弹塑性特征也使计算分析复杂化，难以作为设计的依据。因此，规范不要求直接计算非荷载作用，而强调用构造措施解决。

3. 特殊风荷载定义

选择 SATWE 前处理选项的〈5. 特殊风荷载定义〉，可以定义特殊风荷载。所谓特殊风荷载是指非水平方向的风荷载作用，例如竖向风荷载。点击【定义梁】、【定义节点】命令，弹出输入梁风荷载对话框，输入特殊风荷载，布置到梁上或节点上。

4. 多塔结构补充定义

选择 SATWE 前处理选项的〈6. 多塔结构补充定义〉，可以完成多塔定义、多塔定义检查、遮挡边定义、多塔立面图和平面图检查等工作。

提示：多塔结构必须进行多塔定义，各塔楼编号应按塔楼的高度，从高到低依次排序。

本例题是一般民用建筑，不需要进行这些操作。

3.2.3 生成 SATWE 数据文件及数据检查

在 SATWE 前处理菜单中选择〈8. 生成 SATWE 数据文件及数据检查〉，弹出请选择对话框，点击〈确定〉，程序自动完成数据检查和数据生成，结束计算前处理工作。

提示：如果用户希望数据检查后保留自定义的构件计算长度系数和水平风荷载数据，应将对话框中该项勾选上，如图 3.2-2 所示。

3.2.4 其他信息设定

选择 SATWE 前处理菜单的第 7 项、第 9 项和第 10 项，可以人工设定柱计算长度系数，水平风荷载查询与修改，设定 $0.2Q_0$ 调整系数等。

注意：这几项参数修改后应直接退出前处理菜单直接进行后续计算，不要再执行第 1 项或第 8 项，否则人工修改过的参数可能全部丢失。

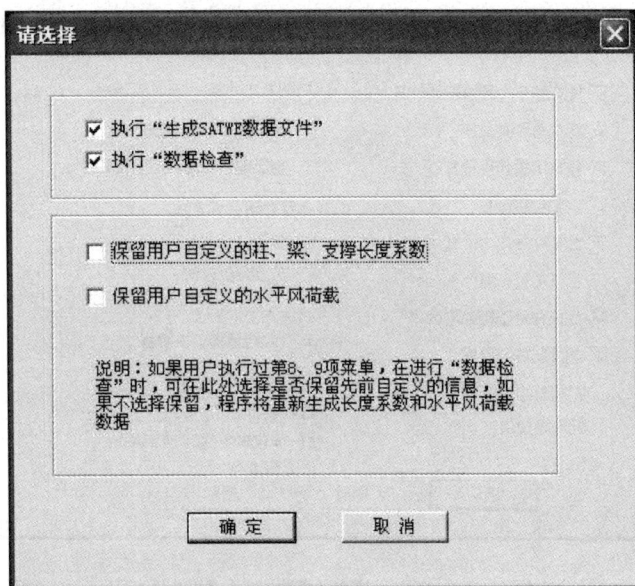

图 3.2-2 SATWE 数检对话框

3.2.5 图形和数据文件查看

SATWE 前处理菜单的第 11 项和〈图形检查〉页中的各项，是用于工程图形显示、荷载数据显示和数检文件查看的，在数检出错或计算有误时，应仔细检查有关的图形和数据文件，以便发现问题及时改正。

3.3 结构内力与配筋计算

3.3.1 SATWE 计算控制参数设置

选择 SATWE 主菜单的第 2 项〈②结构内力，配筋计算〉，弹出 SATWE 计算控制参数对话框如图 3.3-1 所示。通常程序默认的计算项目，即带"√"的项目都保留。

1. 吊车荷载计算

当设计工业厂房需要考虑吊车作业时，应选择"吊车荷载计算"项，并应在 PMCAD 建模时定义及布置吊车荷载。

程序初始值为不选择，本例题不选择。

2. 生成传给基础的刚度

通常基础与上部结构总是共同工作的，从受力角度看它们是一个不可分割的整体，SATWE 软件不仅可以向 JCCAD 基础软件传递上部结构的荷载，还能将上部结构的刚度凝聚到基础上，使上部结构、基础和地基共同参与地基变形计算，更符合实际情况。

当基础沉降计算需要考虑上部结构刚度影响时，应选择"生成传给基础的刚度"。程序初始值为不选，本例题宜选择。

3. 构件配筋及验算

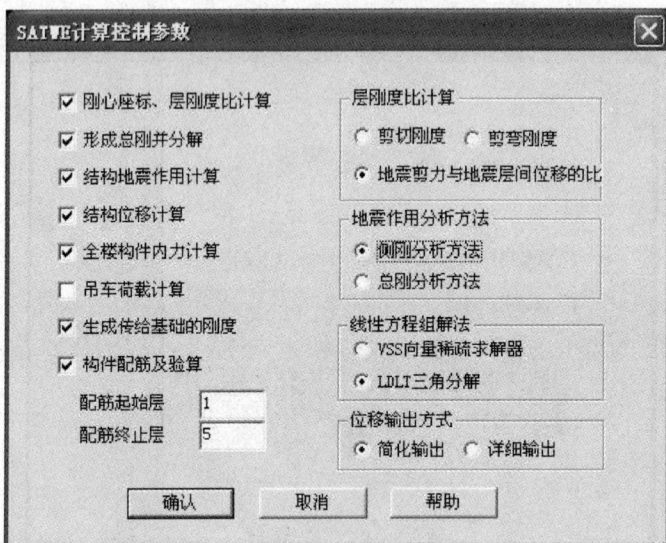

图 3.3-1　SATWE 计算控制参数对话框

需要生成构件配筋计算结果时，选择该项，并设置计算配筋起始层号和终止层号。初始值为全楼各层都进行构件配筋及验算，本例题取初始值。

4. 层刚度比计算

根据规范有关刚度比计算的规定，程序给出三个选项：

（1）剪切刚度，是《高层规程》附录 E.0.1 推荐的刚度比计算方法，主要用于底部大空间为一层的转换结构刚度比计算，及地下室嵌固部位的刚度比计算。

（2）剪弯刚度，是《高层规程》附录 E.0.2 推荐的刚度比计算方法，主要用于底部大空间层数大于一层的转换结构刚度比计算。

（3）地震剪力与地震层间位移的比值，是《抗震规范》第 3.4.2 条、第 3.4.3 条和《高层规程》第 4.3.5 条推荐的刚度比计算方法，适用于没有转换结构的大多数常规建筑和带地下室建筑刚度比计算，这是程序默认的层刚度比计算方法。

应当指出，由于三种刚度比计算的原理和方法各不同，计算结果有时差异较大，是可以理解的，关键是如何合理选择刚度比计算方法，对常规工程建议选择第三种方法计算刚度比，对复杂高层结构建议多用几种方法计算刚度比，从严控制。

"地震剪力与地震层间位移的比值"是程序默认的刚度比计算方法，本例题取初始值。

5. 地震作用分析方法

程序提供了两种地震作用分析方法：

（1）侧刚分析方法，按侧刚模型进行结构振动分析，这是一种简化计算方法，适用于刚性楼板假定的普通建筑。"侧刚分析方法"的优点是分析效率高，由于浓缩以后的侧刚模型自由度较少，计算速度较快。但其应用范围是有限的，如定义弹性楼板或有不与楼板相连的构件时，其计算是近似的，会有一定的误差。

（2）总刚分析方法，采用结构的总刚模型和与之相应的质量矩阵进行地震反应分析，这是详细的分析方法。"总刚分析方法"精度高，适用范围广，适于分析有弹性楼板或楼板开大洞的复杂建筑结构，不足之处是计算量较大，计算速度稍慢。

初始值为采用"总刚分析方法"，由于本例题没有定义弹性楼板，选择"侧刚分析方法"。

6. 线性方程组解法

程序提供了两种线性方程组解法，供选择使用：

（1）VSS 向量稀疏求解器解法，采用稀疏矩阵快速求解方法，计算速度快，但适应能力和稳定性稍差。

（2）LDLT 三角分解解法，采用非零元素下三角求解方法，计算速度稍慢，但适应能力强，稳定性好。

初始值为采用"LDLT 三角分解"解法，本例题取初始值。

7. 位移输出方式

程序提供了两种位移计算结果输出方式：

（1）简化输出，计算书中没有各工况和各振型下的节点位移信息。

（2）详细输出，计算书中有各工况和各振型下的节点位移信息。

位移输出默认方式为"简化输出"，本例题取初始值。

3.3.2 SATWE 结构内力和配筋计算

计算控制参数设置完毕，点击〈确认〉，SATWE 软件按设定的前处理参数和计算控制参数进行计算分析，屏幕上显示计算过程如图 3.3-2 所示，计算完毕返回主界面。

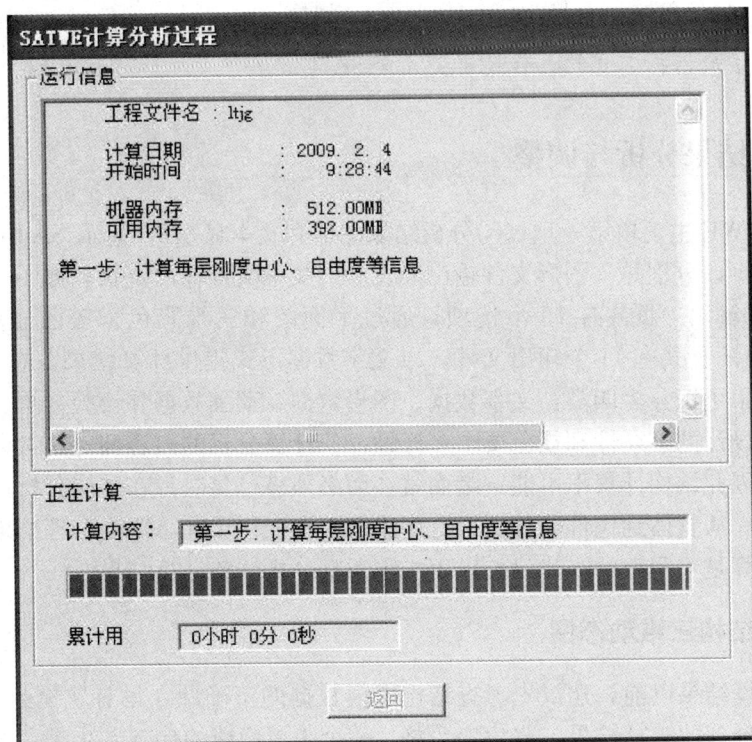

图 3.3-2　SATWE 计算过程显示

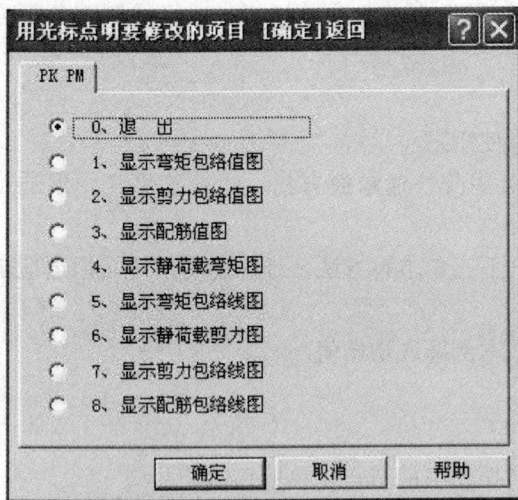

图 3.3-3 次梁计算结果对话框

3.3.3 PM 次梁内力和配筋计算

选择 SATWE 主菜单的第 3 项〈③PM 次梁内力和配筋计算〉，屏幕对话框提示"请输入梁支座处负弯矩调幅系数"，默认值为 1 不调幅，本例题敲回车键，同意次梁调幅系数取初始值。程序自动对全楼次梁进行内力和配筋计算，计算完毕显示次梁计算结果对话框，如图 3.3-3 所示。

若建模时有次梁作为次梁输入的情况，这些次梁应在此处进行内力和配筋计算；若所有次梁都作为主梁输入，可以跳过此项操作。本例题的所有次梁都作为主梁输入，不需要执行该项计算。

提示： PKPM 建模时的次梁布置有两种方式，次梁按主梁方式布置和次梁按次梁方式布置。按主梁方式布置的次梁和主梁一起，在 SATWE 主菜单的〈②结构内力，配筋计算〉项完成交叉梁系的三维计算，其刚度计入结构整体刚度，对地震作用有影响，且这类次梁划分房间，会增加节点和房间数量。按次梁方式布置的次梁在 SATWE 主菜单的〈③PM 次梁内力与配筋计算〉项进行简化力学模型二维计算，仅将其荷载传给主梁，其刚度未带入计算中，对地震作用没有影响，且这类次梁不划分房间，不增加节点和房间数量。这两类次梁应根据工程的具体情况灵活采用。

3.4 计算结果分析与调整

选择 SATWE 主菜单第 4 项〈④分析结果图形和文本显示〉，显示 SATWE 后处理对话框，分为两页，分别是〈图形文件输出〉页和〈文本文件输出〉页，如图 3.4-1 所示。

〈图形文件输出〉页共有 15 个选项，通过平面图和三维彩色云斑图显示计算结果，〈文本文件输出〉页共有 11 个输出文件，以文字数据形式提供计算结果，总之，SATWE 输出的计算结果可以分为四类：文字数据、图形数据、动画数据和校验数据。

由于结构设计的复杂性和规范要求多样性，使计算分析的内容和计算参数的调整也是复杂多样的，因此结构计算不可能一蹴而就，而必须进行多次。在结构分析计算时，应当从全局到局部，从整体到构件，分层次有序进行，在上一步计算取得合理结果以前，匆忙进行下一步计算是不明智的。建议按以下步骤考察分析调整计算结果。

3.4.1 考察结构三维动态图

在审查计算结果以前，建议先考查结构建模数据的正确性，只有建模数据正确无误，才有可能得到合理的计算结果，避免走弯路。一个简单便捷的检查方法是，选择 SATWE 后处理选项中的〈9. 各荷载工况下结构空间变形简图〉和〈12. 结构整体空间振动简图〉，

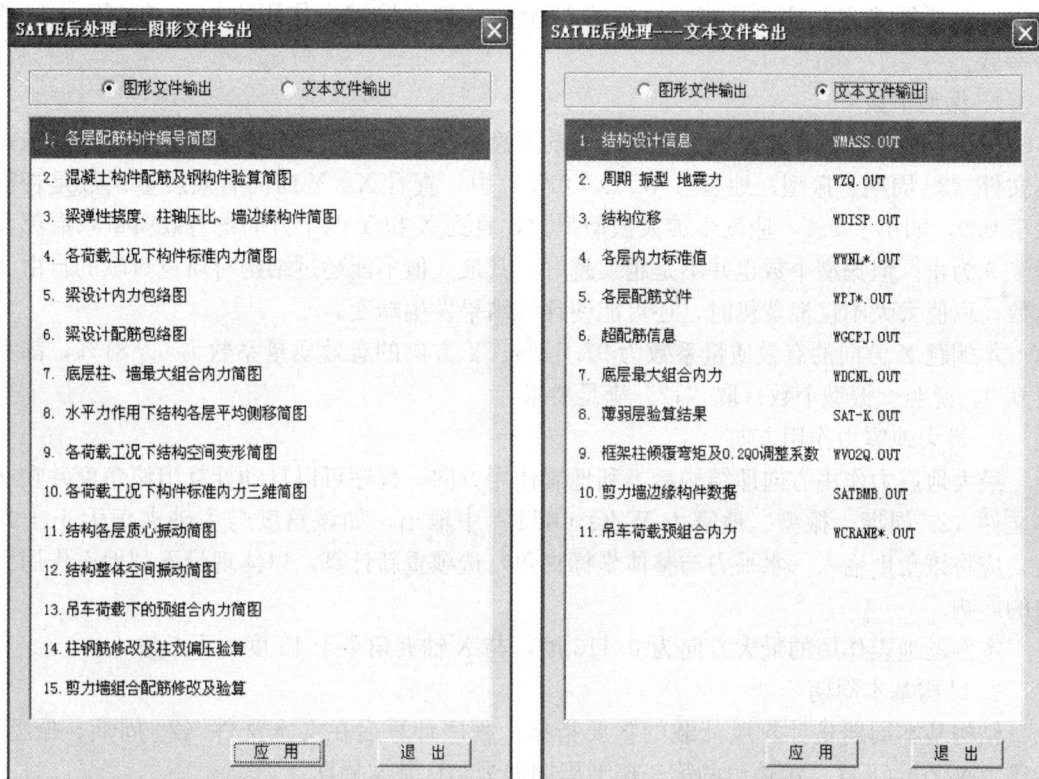

SATWE后处理----图形文件输出		SATWE后处理----文本文件输出	

左图（SATWE后处理----图形文件输出）

○ 图形文件输出　　　○ 文本文件输出

1. 各层配筋构件编号简图
2. 混凝土构件配筋及钢构件验算简图
3. 梁弹性挠度、柱轴压比、墙边缘构件简图
4. 各荷载工况下构件标准内力简图
5. 梁设计内力包络图
6. 梁设计配筋包络图
7. 底层柱、墙最大组合内力简图
8. 水平力作用下结构各层平均侧移简图
9. 各荷载工况下结构空间变形简图
10. 各荷载工况下构件标准内力三维简图
11. 结构各层质心振动简图
12. 结构整体空间振动简图
13. 吊车荷载下的预组合内力简图
14. 柱钢筋修改及柱双偏压验算
15. 剪力墙组合配筋修改及验算

　　应 用　　　退 出

右图（SATWE后处理----文本文件输出）

○ 图形文件输出　　　○ 文本文件输出

1. 结构设计信息　　　　　　　　　　WMASS.OUT
2. 周期 振型 地震力　　　　　　　　WZQ.OUT
3. 结构位移　　　　　　　　　　　　WDISP.OUT
4. 各层内力标准值　　　　　　　　　WWNL*.OUT
5. 各层配筋文件　　　　　　　　　　WPJ*.OUT
6. 超配筋信息　　　　　　　　　　　WGCPJ.OUT
7. 底层最大组合内力　　　　　　　　WDCNL.OUT
8. 薄弱层验算结果　　　　　　　　　SAT-K.OUT
9. 框架柱倾覆弯矩及0.2Q0调整系数　WV02Q.OUT
10. 剪力墙边缘构件数据　　　　　　　SATBMB.OUT
11. 吊车荷载预组合内力　　　　　　　WCRANE*.OUT

　　应 用　　　退 出

图 3.4-1　SATWE 后处理对话框

考查结构三维动态图形的振动模态，通过三维动态图形可以形象直观地查看到构件连接错误，荷载传导有误，参数设置不正确，结构设计不合理等问题，引起的悬空构件病态振动和结构局部振动，这对宏观把握结构分析合理性是十分有益的。本例题在活荷载下结构空间变形简图，如图 3.4-2 所示。

在工程建模阶段，特别是工程很复杂时，不出任何错误是很难做到

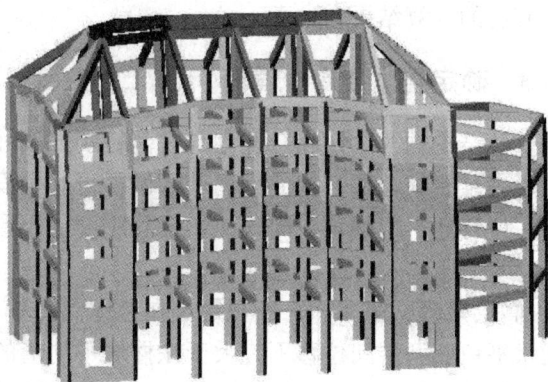

图 3.4-2　结构三维变形简图

的，但应力争做到早发现错误，早改正错误，不把错误带到下一设计环节。如在动态图形中发现建模错误，没有必要查看计算结果，应立即返回 PMCAD 修改模型。

3.4.2　设定结构整体参数

　　计算开始以前，设计人员首先要根据规范的规定和工程的实际情况，对软件计算参数和特殊构件进行设置，其中有几个整体控制参数，其设置正确与否对后续计算影响很大，必须首先确定其合理取值，但在计算前又很难正确估计其值，需要经过一次或

多次试算才能确定。这主要指：计算振型个数、最大地震力作用方向和结构基本周期等参数。

1. 振型个数

振型个数是软件在做抗震计算时考虑的振型数量。振型个数取值是否合理，可以在文本文件〈2. 周期、振型、地震力 WZQ. OUT〉中，查看 X、Y 向的有效质量系数是否都大于 0.9，如小于 0.9，应逐步加大振型个数，直到 X 和 Y 两个方向的有效质量系数都大于 0.9 为止。但振型个数也并不是越大越好，其最大值不能超过结构有质量贡献的自由度总数，取值太大不仅浪费机时，还可能使计算结果发生畸变。

本例题 X 方向的有效质量系数为 97.51%，Y 方向的有效质量系数为 93.81%，都大于 0.9，说明〈振型个数〉取"12"满足要求。

2. 最大地震力作用方向

最大地震力作用方向即结构最不利地震作用方向。程序可以自动计算出该角度并在文本文件〈2. 周期、振型、地震力 WZQ. OUT〉中输出，如该角度与主轴夹角大于 ±15 度，应将该角度输入〈水平力与整体坐标夹角〉选项重新计算，以体现最不利地震作用方向的影响。

本例题地震作用的最大方向为-0.113 度，与 X 轴夹角小于 15 度，不必输入。

3. 结构基本周期

结构基本周期是计算风荷载的重要指标。程序计算后在文本文件〈2. 周期、振型、地震力 WZQ. OUT〉中输出的第一振型周期即为结构基本周期。

本例题第一振型周期为 0.4999，可以将其输入到〈结构基本周期〉，重新计算。

这一步计算的目的是将对全局有控制作用的整体参数先行计算出来，设置正确，否则，其后的计算结果会失真。

3.4.3　确定整体结构合理性

整体结构的科学性和合理性是规范特别强调和要求的，一个工程如果整体指标和抗震参数不满足要求，那么构件配筋计算做得再好也没有意义。这些控制结构整体性的参数主要有：位移比、位移角、周期比、层间刚度比、层间受剪承载力比、刚重比、剪重比等。

1. 位移比

《高层规程》第 4.3.5 条规定，在考虑偶然偏心影响的地震作用下，楼层竖向构件的最大水平位移和层间位移不宜大于该楼层平均值的 1.2 倍，A 级高度高层建筑不应大于该楼层平均值的 1.5 倍；B 级建筑不应大于该楼层平均值的 1.4 倍。

位移比包含两项内容：

(1) 楼层竖向构件的最大水平位移与平均水平位移的比值；

(2) 楼层竖向构件的最大层间位移与平均层间位移的比值。

计算位移比仅考虑墙顶、柱顶等竖向构件上节点的最大位移，不考虑其他节点的位移。位移比可以用结构刚心与质心的相对位置（偏心率）表示，二者相距较远的结构在地震作用下扭转效应较大，位移比是控制结构整体抗扭特性和平面不规则性的重要指标。

位移比和层间位移比在文本文件〈3. 结构位移 WDIAS. OUT〉中输出，以 Ratio (X)、Radio (Y) 和 Ratio-Dx、Radio-Dy 表示，本例题 X 方向位移比如图 3.4-3 所示。

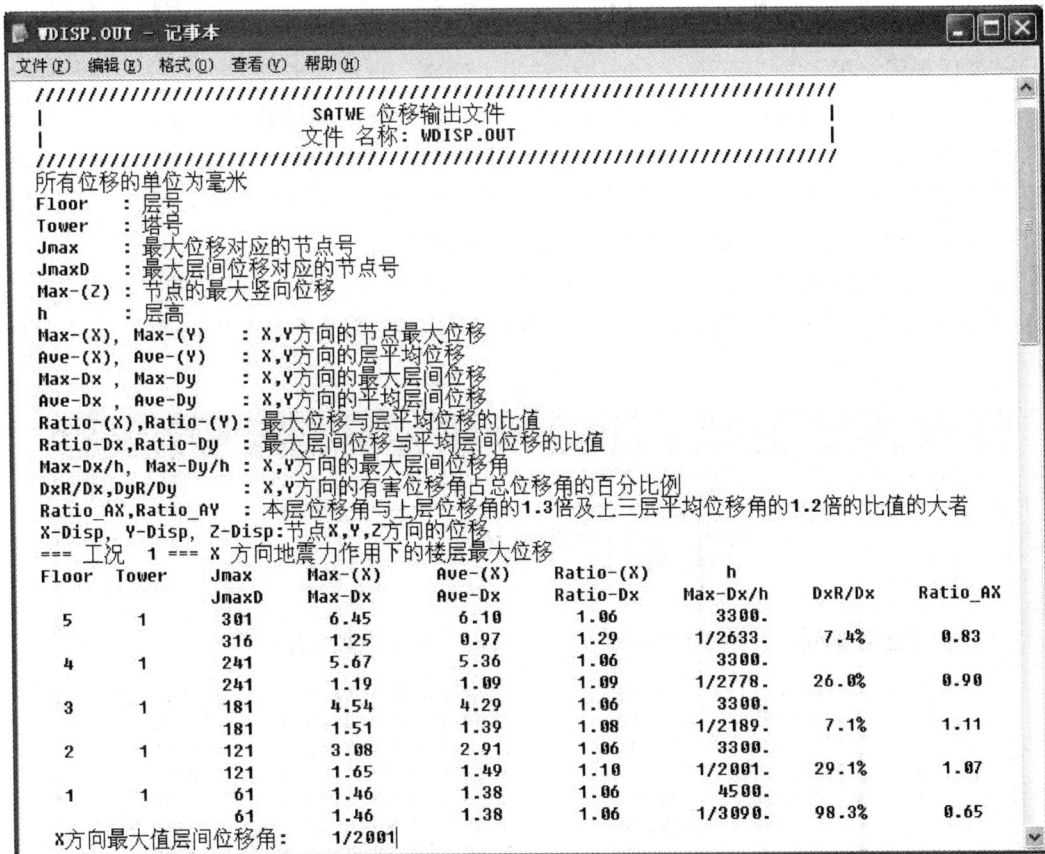

图 3.4-3 位移比计算书

提示：1）从计算数据中可以看出，本例题 X 方向的位移比和层间位移比均满足规范要求，Y 方向也满足规范要求（略）。

2）位移比应在刚性楼板假定下计算，位移比是否满足规范要求由设计人员自行判断。

3）如果位移比不满足要求，往往是结构平面不规则，刚度布置不均匀，结构上下层刚度偏心较大等原因造成的，解决的办法主要是优化设计，使结构规则，刚度均匀。

4）如屋顶层的位移比或层间位移比不满足要求，往往是由于 SATWE 软件忽略坡屋顶斜板刚度所致，可以不考虑。

2. 层间最大位移与层高之比（层间位移角）

《抗震规范》第 5.5.1 条和《高层规程》第 4.6.3 条，规定了按弹性方法计算的楼层层间最大位移与层高之比（简称层间位移角）的限值。层间位移角是控制结构整体刚度和不规则性的主要指标。限制建筑物，特别是高层建筑的层间位移角主要目的有两点：一是保证主体结构基本处于弹性受力状态，避免混凝土受力构件出现裂缝或裂缝超过允许范围；二是保证填充墙和各种管线等非结构构件完好，避免产生明显的损伤。

各楼层层间位移角和全楼最大层间位移角在〈3. 结构位移 WDIAS.OUT〉中输出，以 Max-Dx/h 和 Max-Dy/h 表示，本例题 X 方向的层间位移角如图 3.4-3 所示。

提示：1）程序仅输出层间位移角数值，是否满足规范要求由设计人员自行判断。

2）层间位移角和位移比一样，应在刚性楼板假定下计算。

3. 周期比

《高层规程》第 4.3.5 条规定，结构扭转为主的第一自振周期 T_t 与平动为主的第一自振周期 T_1 之比，A 级高度高层建筑不应大于 0.9；B 级高度高层建筑不应大于 0.85。周期比是控制结构扭转效应的重要指标，是结构扭转刚度、扭转惯量分布大小的综合反应。控制周期比的目的是使抗侧力构件的平面布置更有效、更合理，以此控制地震作用下结构扭转激励振动效应不成为主振动效应，避免结构扭转破坏。

软件不能直接输出周期比，但在文本文件〈2. 周期、振型、地震力 WZQ. OUT〉中提供了计算周期比的原始数据，由设计人员自行计算，本例题各振型周期数据如图 3.4-4 所示。

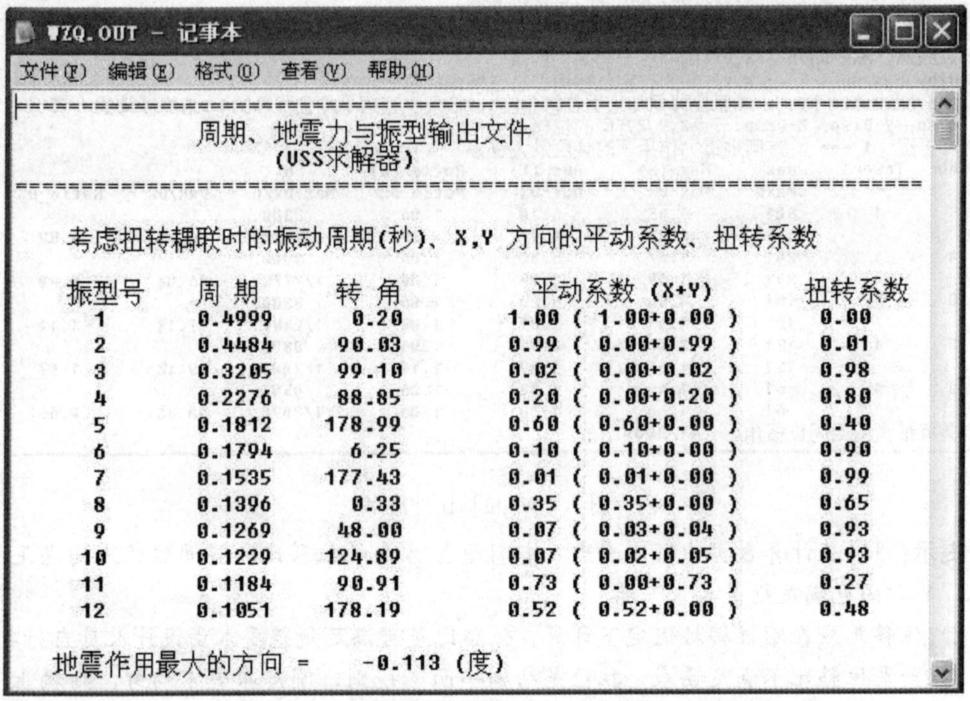
WZQ.OUT - 记事本

文件(F) 编辑(E) 格式(O) 查看(V) 帮助(H)

周期、地震力与振型输出文件
(VSS求解器)

考虑扭转耦联时的振动周期(秒)、X,Y 方向的平动系数、扭转系数

振型号	周 期	转 角	平动系数 (X+Y)	扭转系数
1	0.4999	0.20	1.00 (1.00+0.00)	0.00
2	0.4484	90.03	0.99 (0.00+0.99)	0.01
3	0.3205	99.10	0.02 (0.00+0.02)	0.98
4	0.2276	88.85	0.20 (0.00+0.20)	0.80
5	0.1812	178.99	0.60 (0.60+0.00)	0.40
6	0.1794	6.25	0.10 (0.10+0.00)	0.90
7	0.1535	177.43	0.01 (0.01+0.00)	0.99
8	0.1396	0.33	0.35 (0.35+0.00)	0.65
9	0.1269	48.00	0.07 (0.03+0.04)	0.93
10	0.1229	124.89	0.07 (0.02+0.05)	0.93
11	0.1184	90.91	0.73 (0.00+0.73)	0.27
12	0.1051	178.19	0.52 (0.52+0.00)	0.48

地震作用最大的方向 = -0.113 (度)

图 3.4-4 周期比计算书

周期比计算方法如下：

(1) 划分平动振型和扭转振型。考察各振型是平动系数还是扭转系数占主导地位（最好大于 0.8，至少也要大于 0.5），区分出各振型是平动振型还是扭转振型。从计算书中可以看出，在所取的 12 个振型中，第 3、4、6、7、9、10 振型为扭转振型，其余为平动振型或混合振型。

(2) 找出第一平动振型和第一扭转振型。在平动振型和扭转振型中找出周期最长的一阶振型为第一平动振型和第一扭转振型。必要时还应查看该振型的基底剪力是否较大，考查该振型在〈结构整体空间振动简图〉中，是否能引起结构整体振动，局部振动不能作为第一振型。本例题第 1 振型为第一平动振型，第 3 振型为第一扭转振型。

(3) 周期比计算。将第一扭转振型的周期 T_t 除以第一平动振型的周期 T_1 即为周期比，本例题周期比为：0.3205/0.4999＝0.64，小于 0.9，满足规范对周期比的要求。

提示：1）如周期比不满足规范要求，说明该结构扭转效应明显，对抗震不利，应进行调整。周期比调整原则是：增加结构周边的刚度，降低结构中部的刚度。

2）对于多塔大底盘结构，建议按 45 度斜线法切分裙房，各塔楼分别计算周期比。

3）建议周期比在刚性楼板假定下计算。

4. 层间刚度比

《高层规程》第 5.1.14 条规定，对竖向不规则的高层建筑结构，楼层抗侧刚度小于其上一层的 70% 或小于其上相邻三层侧向刚度平均值的 80%，其薄弱层对应于地震作用标准值的地震剪力应乘以 1.15 的增大系数。层间刚度比是控制结构竖向不规则性和判断薄弱层的重要指标。程序根据规范要求自动计算层间刚度比，自动判定是否因刚度比突变出现薄弱层，自动对薄弱层放大地震剪力。

层间刚度比和薄弱层地震剪力放大信息在文本文件〈1. 结构设计信息 WMASS.OUT〉中输出，层间刚度比为 Ratx1 和 Raty1，如图 3.4-5 所示。从计算书中可知，本例题各楼层的"薄弱层地震剪力放大系数"都是 1，说明该结构层间刚度比都满足规范要求，没有薄弱层，不需要放大地震剪力。

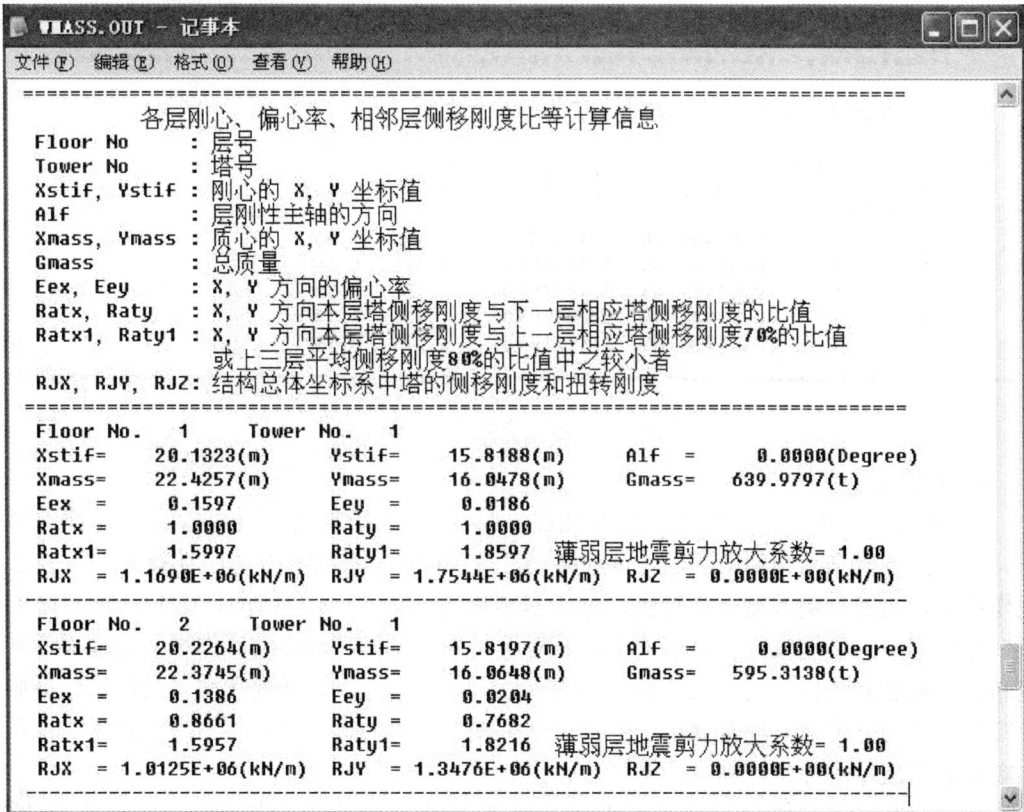

图 3.4-5　层间刚度比计算书

提示：1）程序提供了剪切刚度、剪弯刚度、地震剪力与地震层间位移之比三种刚度比的计算方法，由于计算方法不同，计算结果有时差异较大。

2）转换层属于楼层竖向抗侧力构件不连续形成的薄弱层，不论层间刚度比是多少，都应将该楼层设置为薄弱层。

5. 层间受剪承载力比

《抗震规范》第 3.4.3 条规定，平面规则而竖向不规则的建筑结构，楼层承载力突变时，薄弱层抗侧力结构的受剪承载力不应小于相邻上一层的 65%。《高层规程》第 5.1.14 条规定，竖向不规则的高层建筑结构，楼层层间抗侧力结构的承载力小于其上一层的 80%，其薄弱层对应于地震作用标准值的地震剪力应乘以 1.15 的增大系数。层间受剪承载力比也是控制结构竖向不规则性和判断薄弱层的重要指标。

程序自动计算层间受剪承载力比，在文本文件〈1. 结构设计信息 WMASS. OUT〉中输出，层间受剪承载力比为 Ratio _ BuX 和 Ratio _ BuY。程序不作承载力是否超限而出现薄弱层的判定，需要设计人员自行判定。如有薄弱层，应人工设定薄弱层后重新计算，程序自动放大薄弱层的地震剪力。本例题层间受剪承载力比如图 3.4-6 所示，从计算书中可知，各楼层均满足受剪承载力要求，没有薄弱层。

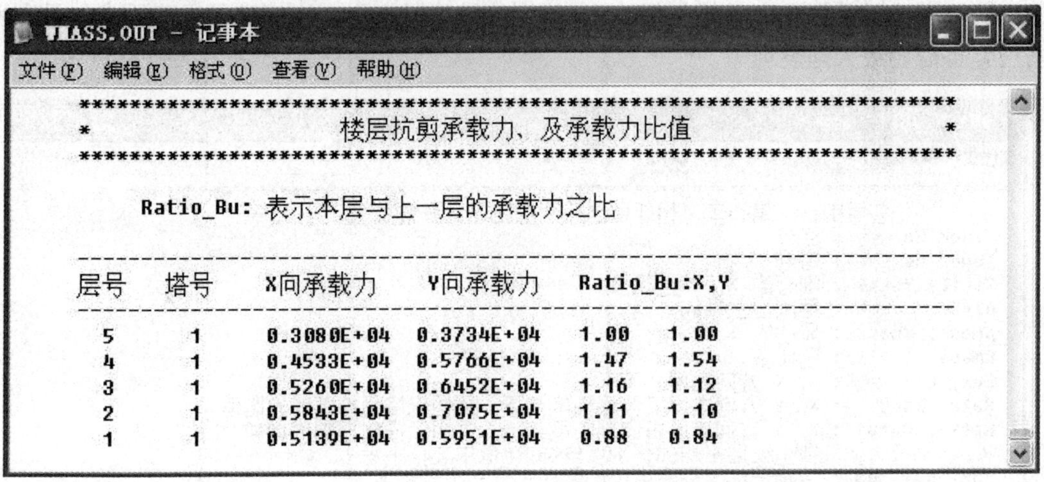
WMASS.OUT - 记事本

文件(F) 编辑(E) 格式(O) 查看(V) 帮助(H)

****
*   楼层抗剪承载力、及承载力比值   *
****

Ratio_Bu: 表示本层与上一层的承载力之比

层号	塔号	X向承载力	Y向承载力	Ratio_Bu:X	Ratio_Bu:Y
5	1	0.3080E+04	0.3734E+04	1.00	1.00
4	1	0.4533E+04	0.5766E+04	1.47	1.54
3	1	0.5260E+04	0.6452E+04	1.16	1.12
2	1	0.5843E+04	0.7075E+04	1.11	1.10
1	1	0.5139E+04	0.5951E+04	0.88	0.84

图 3.4-6　楼层受剪承载力计算书

6. 剪重比

《抗震规范》第 5.2.5 条和《高层规程》第 3.3.13 条规定了抗震验算时的剪重比要求，对竖向不规则结构的薄弱层，尚应乘以 1.15 的增大系数。剪重比计算是因为在长周期作用下，地震影响系数下降较快，对于基本周期大于 3.5s 的结构，由此计算出来的水平地震作用下的结构效应有可能太小。而对于长周期结构，地震动态作用下的地面运动速度和位移可能对结构具有更大的破坏作用，而振型分解反应谱法尚无法对此做出较准确的计算。出于安全考虑，规范规定了各楼层水平地震剪力的最小值，如不满足要求，说明结构有可能出现薄弱部位，须进行调整。

剪重比在文本文件〈2. 周期、振型、地震力 WZQ. OUT〉中输出，地震剪力为 Vx 和 Vy。本例题 X 方向各楼层剪重比和规范要求的最小剪重比如图 3.4-7 所示，满足规范要求。

提示： 1）若结构剪重比与规范要求相差较大，建议优化设计方案，改进结构布局、调整结构刚度，当剪重比与规范要求相差较小时再选择由程序调整地震剪力。

2）正确计算剪重比必须选取足够的振型个数，否则计算结果失真。

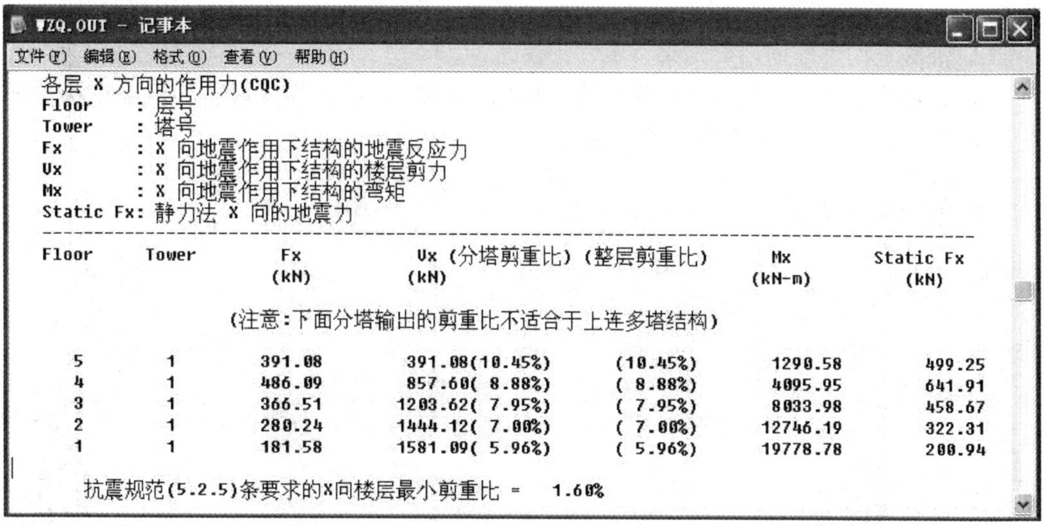

WZQ.OUT - 记事本

文件(F) 编辑(E) 格式(O) 查看(V) 帮助(H)

各层 X 方向的作用力(CQC)
Floor　　: 层号
Tower　　: 塔号
Fx　　　 : X 向地震作用下结构的地震反应力
Vx　　　 : X 向地震作用下结构的楼层剪力
Mx　　　 : X 向地震作用下结构的弯矩
Static Fx: 静力法 X 向的地震力

Floor	Tower	Fx (kN)	Vx (分塔剪重比) (kN)	(整层剪重比)	Mx (kN-m)	Static Fx (kN)
5	1	391.08	391.08(10.45%)	(10.45%)	1290.58	499.25
4	1	486.09	857.60(8.88%)	(8.88%)	4095.95	641.91
3	1	366.51	1203.62(7.95%)	(7.95%)	8033.98	458.67
2	1	280.24	1444.12(7.00%)	(7.00%)	12746.19	322.31
1	1	181.58	1581.09(5.96%)	(5.96%)	19778.78	200.94

(注意:下面分塔输出的剪重比不适合于上连多塔结构)

抗震规范(5.2.5)条要求的X向楼层最小剪重比 = 1.60%

图 3.4-7　剪重比计算书

7. 刚重比

《高层规程》5.4.4 条规定了高层建筑结构的稳定性要求。刚重比是结构刚度与重力荷载之比，它是控制结构整体稳定的重要指标。结构的刚重比是影响重力二阶效应的主要参数，通过对结构刚重比的控制满足高层建筑稳定性要求。

刚重比在文本文件〈1. 结构设计信息 WMASS.OUT〉中输出，若该文件显示"能够通过高规（5.4.4）的整体稳定验算"，表示刚重比满足规范要求，否则应调整设计。本例题刚重比计算结果如图 3.4-8 所示，满足规范要求。

提示：如刚重比不满足规范要求，通常应调整结构的高宽比。

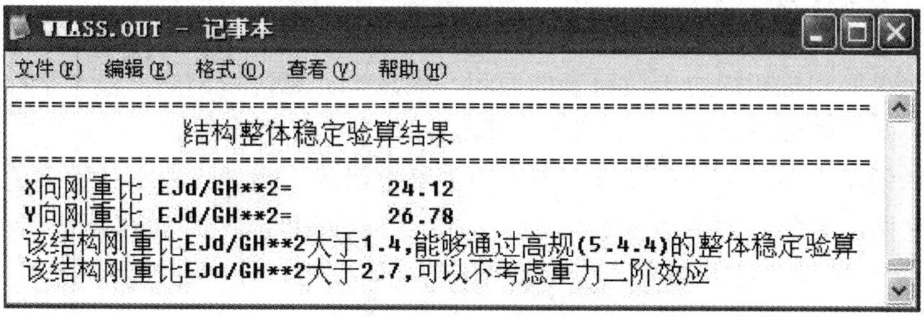

WMASS.OUT - 记事本

文件(F) 编辑(E) 格式(O) 查看(V) 帮助(H)

结构整体稳定验算结果

X向刚重比 EJd/GH**2= 24.12
Y向刚重比 EJd/GH**2= 26.78
该结构刚重比EJd/GH**2大于1.4,能够通过高规(5.4.4)的整体稳定验算
该结构刚重比EJd/GH**2大于2.7,可以不考虑重力二阶效应

图 3.4-8　刚重比计算书

3.4.4　构件优化设计

这一步主要进行构件内力和配筋计算，构件内力计算除弯矩、剪力、扭矩、轴力以外，还包括轴压比、剪压比、剪跨比、跨高比、高厚比（剪力墙）及长细比（柱）等，配筋计算包括梁、柱、剪力墙的纵筋、箍筋及节点核心区抗震验算等（楼板配筋计算由 PMCAD 的第 3 项完成）。

1. 构件编号

选择图形文件〈1. 各层配筋构件编号简图〉，显示各层构件的编号、质心和刚心的坐标。

2. 混凝土构件配筋计算结果

选择图形文件〈2. 混凝土构件配筋及钢构件验算简图〉，本例题首层混凝土构件计算配筋如图 3.4-9 所示。图中各构件数据意义如下（单位 cm²）：

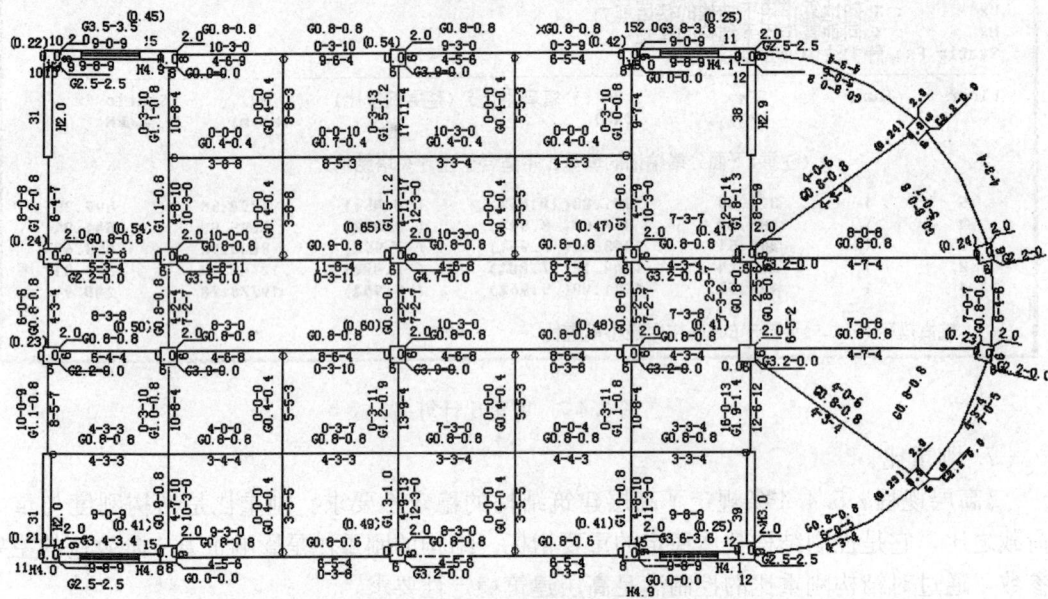

图 3.4-9　例题首层混凝土构件配筋简图

（1）梁配筋。混凝土梁配筋标注通常有四行数字，第一行为箍筋，G 后的两个数字分别为在 Sb（梁箍筋间距）范围内箍筋加密区和非加密区的配筋面积。第二行为上部纵向钢筋，三个数字分别为左端、中部、右端梁上部纵筋面积。第三行为下部纵向钢筋，三个数字分别为左端、中部、右端梁下部纵筋面积。第四行为抗扭钢筋，VT 后面的两个数字分别为抗扭纵筋和抗扭周边单肢箍筋的面积，如没有计算抗扭钢筋，没有第四行数字。

提示： 如构件配筋数值为 0，表示计算配筋较小，按构造配筋。

（2）柱钢筋。混凝土柱配筋标注通常由 5 部分组成，角部连线上的数字为柱一根角筋的面积，柱两边的数字为单边配筋面积（包括角筋面积），G 后的两个数字分别为在 Sc（柱箍筋间距）范围内箍筋加密区和非加密区的配筋面积，柱中部的数字为柱节点域在 Sc 范围内的箍筋面积，柱左上角括号内的数字为轴压比。

（3）剪力墙配筋。混凝土剪力墙的配筋标注通常由上下两部分组成，上部数字为墙肢一端的暗柱配筋总面积；下部数字为 Swh（墙水平分布筋间距）范围内水平分布筋面积（竖向分布筋由最小配筋率参数指定）。

剪力墙连梁的配筋标注方式与框架梁相同。

提示： 1）如混凝土构件超筋用红色显示，应进行调整。

2）对计算配筋要进行认真的校核和验算，只有确认数据合理有效后，方可用于工程。

3. 轴压比

选择图形文件〈3. 梁弹性挠度、柱轴压比、墙边缘构件简图〉，显示柱和剪力墙轴压比、梁计算长度系数及剪力墙边缘构件配筋信息。如轴压比等如不满足规范要求，用红色显示。

4. 其他构件参数计算

选择图形文件的第4、5、6、8、10项，用于查询构件内力和配筋计算的各项数据。

提示：〈7. 底层柱、墙最大组合内力简图〉中的数据仅用于上部结构荷载传导正确性校核，不能用于基础设计，该程序已不再维护。

3.4.5 构件数据校验

有些特殊构件仅进行结构整体有限元分析是不够的，还需要做进一步的验算和校核，这主要指：〈14. 柱钢筋修改及双偏压验算〉和〈15. 剪力墙组合配筋修改及验算〉。

1. 柱双偏压验算

如SATWE整体分析时采用单偏压计算，建议应进行双偏压验算。方法是：执行SATWE软件的第4项〈分析结果图形和文本显示〉，选择〈14. 柱钢筋修改及双偏压验算〉，点击〈应用〉进入柱双偏压验算图形界面，点取【钢筋验算】，显示钢筋验算对话框，如图3.4-10所示。通过〈添加〉（或〈全部添加〉）选项，将左侧〈楼层列〉中需要验算的楼层号转移到右侧〈验算层〉，点击〈确认〉，即对选择楼层的全部柱钢筋进行双偏压验算，如钢筋用红色字体标注，表示双偏压验算不满足要求，可以用【修改钢筋】命令将柱钢筋逐步加大再进行验算，直至柱钢筋标注字体都为白色满足双偏压验算为止。

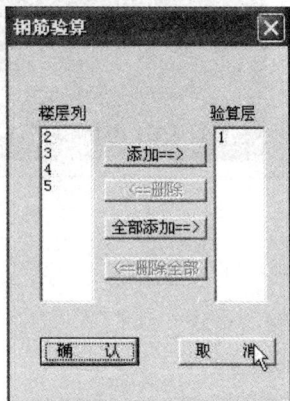

图 3.4-10　钢筋验算对话框

本例题进行双偏压验算满足要求。

提示：05版柱双偏压验算结果不能直接带入施工图中，需要人工修改；08版在柱施工图程序中增加了双偏压验算，其验算结果可以直接反映在施工图中。

2. 剪力墙组合配筋验算

SATWE软件在计算多肢剪力墙配筋时，是取每一方向直墙段墙肢进行的，不考虑另一方向墙肢的共同作用，对墙段相交部位的配筋，取各墙肢端部配筋之和，这种做法有可能使剪力墙边缘构件配筋较大，甚至超筋。

为解决多肢剪力墙和带边框柱剪力墙配筋有时不合理的问题，在SATWE整体计算完成后，如有个别剪力墙配筋不合理的情况，可以选择图形文件〈15. 剪力墙组合配筋修改及验算〉，指定剪力墙组合墙体，程序参照异形柱规范算法，按平截面假定进行组合墙体配筋计算，使多肢剪力墙和带边框柱剪力墙的配筋经济合理。

本例题带边框柱的组合剪力墙配筋验算对话框如图3.4-11所示。经审核各剪力墙肢配筋基本合理，不必进行剪力墙组合配筋验算。

以上详细介绍了SATWE软件主界面中①～④项的主要功能，这是SATWE软件最主要最基本的用法，可以完成常见多高层建筑结构的计算分析工作，SATWE⑤～⑧项是用特殊方法解决复杂多高层结构的建模和计算分析，应用相对较少且与本例题无关，从略。

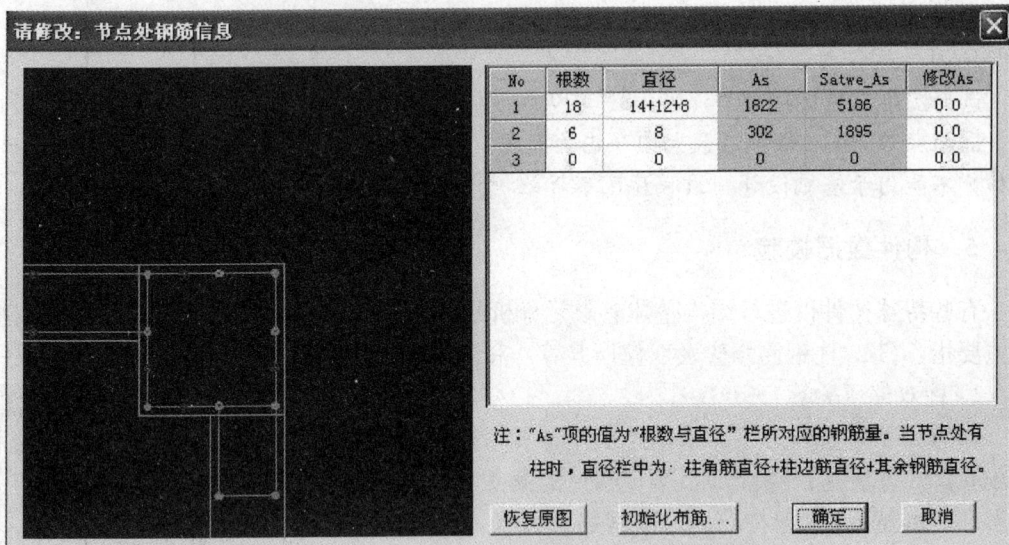

注："As"项的值为"根数与直径"栏所对应的钢筋量。当节点处有
柱时，直径栏中为：柱角筋直径+柱边筋直径+其余钢筋直径。

No	根数	直径	As	Satwe_As	修改As
1	18	14+12+8	1822	5186	0.0
2	6	8	302	1895	0.0
3	0	0	0	0	0.0

请修改：节点处钢筋信息

恢复原图　　初始化布筋...　　确定　　取消

图 3.4-11　组合剪力墙配筋验算对话框

第4章 施 工 图 绘 制

本章以本教程例题为例，介绍如何读取 SATWE 软件的计算结果，绘制梁、柱、墙和楼板等构件的施工图。

4.1 梁施工图绘制

在 PKPM 软件主界面〈结构〉页中选择〈墙梁柱施工图〉的第 1 项〈①梁平法施工图〉，如图 4.1-1 所示。点击〈应用〉，进入梁施工图绘制界面，程序自动读取计算数据生成首层梁平法钢筋图，如图 4.1-2 所示。

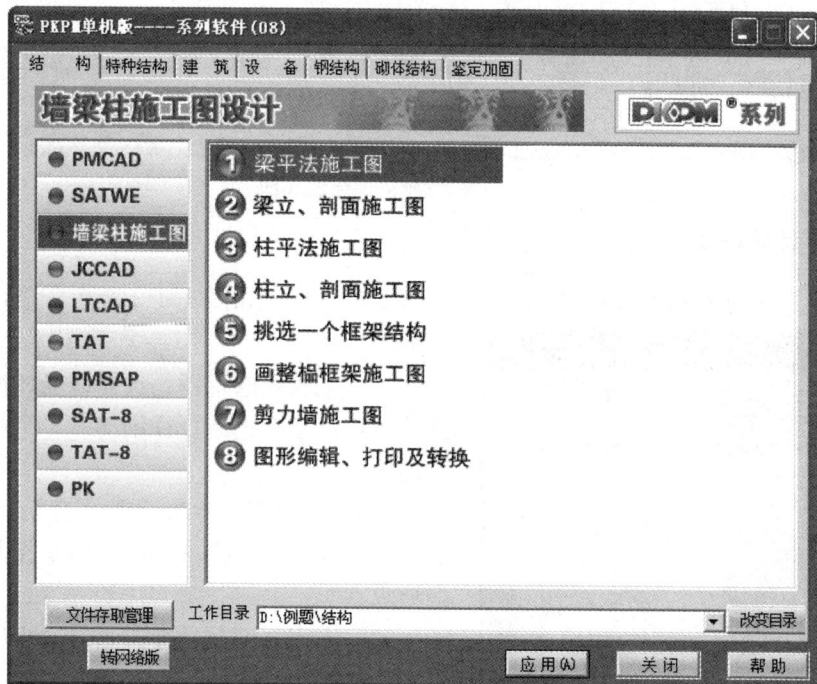

图 4.1-1　梁施工图选项

在图 4.1-2 中：

屏幕中间为程序自动生成的梁平法配筋图。

屏幕右侧主菜单用于专业设计操作，包括设配筋参数、设钢筋层、钢筋标注等。

屏幕上方下拉菜单分为两大类操作，第一类是通用的图形绘制、编辑、打印等；第二类是专业工具菜单，包括施工图设置、轴线标注、构件标注和尺寸标注、绘大样图等。这部分菜单及命令内容在各构件施工图绘制环境中都一致，便于用户掌握和使用。

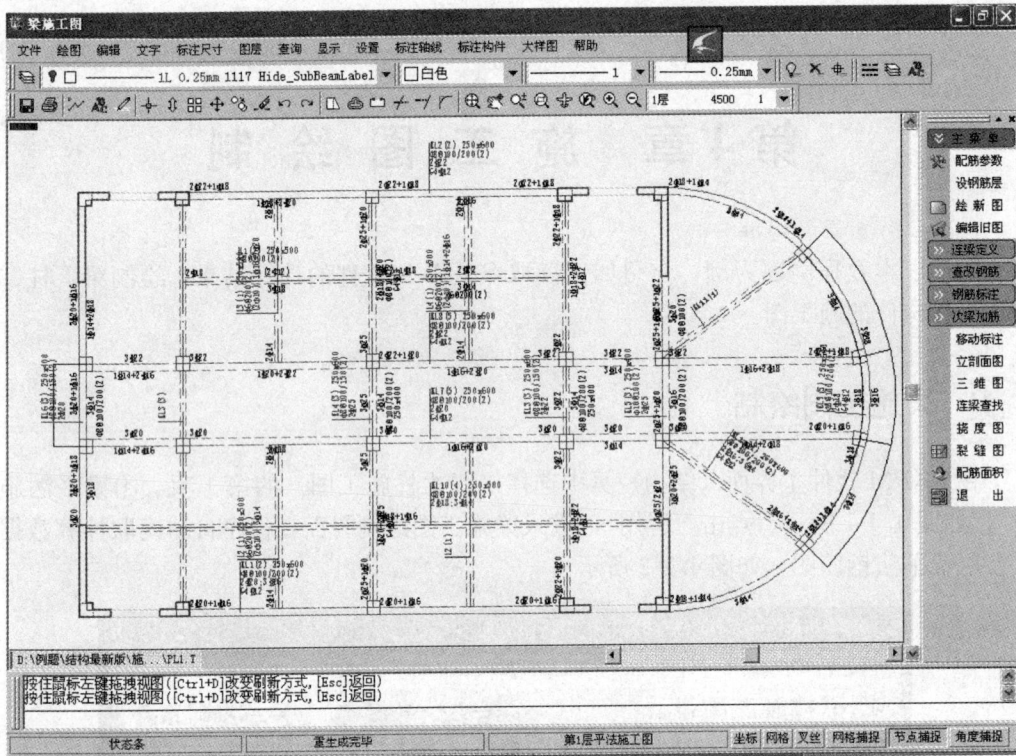

图 4.1-2　梁施工图绘制界面

4.1.1　梁参数设置

点击主菜单【配筋参数】，弹出梁参数修改对话框，如图 4.1-3 所示，对部分参数解释如下：

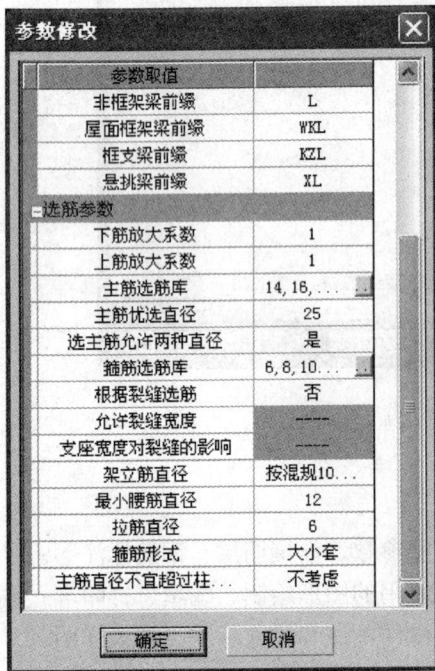

图 4.1-3　参数修改对话框

（1）主筋优选直径：选择纵筋的原则是尽量选择用户设定的优选直径钢筋，尽量不配多于两排的钢筋。

（2）根据裂缝选筋：程序自动调整钢筋用量，不仅满足计算要求，而且满足控制裂缝宽度的要求。

（3）支座宽度对裂缝的影响：程序自动考虑支座宽度对裂缝的影响，对支座处弯矩折减，以减少实配钢筋。

（4）主筋直径不宜超过柱截面尺寸的 1/20：《混凝土规范》第 11.3.7 条、《抗震规范》第 6.3.4 条和《高层规程》第 6.3.3 条都规定，一、二级框架梁内贯通中柱的每根纵向钢筋直径，对矩形截面柱，不宜大于柱在该方向截面尺寸的 1/20。选择该项，程序将根据连续梁各跨支座中的最小柱截面控制梁上部钢筋，但有时会造成梁上部钢筋直径小而根数多的不合理情况，用户应根据实际情况选择。

本例题取全部默认参数，点击〈确定〉返回。

4.1.2 梁钢筋层设置

如果是第一次进入梁施工图，程序弹出定义钢筋标准层对话框，五个钢筋层分别对应五个自然层，本例题根据需要改为四个钢筋层，其中钢筋层 2 包含自然层 2 和自然层 3，如图 4.1-4 所示。

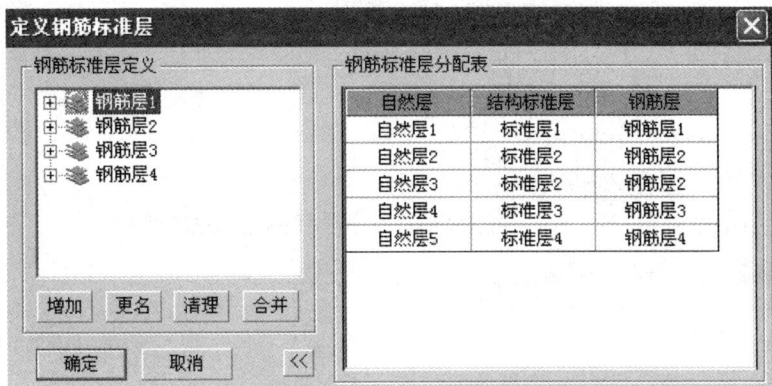

图 4.1-4 定义钢筋层对话框

提示：钢筋层的用法及注意事项如下：

1）钢筋层主要用于钢筋归并和出图，每个钢筋层对应一张施工图，准备出几张施工图就应设置几个钢筋层。

2）通常梁、柱、墙等主要构件各自独立出图，因此这些构件拥有各自独立的钢筋层，各类构件的钢筋层可能相同，也可能不同。

3）钢筋层由构件布置相同、受力特性近似的若干自然层组成，相同位置的构件名称相同，配筋相同。

4）钢筋层与标准层不同：①标准层用于建模，钢筋层用于出图；②标准层要求构件布置与荷载都相同，钢筋层仅要求构件布置相同；③标准层不考虑上下楼层的关系，梁钢筋层需要考虑，例如屋顶层与其他楼层的梁命名不同；④通常同一钢筋层的所有自然层都属于同一标准层，但同一标准层的自然层可能被划分为若干钢筋层。

4.1.3 梁施工图编辑

点击【绘新图】，程序按参数设置及钢筋层设置结果重新绘图。点击屏幕上方下拉菜单【标注轴线】，执行相关操作完成标注轴线、标注圆弧半径、定位柱子角度、写图名；点击下拉菜单【标注构件】，执行相关操作完成标注梁尺寸、柱尺寸、墙尺寸等；点击【文字】标注楼梯间、写文字说明，最后绘出二层梁配筋图，如图 4.1-5 所示。

采用相同方式可绘制出各楼层梁配筋图，其中屋面梁配筋图，如图 4.1-6 所示。

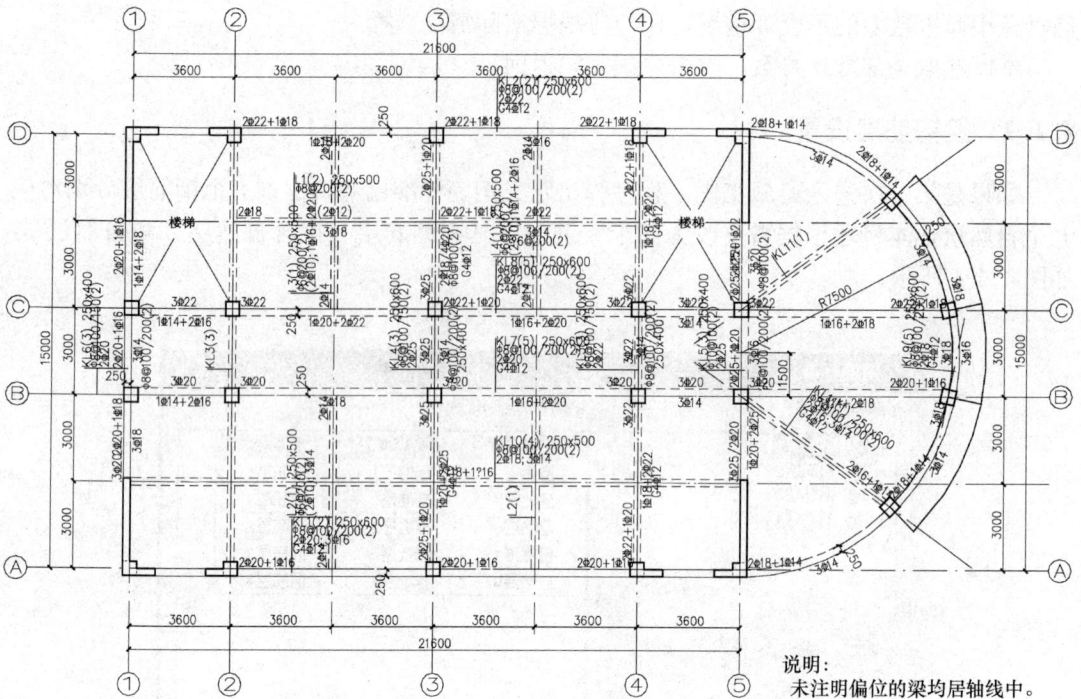

图 4.1-5　二层梁配筋图

说明：
未注明偏位的梁均居轴线中。

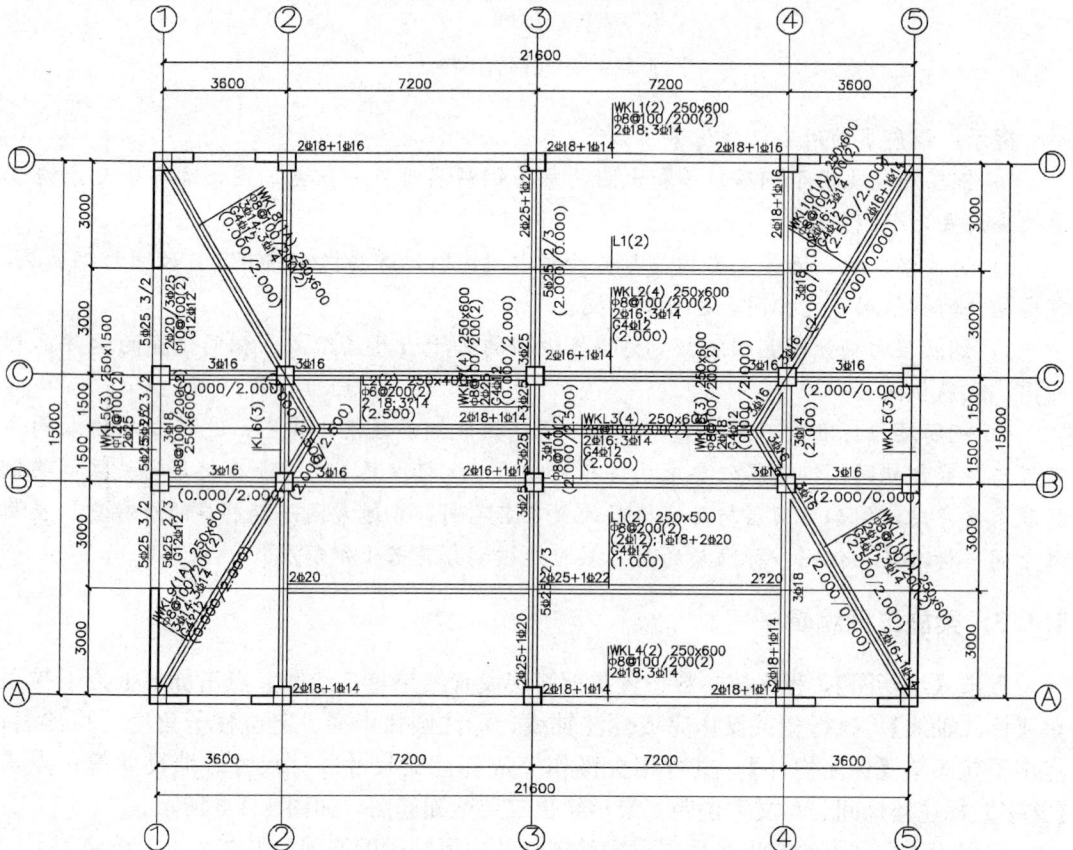

图 4.1-6　屋面梁配筋图

4.1.4　梁钢筋查改

为满足梁钢筋查询及修改的需要，程序提供了多种梁钢筋查改方式：

（1）连续梁定义。点击【连梁定义】，可以进行梁命名、挑耳定义、连梁拆分、支座查改等操作。

（2）查改梁钢筋。点击【查改钢筋】，可以用多种方式修改、拷贝、重算平法图中的梁钢筋。

（3）钢筋标注。点击【钢筋标注】，可以用多种方式标注钢筋及修改梁截面。

（4）次梁加筋。点击【次梁加筋】，可以显示和修改主次梁搭接处的箍筋和吊筋。

（5）其他。点击【移动标注】、【连梁查找】、【配筋面积】等命令，可以进行相应的显示和查改操作。

4.1.5　其他梁图

点击【立剖面图】、【三维图】、【挠度图】、【裂缝图】等命令，可以生成其他需要的梁图，如图 4.1-7～图 4.1-10 所示。如梁的挠度或裂缝不满足规范要求，图中数值用红色显示，需要采取相关措施进行调整（略）。

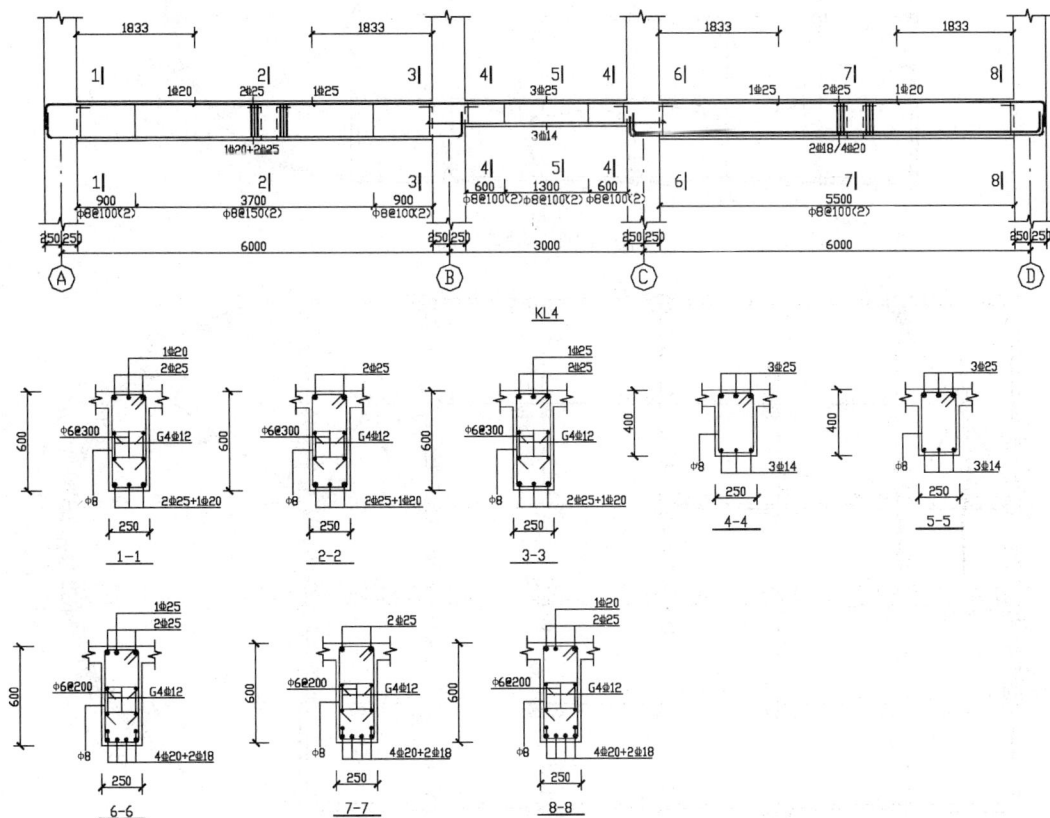

图 4.1-7　梁立剖面图

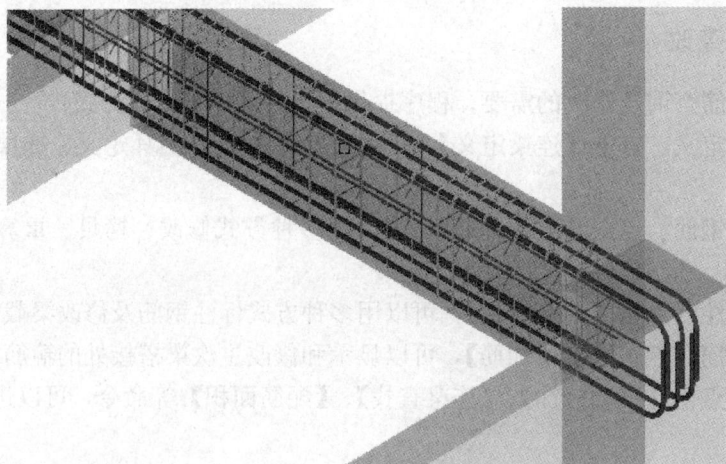

图 4.1-8 梁三维透视图

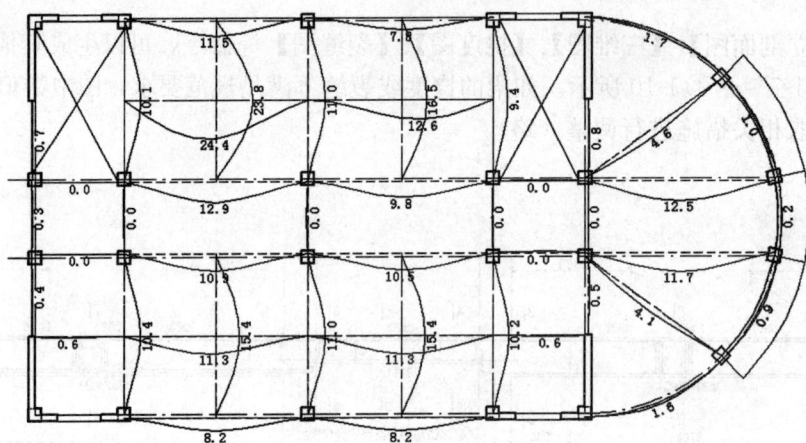

图 4.1-9 梁挠度图

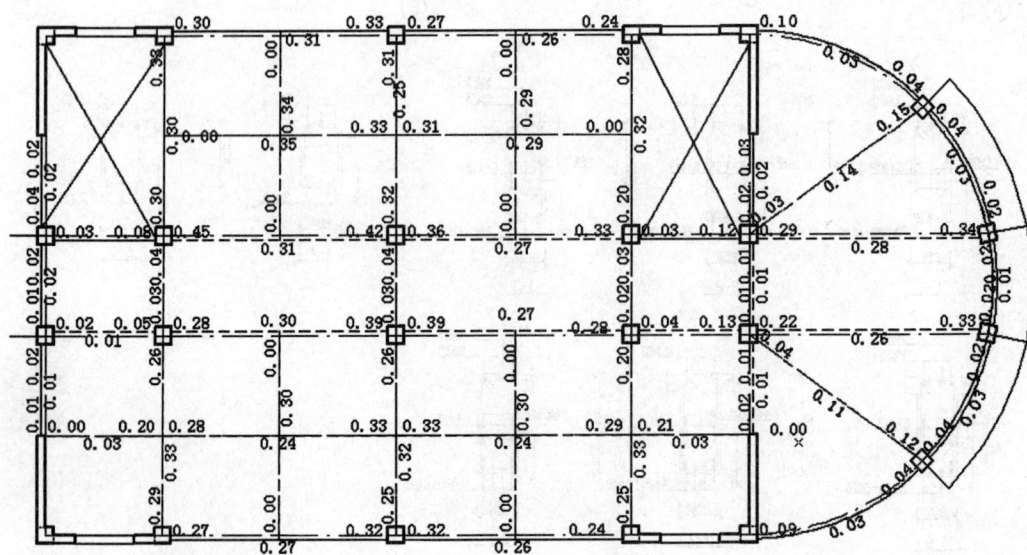

图 4.1-10 梁裂缝图

4.2 柱施工图绘制

在 PKPM 软件主界面〈结构〉页中选择〈墙梁柱施工图〉的第 3 项〈③柱平法施工图〉，点击〈应用〉，进入柱施工图绘制界面，程序自动打开当前工作目录下的柱平面简图，如图 4.2-1 所示。

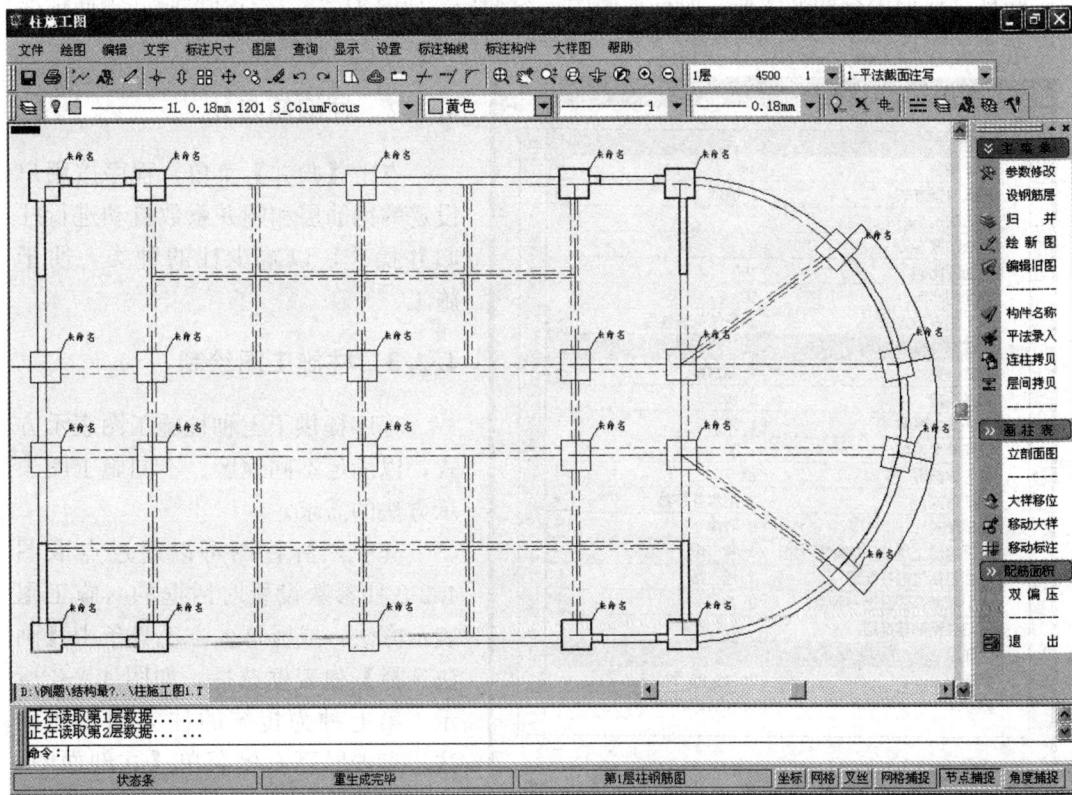

图 4.2-1 柱施工图绘制界面

4.2.1 柱参数设置

点击屏幕右侧主菜单【参数修改】，弹出柱参数设置对话框，如图 4.2-2 所示，对部分参数含义说明如下：

（1）计算结果：用于选择不同计算程序，如 TAT、SATWE、PMSAP 的计算结果，程序默认读取当前工程目录中最新的计算结果。

（2）归并系数：用于对不同连续柱列作归并的一个系数，指两根连续柱列之间所有层柱的实配钢筋（主要指纵筋，每层有上、下两个截面）占全部纵筋的比例，取值范围 0～1。如果该系数为 0，则编号相同的柱所有的实配钢筋完全相同；如果归并系数为 1，则几何条件相同的柱都会被归并为相同编号。本例题取默认的归并系数 0.1。

（3）是否包括边框柱配筋：选择"包括"，剪力墙边框柱与框架柱一同归并和绘制施工图；选择"不包括"，剪力墙边框柱与剪力墙一同出图。通常边框柱应与剪力墙一同出图，本例题选择"不包括"。

（4）是否考虑上层柱下端配筋面积：通常每根柱确定配筋面积时，除考虑本层柱上、下端截面配筋面积取大值外，还要将上层柱下端截面配筋面积一并考虑。设置该参数可以由用户决定是否需要考虑上层柱下端的配筋。本例题取默认选项"考虑"。

（5）纵筋库和箍筋库：根据工程的实际情况，设定选用的纵筋直径和箍筋直径，程序根据输入的数据优先选用排在前面的钢筋直径。本例题取默认值。

此外，根据本例题的需要，对话框中的〈图纸号〉应改为"3"号；〈设归并钢筋标准层〉改为"1，2，2，3，4"（即将第2、3自然层归并为一个钢筋层）。

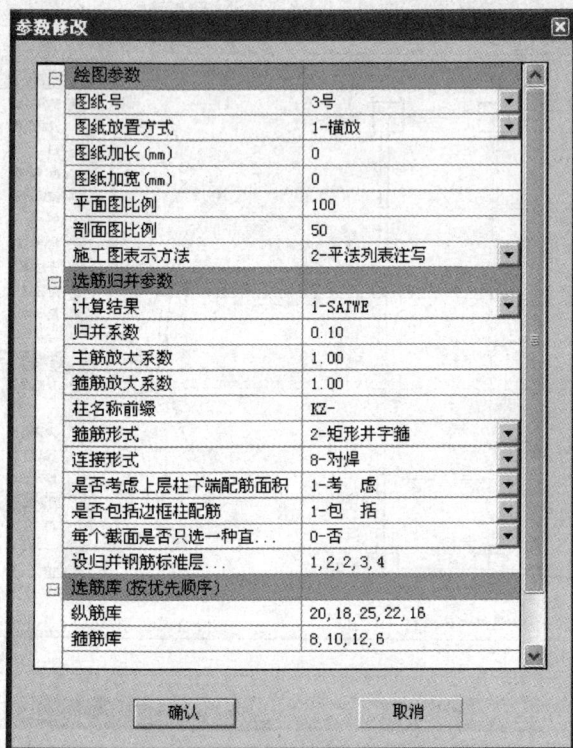

图 4.2-2　柱参数设置对话框

4.2.2　柱钢筋归并

点击【归并】菜单，程序按用户设定的钢筋层和归并系数自动进行柱归并操作，以减少柱的种类，便于施工。

4.2.3　柱施工图绘制

程序提供了七种柱施工图表示方式，以满足不同地区、不同施工图表示方法的需求。

其中六种柱图可以通过点取图4.2-2柱参数设置对话框的〈施工图表示方法〉或屏幕上方工具条中【画法选择】列表框选择，如图4.2-3所示。第七种为传统的柱立剖面图画法，点击屏幕右侧菜单【立剖面图】绘制，或在 PKPM 软件主界面〈结构〉页中选择〈墙梁柱施工图〉的第4项〈柱立、剖面施工图〉绘制。

1. 平法截面注写

平法截面注写图，是参照图集《03G101-1 混凝土结构施工图平面整体表示方法制图规则和构造详图》的规定，在同一个编号的柱中选择一个截面，用比平面图放大的比例绘柱图并直接注写截面尺寸和配筋数值的表示方式。

2. 平法列表注写

平法列表注写图，也是参照图集《03G101-1 混凝土结构施工图平面整体表示方法制图规则和构造详图》的规定，由平面图和表格组成，表格中每列为归并后各钢筋标准层的柱配筋结果，包括标高、尺寸、偏心、角筋、纵筋、箍筋等。

3. PKPM 截面注写 1（原位标注）

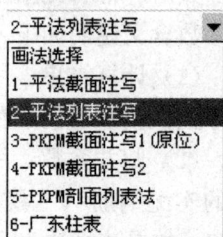

图 4.2-3　画法选择

这是将传统的柱剖面详图和平法截面注写方式结合起来，在同一个编号的柱截面中选择一个截面，用比平面图放大的比例直接将详图绘制在平面图柱位上。

4. PKPM 截面注写 2（集中标注）

这是将柱编号和柱详图分开绘制的方式，在平面图上只标注柱编号和柱与轴线的定位尺寸，而将各柱剖面详图集中绘制在平面图侧面。

5. PKPM 剖面列表法

这是将柱剖面大样图全部绘制在表格中的方法，表格中各列是柱各钢筋标准层的剖面大样图，表格中各行为各钢筋标准层的柱剖面详图及标高范围，平面图上只标注柱名称。

6. 广东柱表画图方式

这是在广东地区广泛采用的一种柱表施工图表示方法，表中每行数据包括柱的自然层号、几何信息、纵筋信息、箍筋信息等，并配以标准构件详图和施工图说明。

7. 柱立、剖面施工图

这是传统的柱施工图画法，直接绘制整根柱立面图和大样图。

本例题分别采用第 2 和第 4 种方式绘制柱平法图和柱列表图，采用第 7 种方式绘制柱立剖面图。

（1）绘制柱平法图。点击屏幕右侧主菜单【参数修改】，选择"1-平法截面注写"方式，点击【绘制新图】，生成柱平法施工图，如图 4.2-4 所示。

（2）绘制柱表。点击【画柱表/平法柱表】，弹出选择柱对话框，如图 4.2-5 所示，本例题勾选前三个柱，点击〈确认〉生成柱列表图，如图 4.2-6 所示。

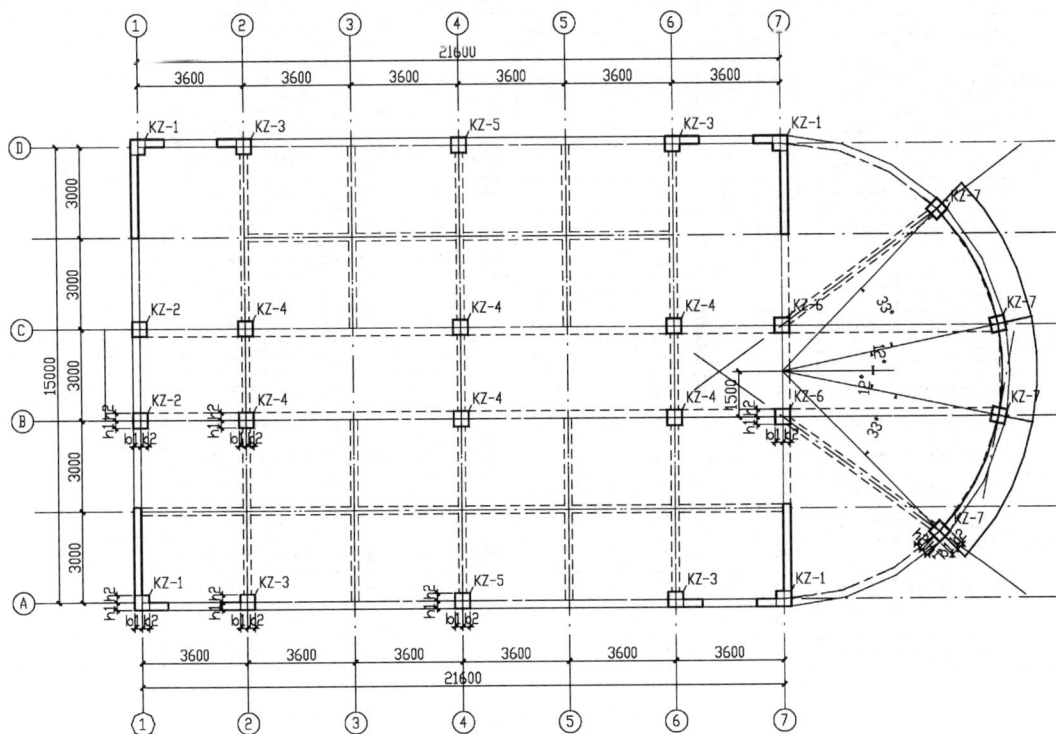

图 4.2-4　柱平法施工图

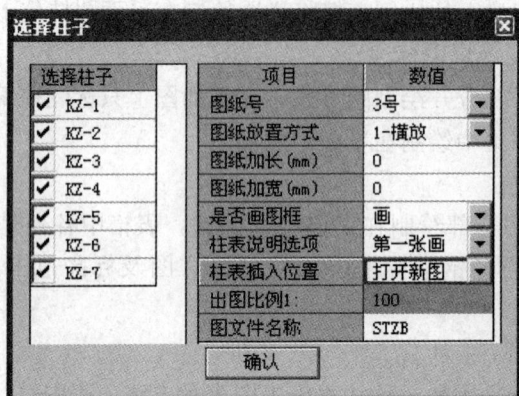

图 4.2-5 选择柱对话框

箍筋类型1.(mm) 箍筋类型2. 箍筋类型3. 箍筋类型4. 箍筋类型5. 箍筋类型6. 箍筋类型7. 箍筋类型8. 箍筋类型9. 箍筋类型10.

柱号	标高	bxh(bixhi)(圆柱直径D)	b1	b2	h1	h2	全部纵筋	角筋	b边一侧中部筋	h边一侧中部筋	箍筋类型号	箍筋	备注
KZ-1	-1.200-3.300	500×500	250	250	250	250		4Φ25	2Φ22	2Φ22	1.(4×4)	Φ10@100	
	3.300-9.900	500×500	250	250	250	250		4Φ25	2Φ22	2Φ22	1.(4×4)	Φ10@100	
	9.900-13.200	500×500	250	250	250	250	12Φ16				1.(4×4)	Φ10@100	
	13.200-16.500	500×500	250	250	250	250	12Φ16				1.(4×4)	Φ8@100	
KZ-2	-1.200-3.300	500×500	250	250	250	250	12Φ16				1.(4×4)	Φ10@100/150	
	3.300-9.900	500×500	250	250	250	250	12Φ16				1.(4×4)	Φ10@100/150	
	9.900-13.200	500×500	250	250	250	250		4Φ18	2Φ18	2Φ16	1.(4×4)	Φ10@100/150	
	13.200-16.500	500×500	250	250	250	250		4Φ25	2Φ20	2Φ20	1.(4×4)	Φ10@100	
KZ-3	-1.200-3.300	500×500	250	250	250	250		4Φ22	2Φ20	2Φ20	1.(4×4)	Φ10@100/150	
	3.300-9.900	500×500	250	250	250	250		4Φ22	2Φ20	2Φ20	1.(4×4)	Φ10@100/150	
	9.900-16.500	500×500	250	250	250	250	12Φ16				1.(4×4)	Φ8@100/150	
KZ-4	-1.200-3.300	500×500	250	250	250	250	12Φ16				1.(4×4)	Φ12@100/150	
	3.300-18.500	500×500	250	250	250	250	12Φ16				1.(4×4)	Φ10@100/150	
KZ-5	-1.200-3.300	500×500	250	250	250	250	12Φ16				1.(4×4)	Φ12@100/150	
	3.300-13.200	500×500	250	250	250	250	12Φ16				1.(4×4)	Φ10@100/150	
	13.200-16.500	500×500	250	250	250	250		4Φ18	2Φ16	2Φ16	1.(4×4)	Φ10@100/150	
KZ-6	-1.200-3.300	500×500	250	250	250	250	12Φ16				1.(4×4)	Φ12@100/150	
	3.300-9.900	500×500	250	250	250	250	12Φ16				1.(4×4)	Φ10@100/150	
	9.900-13.200	500×500	250	250	250	250		4Φ20	2Φ20	2Φ16	1.(4×4)	Φ10@100/150	
	13.200-16.500	500×500	250	250	250	250		4Φ25	2Φ25	2Φ20	1.(4×4)	Φ10@100	
KZ-7	-1.200-3.300	500×500	250	250	250	250	12Φ16				1.(4×4)	Φ10@100/150	
	3.300-13.200	500×500	250	250	250	250	12Φ16				1.(4×4)	Φ10@100/150	

图 4.2-6 柱列表图

（3）绘制立剖面图。点击【立剖面图】，按屏幕下方提示点取一根需要出图的柱，自动生成该柱的立剖面图，如图4.2-7所示。

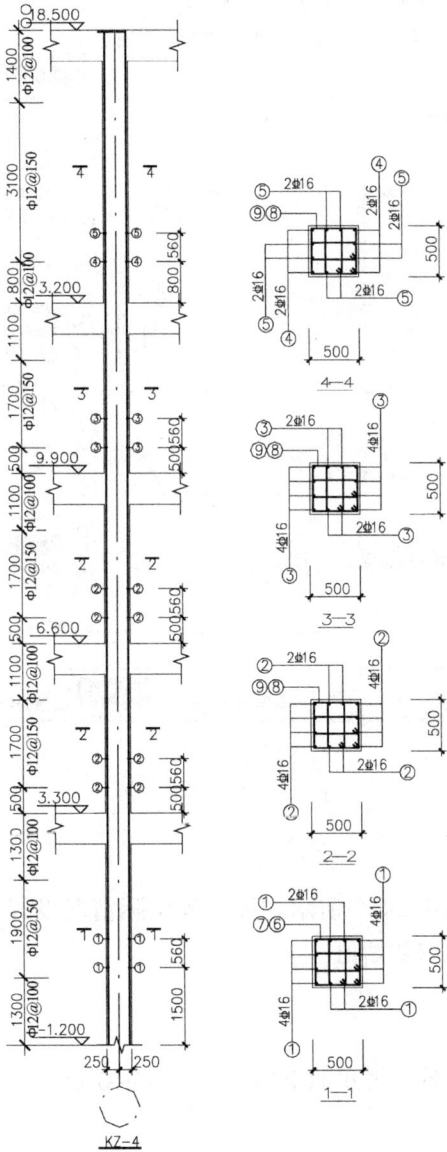

KZ-4 柱 钢 筋 表（1根）

编号	钢筋简图	规格	长度	每根加搭	每根加接头个数	根数	重量	备注
1	3500	Φ16	3500			12	66.29	
2	3300	Φ16	3300			24	125.00	
3	3600	Φ16	3600			12	68.18	
4	4470	Φ16	4670			4	29.48	
5	3910	Φ16	4110			8	51.90	
6	440	Φ12	2145			39	74.27	
7	164	Φ12	1590			78	110.11	
8	440	Φ10	2080			127	162.86	
9	164	Φ10	1530			254	239.00	
							927.70	

图 4.2-7　柱立剖面图

4.3　墙施工图绘制

在 PKPM 软件主界面〈结构〉页中选择〈墙梁柱施工图〉的第 7 项〈⑦剪力墙施工图〉，点击〈应用〉，程序打开当前工作目录下的第一层剪力墙平面图，如图4.3-1所示。

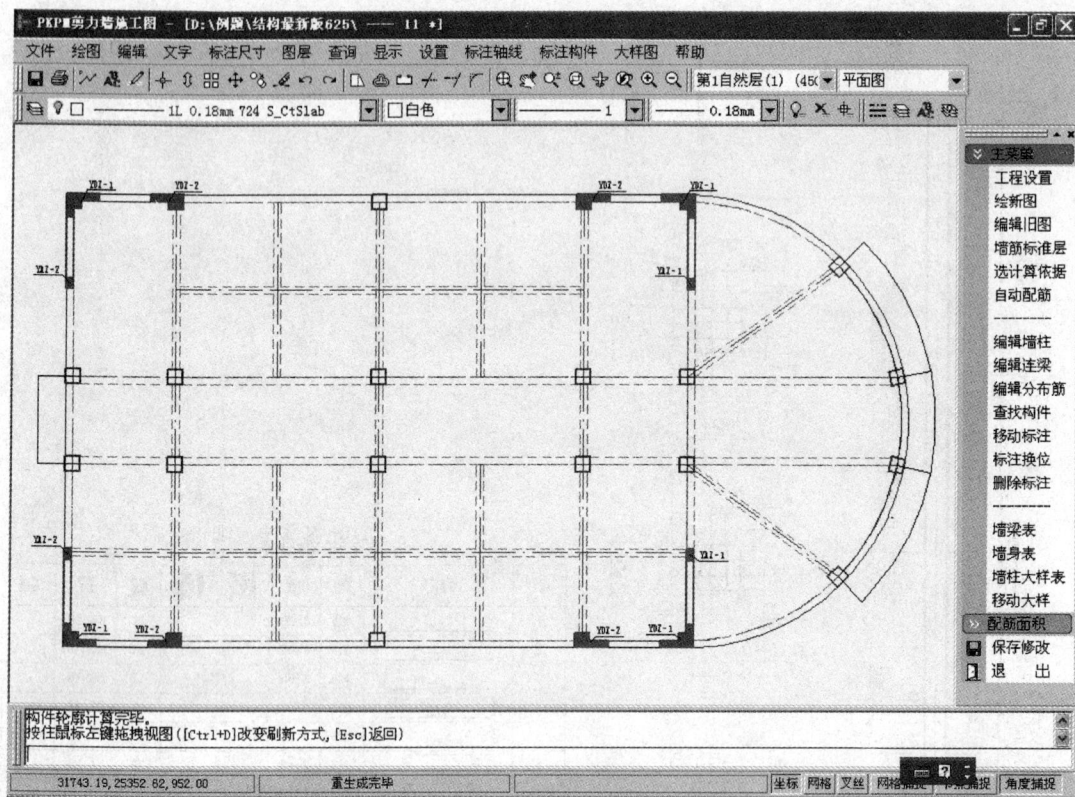

图 4.3-1　墙施工图操作界面

4.3.1　参数设置

点击【工程设置】，弹出工程选项对话框，如图 4.3-2 所示，按工程实际情况设置各项配筋、绘图和构件名称等参数。本例题全部参数取初始值。

4.3.2　读取剪力墙钢筋

（1）程序可以生成两类剪力墙施工图。点击屏幕右上角的下拉菜单，确定绘制剪力墙"截面注写图"还是"平面图"。

（2）点击【调整墙筋标准层】，确定剪力墙归并的钢筋层（操作与梁施工图相同）。

（3）点击【选择配筋结果】，确定剪力墙钢筋的数据来源，即计算分析软件的名称。

（4）确定读入当前一个楼层还是多个楼层的剪力墙钢筋数据，生成剪力墙截面注写图。

4.3.3　剪力墙平面图

在屏幕右上角选择"平面图"，点击【绘新图】，在生成的剪力墙平面图中，仅显示剪

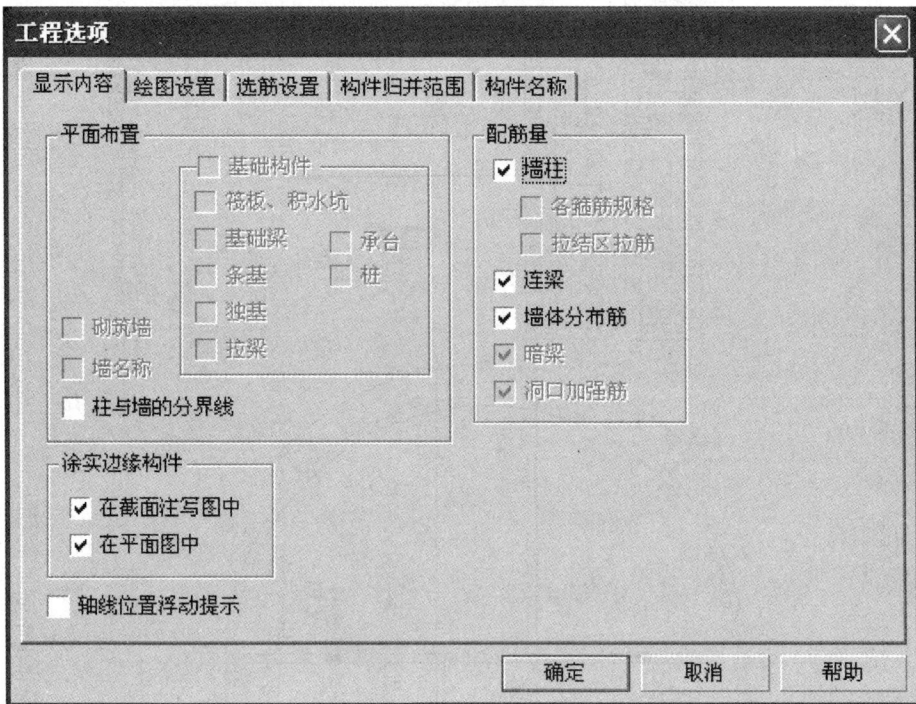

图 4.3-2　工程选项对话框

力墙构件标注。

点击【墙梁表】、【墙身表】、【墙柱大样图】等命令，将剪力墙参数表格和详图拖放到图中合适位置形成剪力墙平面图。

利用屏幕上方【标注轴线】和【文字】进行补充绘图，如图 4.3-3 所示，为一层剪力墙平法施工图。同理，可绘出其他楼层剪力墙施工图，略。

4.3.4　修改剪力墙钢筋

程序提供多种剪力墙配筋编辑修改方式，主要有：

（1）命令修改方式。点击【编辑墙柱】、【编辑连梁】、【编辑分布筋】，点取剪力墙相应构件，以对话框方式对计算配筋进行修改。

（2）双击修改方式。双击剪力墙构件的钢筋标注，弹出构件编辑对话框，然后对配筋进行修改。

（3）点击鼠标右键快捷修改方式。将光标指向需要修改的构件，点击鼠标右键，弹出构件编辑对话框，进行构件参数编辑修改。

（4）标注编辑修改。用于对剪力墙标注字符进行移位、换位、删除等操作。

名称	梁截面	上部纵筋	下部纵筋	侧面纵筋	箍筋
LL-1	250×1200	3Φ20	3Φ20	同墙身水平分布筋	Φ10@100
LL-2	250×1200	3Φ20	3Φ20		Φ10@100
LL-3	250×1200	3Φ20	3Φ20		Φ10@100
LL-4	250×1200	3Φ20	3Φ20		Φ10@100

名称	墙厚	水平分布筋	垂直分布筋	拉筋
Q-1	250	Φ14@125	Φ8@150	Φ6@450
Q-2	250	Φ12@200	Φ8@150	Φ6@450
Q-3	250	Φ14@150	Φ8@150	Φ6@450
Q-4	250	Φ14@200	Φ8@150	Φ6@450

YAZ-1 14Φ20 Φ14@200
YAZ-2 10Φ20 Φ14@150

YDZ-2 18Φ20 Φ14@125
YDZ-1 3 0Φ20 Φ12@100

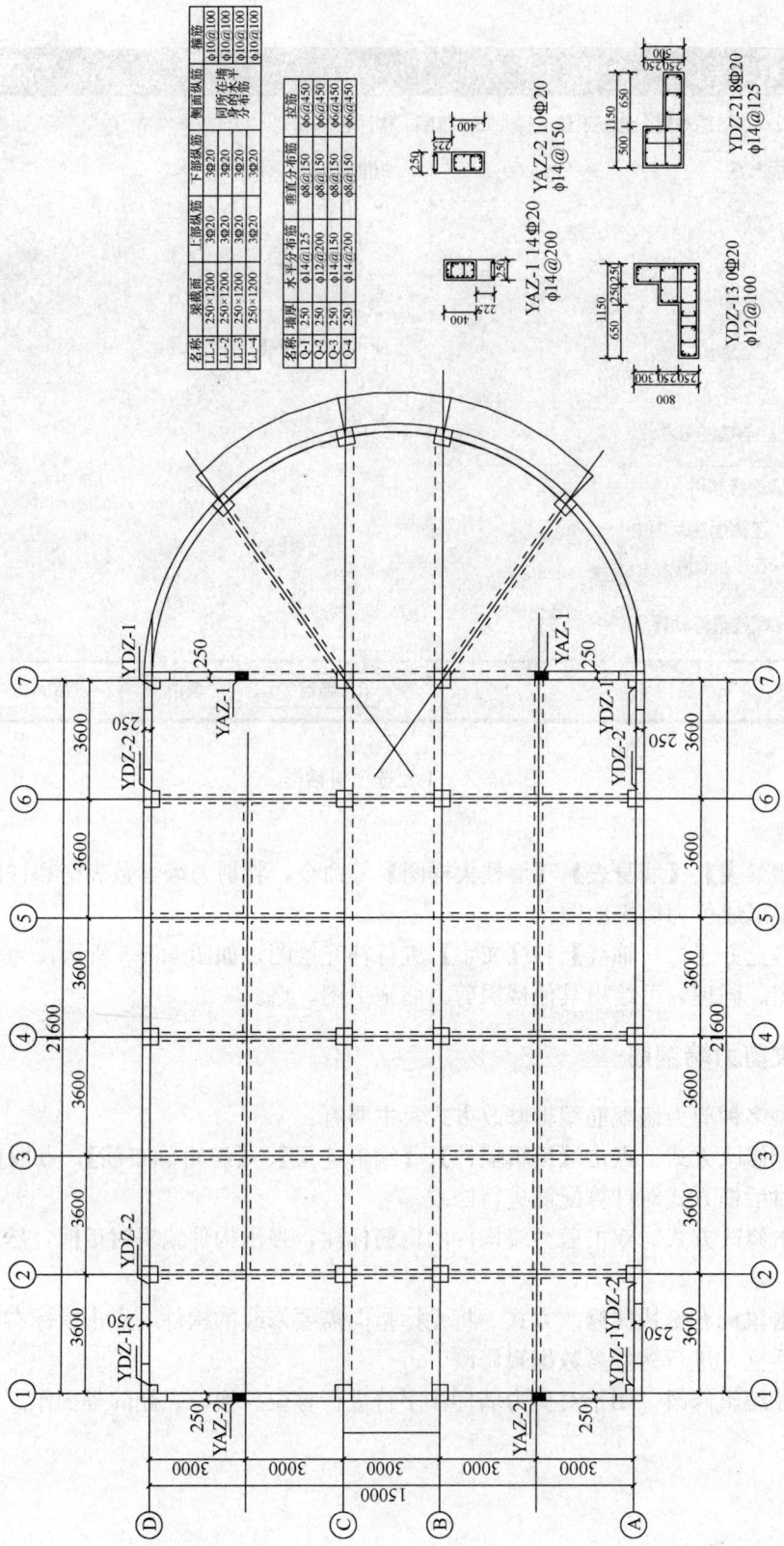

图 4.3-3 一层剪力墙平法施工图

4.4 板施工图绘制

在 PKPM 软件主界面〈结构〉页中选择〈PMCAD〉的第 3 项〈③画结构平面图〉，如图 4.4-1 所示。点击〈应用〉，进入板配筋图绘制环境，屏幕显示首层结构平面布置模板图，如图 4.4-2 所示。

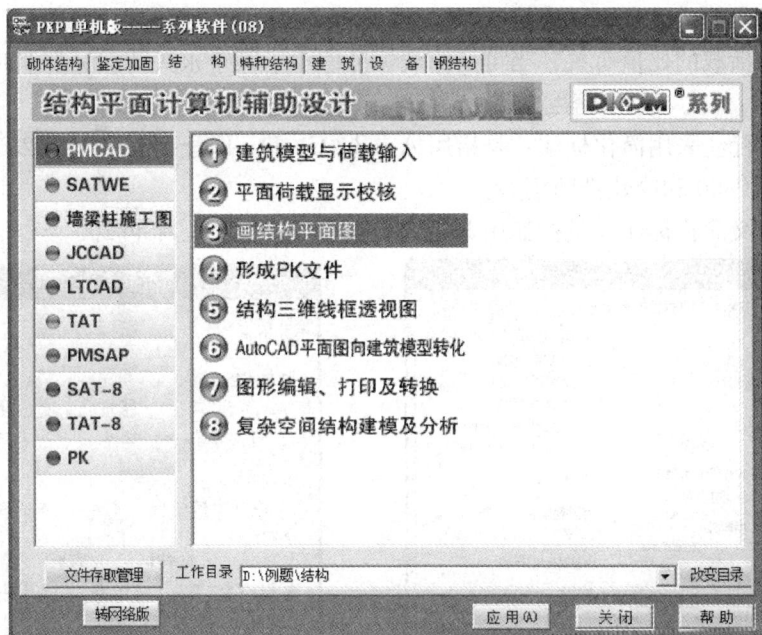

图 4.4-1　板平面图选项

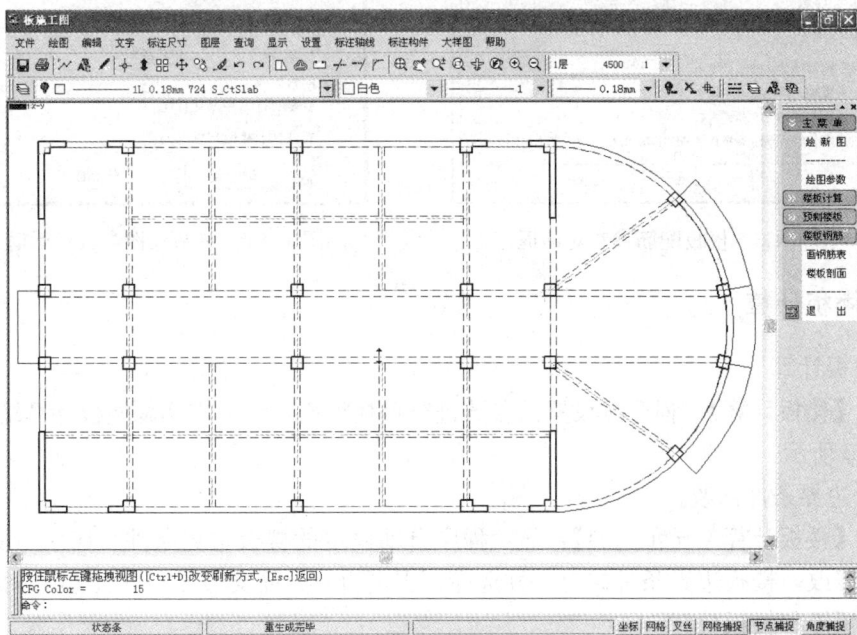

图 4.4-2　板配筋图绘制环境

4.4.1　板参数设置

点击【计算参数】，弹出楼板配筋参数对话框，可对板配筋计算参数、板钢筋级配表、连板及挠度参数进行设置，如图 4.4-3 所示，本例题全部参数取初始值，点击〈确定〉返回。

点击【绘图参数】，弹出绘图参数对话框，如图 4.4-4 所示，本例题全部参数取初始值，点击〈确定〉返回。其中部分参数含义如下：

（1）多跨负筋长度：可以直接选取 "1/4 跨长" 或 "1/3 跨长"，若选取 "程序内定"，跨长与恒载和活载的比值有关，当可变荷载标准值小于等于永久荷载标准值时，负筋长度取跨度的 1/4，反之，则取跨度的 1/3。

（2）钢筋标注采用简化标注：是指用 A、B、C、D、E 分别表示 HPB235、HRB335、HRB400、RRB400 和冷轧带肋钢筋。

（3）自定义简化标注：是指如用 K6、K8 表示 A6@200、A8@200。

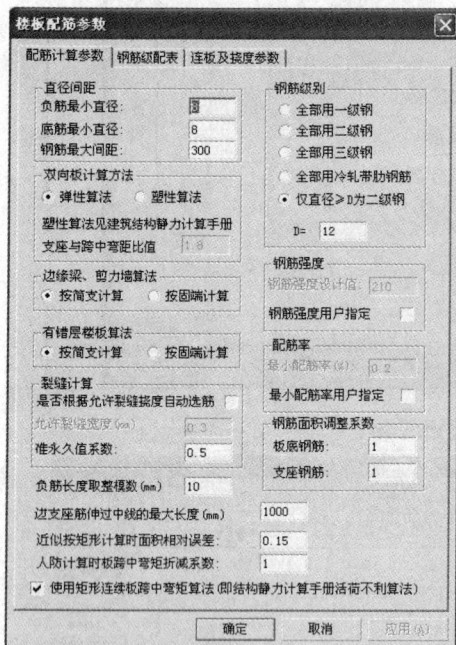

图 4.4-3　楼板配筋参数对话框　　　　图 4.4-4　楼板绘图参数对话框

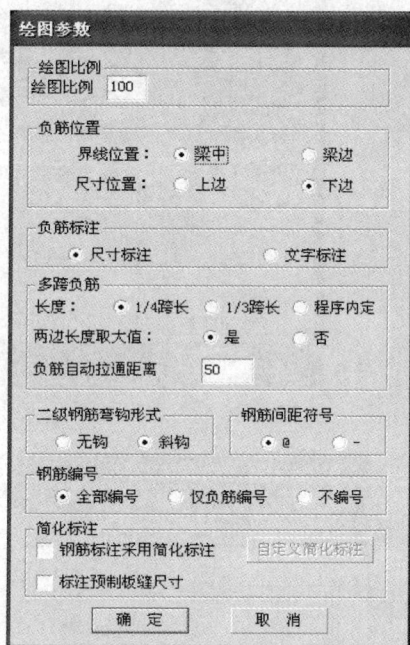

4.4.2　楼板计算

1. 楼板计算

点击【楼板计算】，程序按设置的参数进行楼板配筋计算，本例题楼板计算结果简图，如图 4.4-5 所示。

2. 板边界条件修改

点击【楼板计算 \ 显示边界】，显示程序自动设定的楼板边界条件，如果与实际情况不符可以修改，楼板边界条件共有三种选择：固定边界、简支边界和自由边界。此外，还可以修改板厚和楼板荷载。

点击【自动计算】，程序按用户新设置的楼板参数重新进行计算。

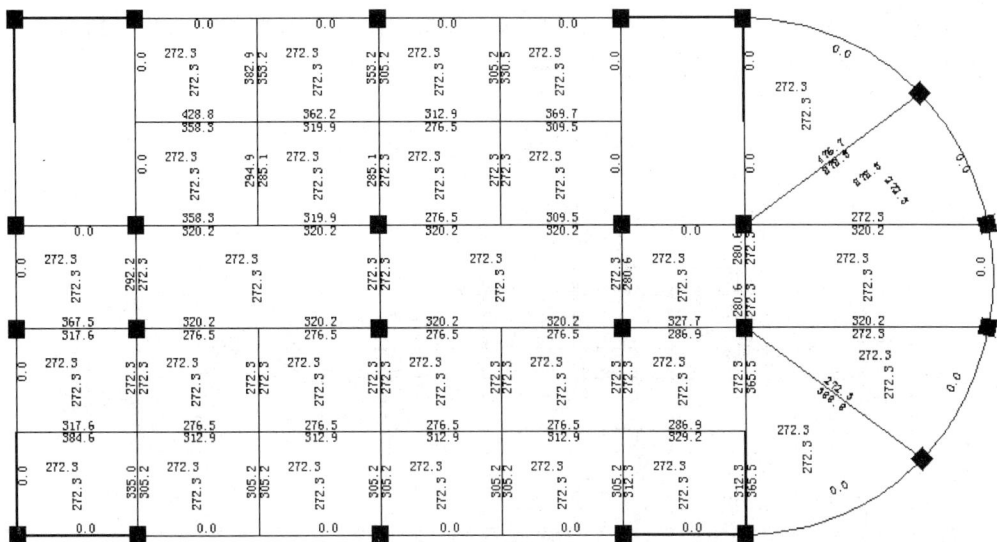

图 4.4-5 板配筋图

3. 计算结果显示

点击【楼板计算】子菜单下的各项命令，可以显示楼板计算的其他结果，如楼板弯矩、计算钢筋面积、实配钢筋面积、楼板裂缝、挠度、剪力和计算书等。

4.4.3 板钢筋绘制

绘制楼板钢筋主要通过【楼板钢筋】子菜单的命令完成。程序提供多种楼板钢筋绘制方式。

（1）逐间布筋。点击【楼板钢筋/逐间布筋】，点选或窗选有代表性的房间画出楼板钢筋，其余相同配筋的房间可不再绘出。

（2）绘制一根（对）楼板钢筋。点击【板底正筋】，选择布置板底筋的方向（X 方向或 Y 方向），然后选择需布置板底筋的房间即可自动绘出板底钢筋。

点击【支座负筋】，选择作为支座的梁、墙、次梁，即可自动绘出负筋。

（3）绘制补强钢筋。点击【补强正筋】或【补强负筋】，程序自动在指定的区域内增加楼板正筋或负筋。

（4）绘制通长楼板钢筋。点击【板底通长】或【支座通长】，程序自动在指定的多跨房间内布置通长正、负筋取代原有的正、负筋，如各房间配筋不同取大值。

（5）在区域内绘制楼板钢筋。点击【区域布筋】，程序自动在指定的区域内布置板钢筋。区域钢筋通常标注垂直钢筋方向的布置范围，同一区域内可以多次标注布置范围，同一方向钢筋可以多次绘出，钢筋表不会重复统计。

（6）绘制标准间钢筋。点击【房间归并/自动归并】，程序将楼板配筋相同的房间归并为一类，统一编号，点击【定样板间】和【重画钢筋】，可以仅在样板间绘制楼板钢筋，与其配筋相同的房间仅标注板号。

（7）绘制楼板洞口附加钢筋。点击【洞口钢筋】，程序自动在指定的规则板洞周边布置附加钢筋。

本例题采用第一种方式，用窗口选择房间，绘制当前层的板配筋图，然后利用屏幕上方相关下拉菜单补充绘图，如图 4.4-6 所示，为二层板配筋图。

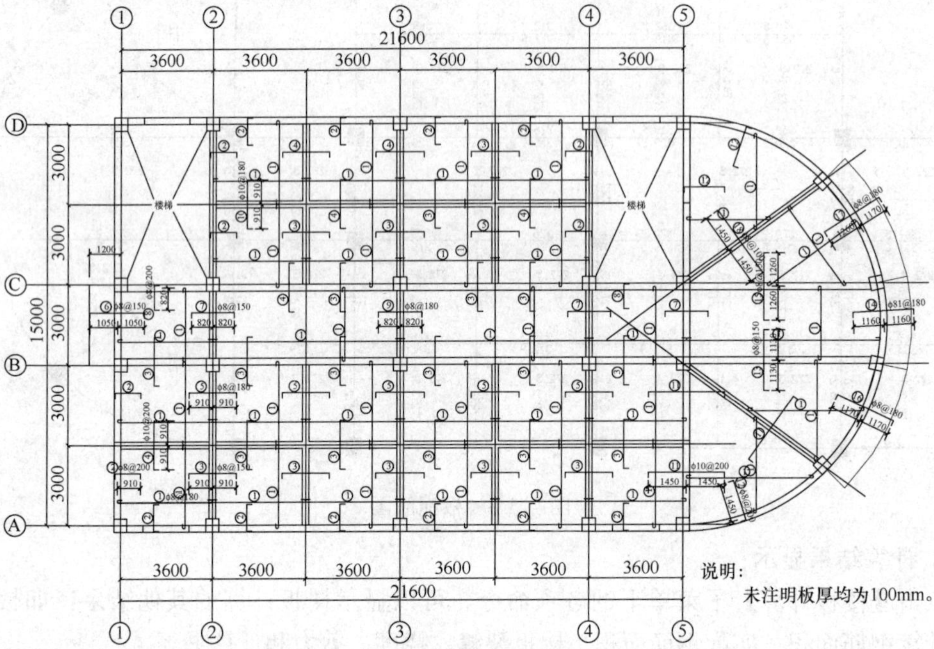

图 4.4-6　二层板配筋图

采用相同方式可以绘制各楼层板配筋图，其中屋面板配筋图，如图 4.4-7 所示。

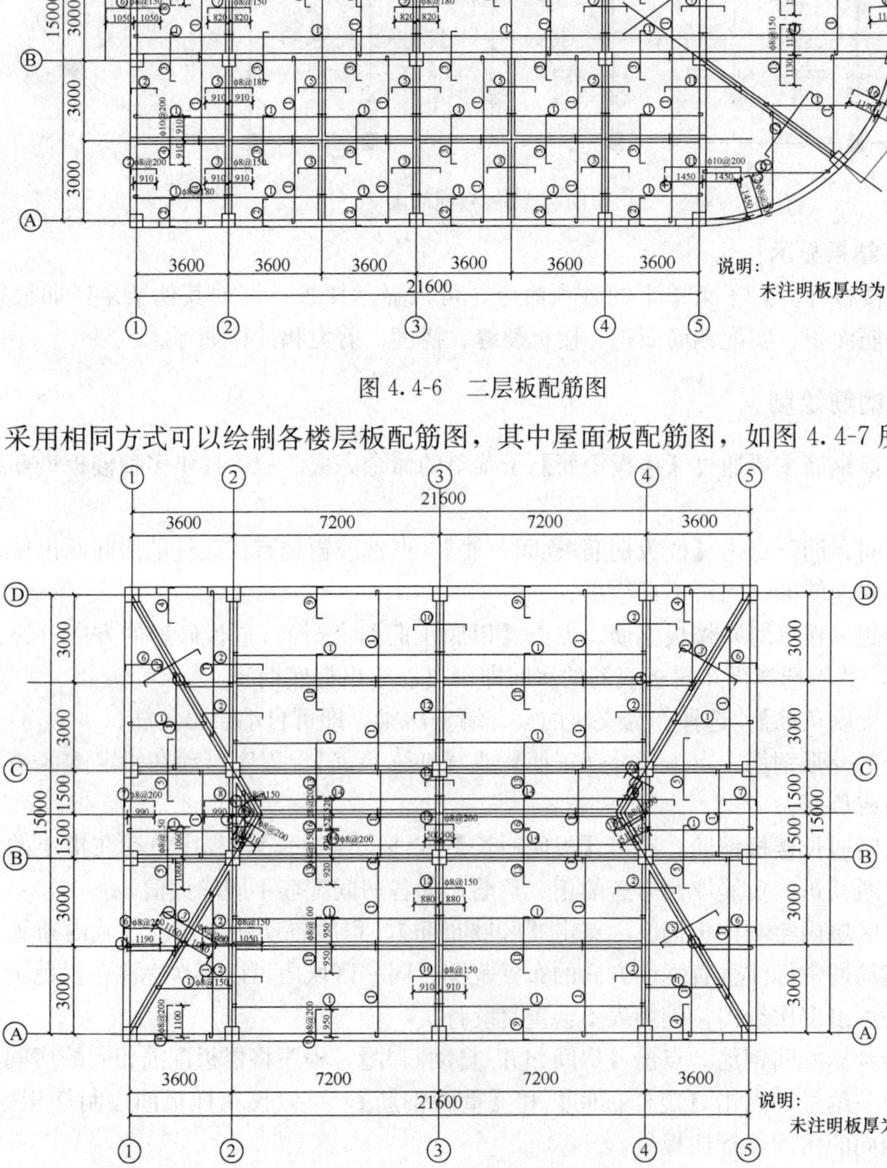

图 4.4-7　屋面板配筋图

4.5   施工图编辑打印转换

在 PKPM 软件主界面〈结构〉页中选择〈墙梁柱施工图〉的第 8 项〈⑧图形编辑、打印及转换〉，如图 4.5-1 所示。点击〈应用〉，进入 TCAD 软件施工图后处理环境。

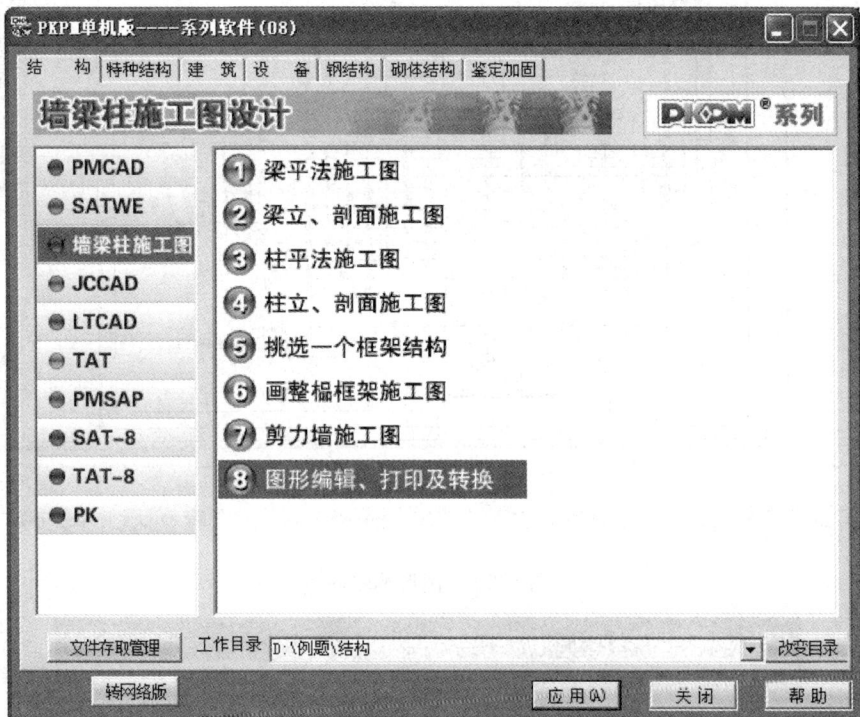

图 4.5-1   图形编辑选项

点击屏幕左上角下拉菜单【文件/打开】，在弹出的文件选择对话框中，选择本例题所在目录下的"施工图"子目录，这里存放着前期生成的各类构件施工图，选择板配筋图"Pm1.t"，如图 4.5-2 所示。

1. 施工图编辑

点击屏幕右侧主菜单【坐标系】、【绘图】、【修改】、【尺寸】、【文字】、【钢筋】等命令，或点击屏幕上方下拉菜单类似命令，可以对已生成的施工图进行修改完善工作。

2. 施工图打印

点击下拉菜单【文件/打印绘图】，在弹出的打印对话框中选择〈打印（P）〉，继续弹出 PKPM 软件打印对话框，如图 4.5-3 所示。设置好绘图参数，点击〈开始打印〉即可打印施工图。

3. 图形转换

点击下拉菜单【工具/T 图转 DWG】、【DWG 转 T 图】、【DWF 转 T 图】、【图形拼接】等命令，可以使已生成的施工图在各类图形格式间进行转换。

4. 其他图形后处理方式

除以上介绍的 TCAD 程序在 CFG 图形平台进行图形后处理方式外，还可以在其他图

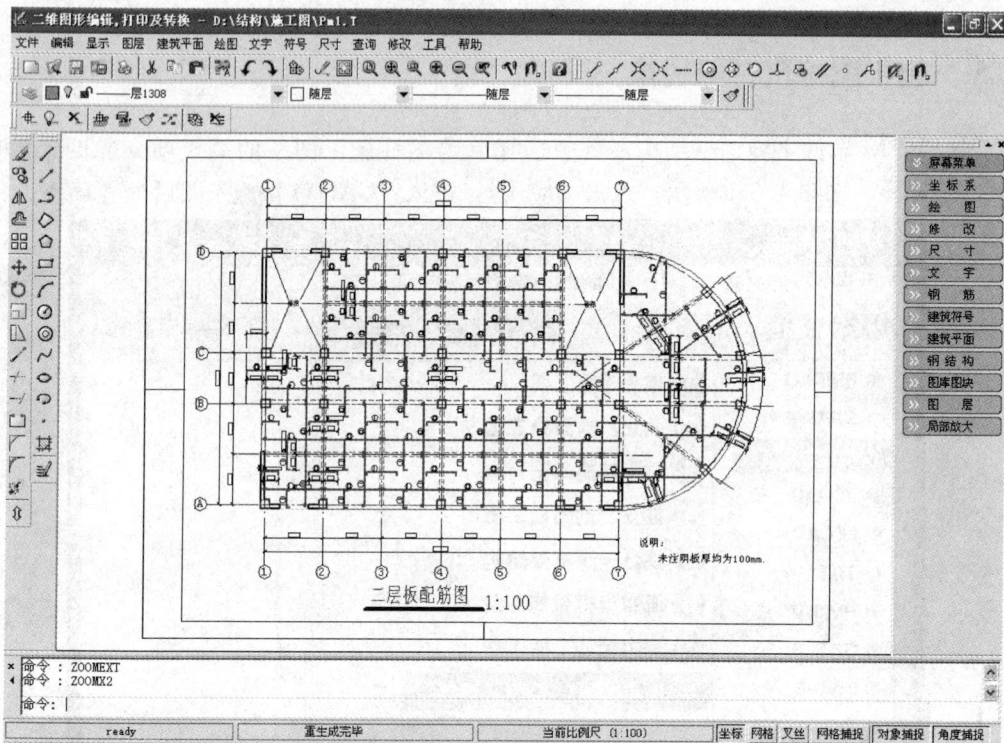

图 4.5-2　图形编辑环境

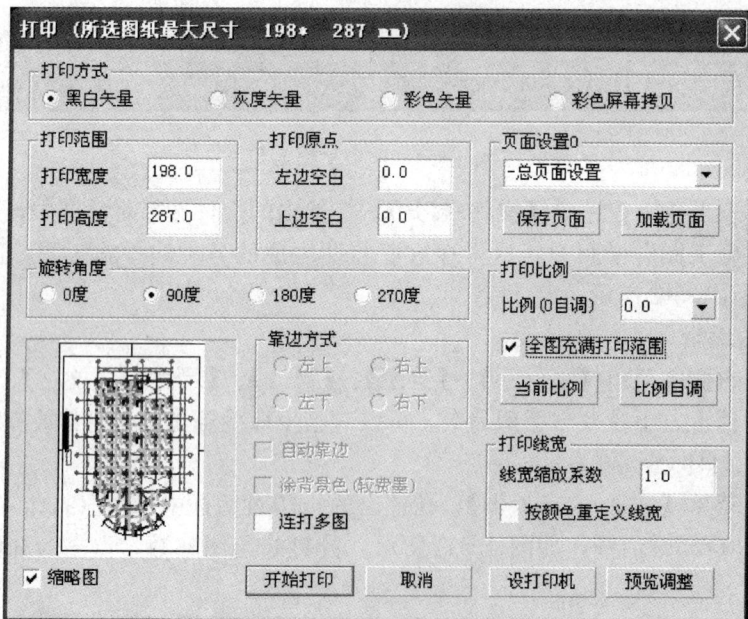

图 4.5-3　打印对话框

形平台进行后处理，如 AutoCAD、TSSD、ZWCAD、ICAD 等，就不一一介绍了。

第5章 JCCAD 基础设计

JCCAD 是 PKPM 结构系列软件中的基础设计软件，它可以完成柱下独立基础、墙下条形基础、桩承台基础、弹性地基梁基础和筏板基础的设计。下面以本教程例题梁筏板基础设计为例，介绍 JCCAD 软件基础设计的主要方法。

5.1 基础地质资料输入

在 PKPM 软件主界面〈结构〉页中选择〈JCCAD〉软件的第 1 项〈①地质资料输入〉，如图 5.1-1 所示，点击〈应用〉，进入地质资料输入环境。

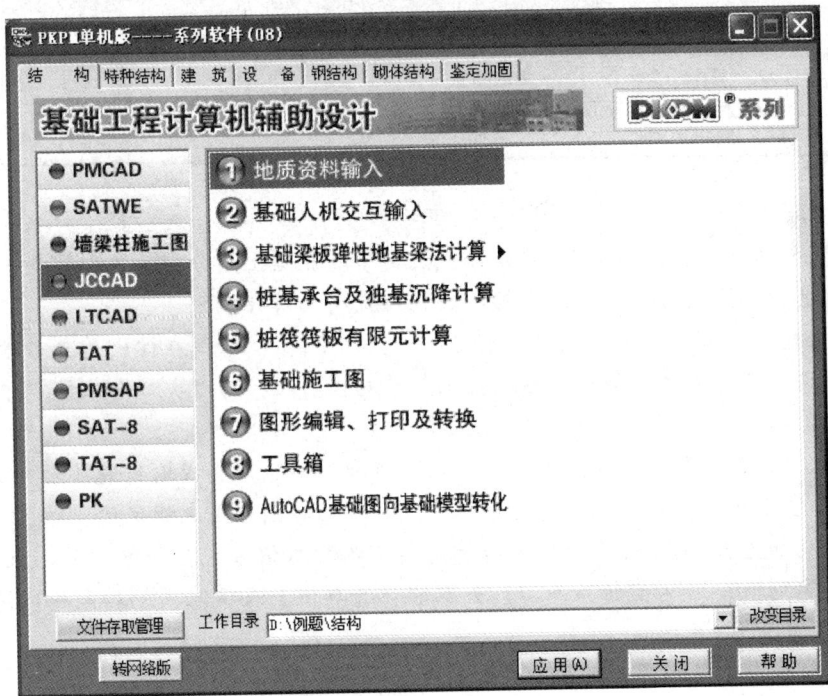

图 5.1-1 地质资料输入选项

地质资料是建筑物场地地基状况的描述，是基础设计的重要依据，应根据地质勘察报告输入地基土质情况，包括：建筑物场地地各个勘测孔的平面坐标、孔口标高、水头标高、竖向土层标高及各层土的物理力学指标。

提示：1) 对摩擦桩基础，地质资料需要输入各层土的全部五个参数：压缩模量、重度、状态参数、内摩擦角和粘聚力。

2) 对无桩基础做沉降计算时，仅需要输入各土层的压缩模量。

5.1.1　标准孔点土层布置

　　程序首先提示给地质资料文件命名，然后进行土层布置，点击【标准孔点】，弹出土层参数对话框，点击〈添加〉，按地质报告输入标准孔点的土层名称和厚度，如图 5.1-2 所示。

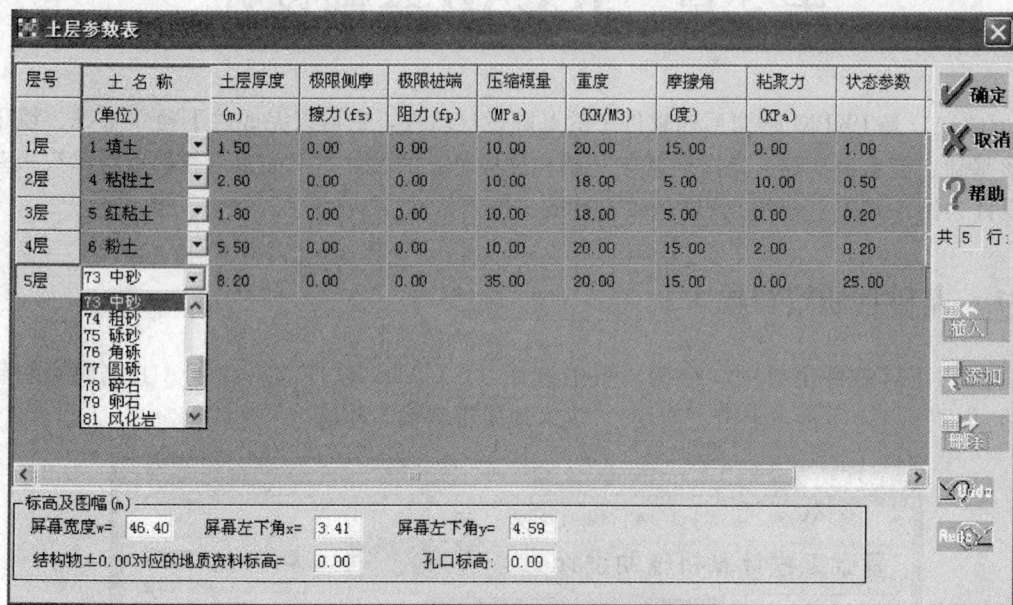

图 5.1-2　土层参数对话框

　　提示：1）所谓"标准孔点"，就是能代表大多数孔点土层分布的典型孔点，以其位置为基准布置其他孔点及修改各孔点土层参数，以提高工作效率。

　　2）不必输入土名称汉字，点取〈土名称〉栏目中的"▼"，在弹出的土名称列表中选择即可。允许土名称重复，例如"砂性粉土"、"粘性粉土"可以去掉形容词"砂性"、"粘性"，仅输入名词"粉土"，并修改该土层参数。

　　3）点取〈添加〉和〈插入〉增加新土层，点取〈删除〉去掉输错或多余的土层。

　　4）屏幕宽度和左下角孔点坐标通常不修改，以后在图中用光标定位。

　　5）〈结构物±0.00 对应的地质资料标高〉有两种取值方式：如取"0"，表示采用相对高程，以建筑±0.00 为坐标系基准；如取非 0 的数值，表示采用绝对高程（海拔高度）为坐标系基准。

　　6）〈孔口标高〉是指勘测孔口的相对标高。

　　7）各孔点土层数必须相同，如有局部夹层使孔点没有某土层时，该土层名保留，但土层厚度输入"0"。

　　8）点击【土参数】弹出默认土参数表，显示程序内定的各类土层参数，用户可以按当地情况修改土参数并保留在数据库中，以后调用时就不用再修改土参数了。

　　9）标准孔点土层参数输入完毕，点击〈确定〉。

5.1.2　输入孔点信息

　　1. 布置标准孔点孔位

点击【输入孔点】，屏幕下方提示："在平面图中点取位置"，在屏幕作图区域的适当位置点击鼠标左键，作为标准孔点的孔位，该点坐标的绝对位置不要求准确。

2. 布置其他孔点孔位

以标准孔点孔位为基准，以相对坐标和米为单位，逐一输入所有勘测孔点的相对位置。本例题标准孔点在左下角，另外三个孔点的相对坐标分别是：（28，2），（3，25），（−32，2）。按［Esc］结束孔点布置后，程序自动用互不重叠的三角形网格将各个孔点连接起来，如图 5.1-3 所示，并用插值算法将孔点之间和孔点外部的场地土情况计算出来。如果需要编辑修改孔点，可以点击【复制孔点】、【删除孔点】命令。

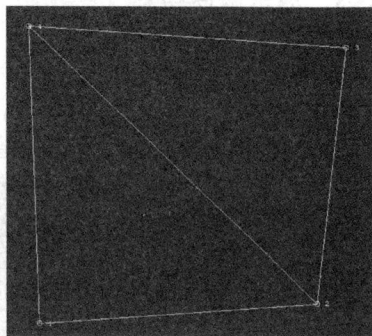

图 5.1-3　孔点网格图

3. 修改其他孔点土层参数

（1）点击【单点编辑】，点取屏幕上已输入的孔点，弹出孔点土层参数对话框，显示的是标准孔点的土参数，按各勘测孔的数据修改表中的参数，如土层底标高、土层参数、孔口标高、探孔水头标高等，孔口位置不必修改。选择〈用于所有点〉，则某土层参数对所有孔点有效。

（2）点击【动态编辑】，程序提供了一种更方便的孔点土层修改方式。首先点取孔点，用【剖面类型】选择土层显示方式：孔点柱状图或孔点剖面图。点击【孔点编辑】，可以对光标所在的被加亮的土层进行增加、删除、修改等操作。点击【标高拖动】，可以对光标所在的被加亮的土层线用动态拖动方式修改其底标高，使修改土参数工作更直观便捷，如图 5.1-4 所示。

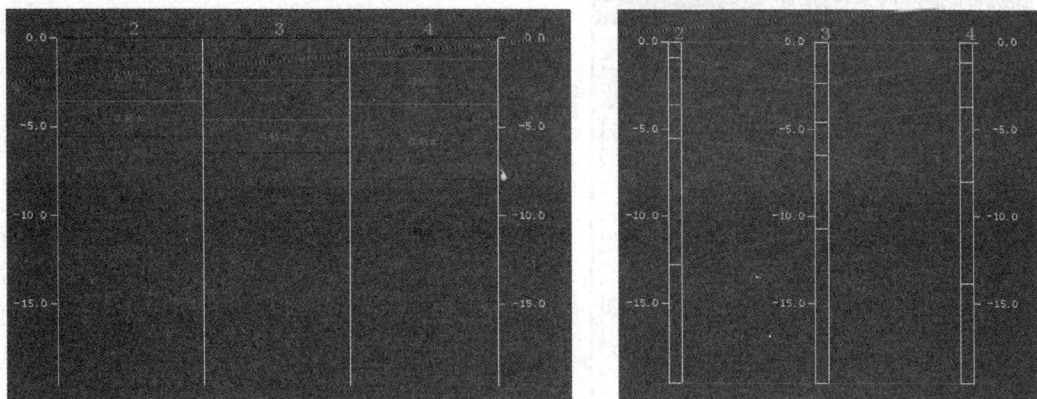

图 5.1-4　孔点剖面图和柱状图修改方式

至此，地质资料输入的主要工作完成，可以直接退出，也可以进行以下图形显示和附加计算工作。

提示： 1）孔点数最少为一个，表示整个场地都与该孔点地质信息相同。

2）孔点间的三角形网格线不允许交叉和重叠，如程序自动生成的网格线有问题应进行人工修改。

3）点击【插入底图】，允许将其他软件，如 AutoCAD 的地质资料孔点位置图作为参考底图，提高孔点输入效率。

5.1.3 显示地质资料

1. 点柱状图

（1）显示孔点土层柱状图，点击【点柱状图】，在屏幕上点取一个孔点（或多个点），按〔Esc〕键退出后，显示孔点土层柱状图，如图5.1-5所示。

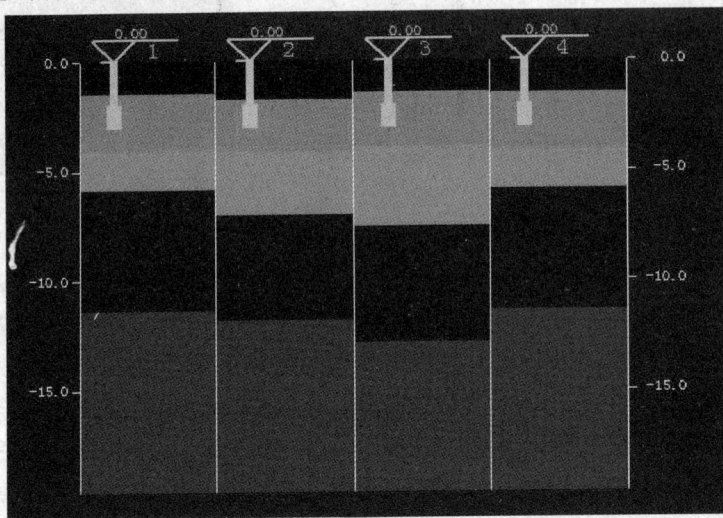

图5.1-5 孔点柱状图

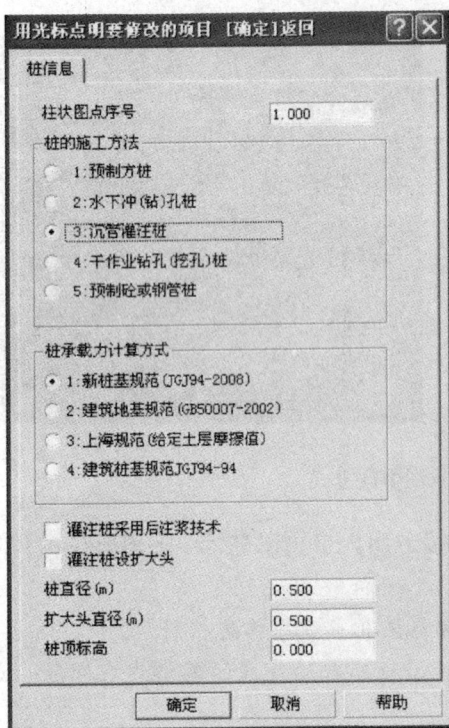

图5.1-6 桩信息对话框

（2）计算单桩承载力，点击【桩承载力】，弹出桩信息对话框，如图5.1-6所示，输入桩类型、桩直径、桩顶标高、承载力计算方式等参数。点击〈确定〉，屏幕上显示在各持力土层不同桩长范围内，桩的竖向力、水平力和抗拔力的特征值及示意图，并且可以按用户在对话框中输入的桩长计算承载力或输入承载力计算桩长，如图5.1-7所示。例如本例题直径500mm，长度10m的沉管灌注桩，按新桩基规范计算的竖向力、水平力和抗拔力分别为416.6kN、51.2kN和353.3kN。

（3）计算基础沉降，点击【参数修改】，弹出沉降计算对话框，选择桩基承台或独基承台，设置各项参数，点击〈确定〉退出对话框。点击【沉降计算】，程序显示承台沉降计算书。因本教程例题不采用桩基础，故从略。

2. 土层剖面图

点击【土剖面图】，在屏幕上点取剖切线位置，显示地基土层剖面如图5.1-8所示。

3. 孔点剖面图

点击【孔点剖面图】，在屏幕上点取各个孔点，显示各孔点土层剖面如图 5.1-9 所示。

4. 等高线图

点击【画等高线】，选择土层或地表、水头，显示指定土层或孔口、探孔水头的等高线，如图 5.1-10 所示。

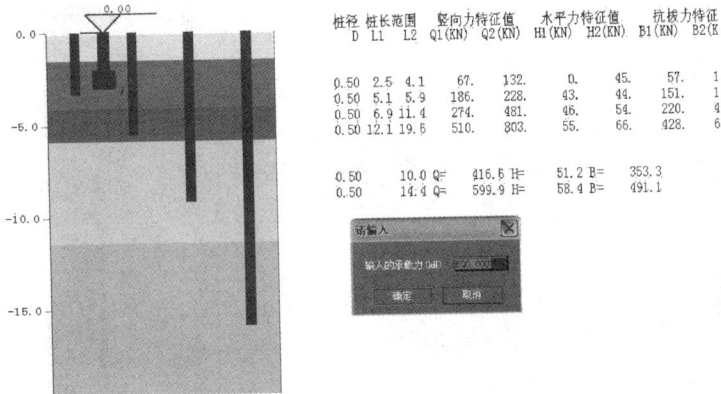

图 5.1-7 桩承载力计算结果

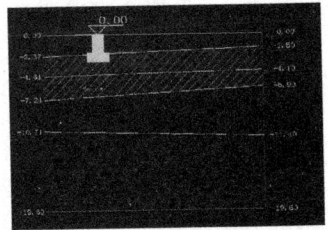

图 5.1-8 土层剖面图

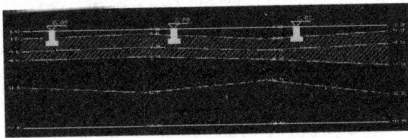

图 5.1-9 孔点剖面图

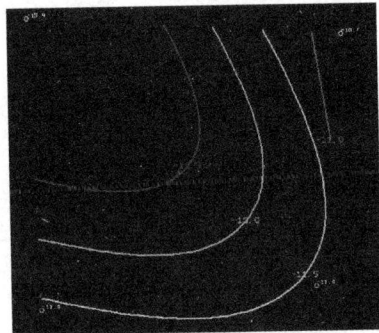

图 5.1-10 土层等高线图

点击【退出】，结束地质资料输入工作，返回 JCCAD 主界面。

5.2 基础人机交互输入

在 PKPM 主界面选择〈JCCAD〉的第 2 项〈②基础人机交互输入〉，弹出请选择对话框，通常继续进行未完成的设计选择"读取已有的基础布置数据"，重新进行设计选择"重新输入基础数据"，程序进入基础交互输入环境，如图 5.2-1 所示。本例题将在这阶段完成基础参数输入，基础荷载输入及梁筏板布置等工作。

5.2.1 调入地质资料

点取【地质资料/打开资料】，选择已建立的地质资料文件名，调入勘测孔位图，用【平移对位】和【旋转对位】命令移动或旋转孔位图，使其与建筑物处于相对合适的位置，

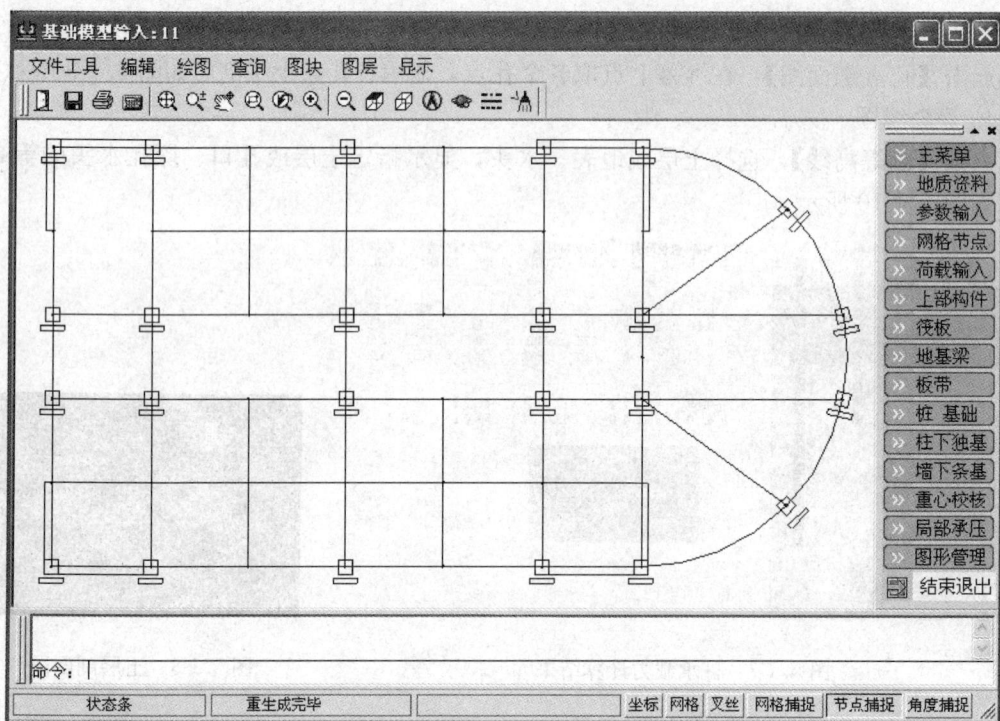

图 5.2-1　基础交互输入环境

如图 5.2-2 所示。

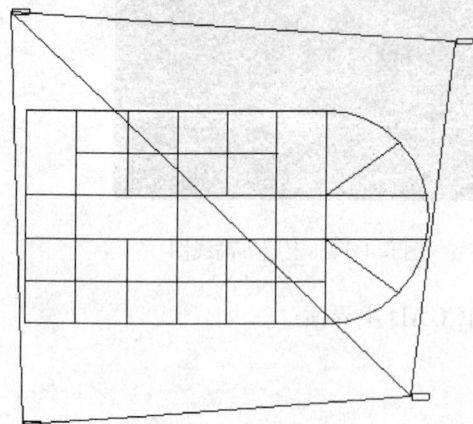

图 5.2-2　调入地质资料

5.2.2　输入基础参数

点击【参数输入/基本参数】，弹出基本参数对话框，共有三页，如图 5.2-3 所示，其主要参数意义如下：

1. 地基承载力计算规范

程序提供了规范规定的五种计算地基承载力的方法。

初始值为"中华人民共和国国家标准 GB 50007—2002——综合法"，本教程例题取初始值。

提示：选择不同的规范，对话框中的项目会根据规范要求有所不同。

2. 地基承载力特征值

地基承载力是指在保证地基强度和稳定的条件下，建筑物不产生过大沉降和不均匀沉降的地基承受荷载的能力。

初始值为 180kPa，本例题取"200"。

3. 地基承载力宽度（深度）修正系数

参考《基础规范》第 5.2.4 条的修正公式。

初始值为不修正，本例题取初始值。

4. 基底以下土的重度（或浮重度）

5. 基底以上土的加权平均重度

初始值为 $20kN/m^3$，本例题取初始值。

提示： 当地下水位较高时，土的重度为考虑水浮力的浮重度。

6. 承载力修正用基础埋置深度

按照《基础规范》第5.2.4条的规定，基础埋置深度一般自室外地面标高算起。对于地下室采用筏板基础时，应自室外地面标高算起，其他情况如独基、条基、地梁等，应自室内地面标高算起。

初始值为 1.2m，本例题改为"2.0"。

7. 自动计算覆土重

➤ 如选择该项，程序按 20kN/m^3 的平均重度计算覆土重，同时〈单位面积覆土重〉隐去。

➤ 不选择该项，程序按用户输入的单位面积覆土重及基础埋深计算覆土重。

初始值为不选择，本例题取初始值。

提示： 该参数仅对独基、条基和桩承台基础有效，其他基础的覆土重另有算法。

8. 拉梁承担弯矩比例

程序根据该比例，使拉梁承担独基或桩承台沿梁方向的弯矩，会减少独基的底面积。

初始值为 0，本例题取初始值。

提示： 1）设置拉梁是为了加强分散基础的整体性，调整柱基础不均匀沉降和减少首层柱的长度，通常该值取 0，不考虑其承担弯矩，

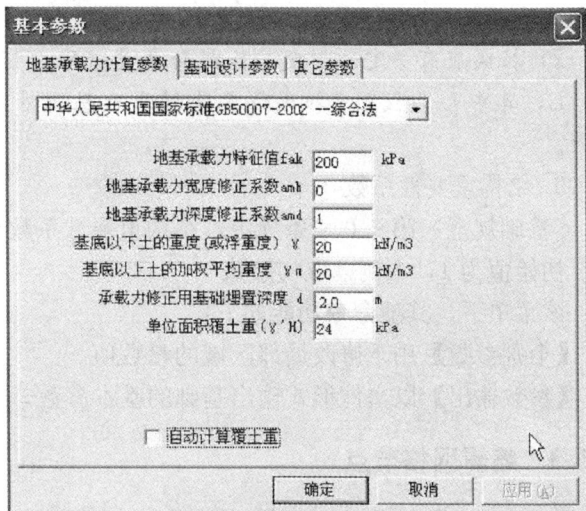

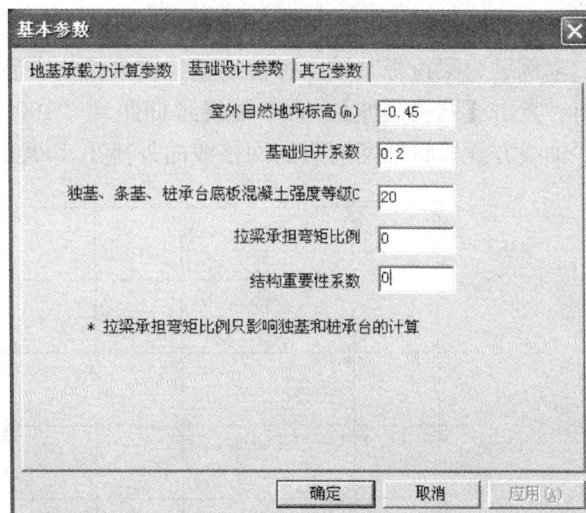

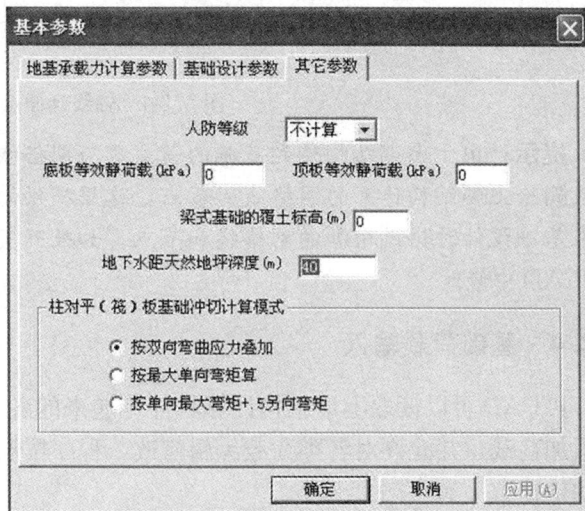

图 5.2-3　基础基本参数对话框

避免减少基础底面积。

2）拉梁应有一定的刚度，其截面高度可取（1/15～1/20）L，宽度可取（1/25～1/35）L，其中 L 为柱距。拉梁位置除桩承台基础外，宜靠近首层底面，按轴心受力构件设计。

9. 结构重要性系数

《基础规范》第 3.0.4 条规定，结构重要性系数不应小于 1.0。

初始值为 1，本例题取初始值。

该菜单下，其他命令功能如下：

【个别参数】用于修改局部区域的参数值。

【参数输出】以文件形式输出基础的基本参数。

5.2.3 编辑网格节点

【网格节点】子菜单下的命令，主要用于增加或删除网格线和节点，以满足基础设计的需要。

本例题为梁筏板基础，弹性地基梁需要挑出布置，为了让地梁挑出，必须先让网格线挑出。点击【网格延伸】，输入轴线延伸距离"1000"，按〔Tab〕键，选择"直接方式"或"轴线方式"将轴网周边的网格线向外挑出 1000mm，如图 5.2-4 所示。

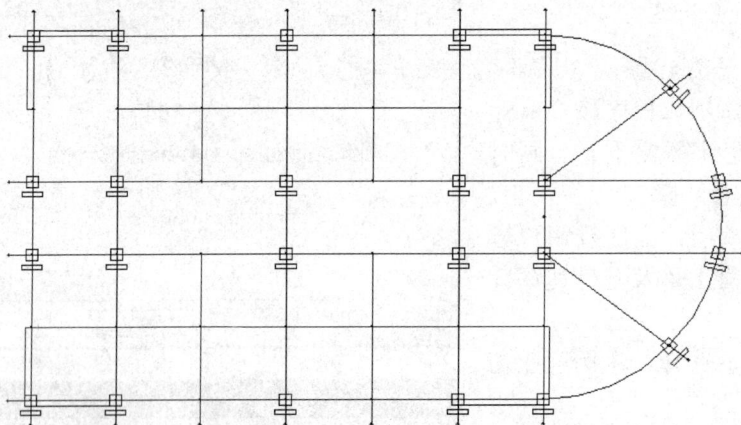

图 5.2-4 轴线延伸示意图

提示：由于上部结构传到基础的荷载都与网格线和节点关联，为防止丢失荷载，通常不应删除上部结构传来的网格线和节点，这里提供的【删节点】、【删网格】是用于删除用户在基础设计时错误增加的网格线和节点。如果确实需要编辑上部结构网格线，建议返回 PMCAD 中修改。

5.2.4 基础荷载输入

JCCAD 可以读取上部结构计算软件传递来的各单工况荷载标准值，还可以由用户输入附加荷载，并允许对各类荷载编辑修改，程序按规范要求对荷载进行组合，作为基础设计的依据。

1. 基础荷载组合

JCCAD 按规范要求生成三类荷载组合：

（1）基本组合，主要用于计算基础内力和配筋。

（2）标准组合，主要用于计算地基承载力和裂缝。

（3）准永久组合，主要用于计算地基变形（沉降）。

提示：程序按规范规定自动生成各类荷载组合，自动选择荷载组合进行相关计算，如有多组荷载组合分别计算取最不利结果，这一过程不需要人工干预。

2. 输入荷载参数

点击【荷载参数】，弹出输入基础荷载组合参数对话框，如图 5.2-5 所示，主要参数含义如下：

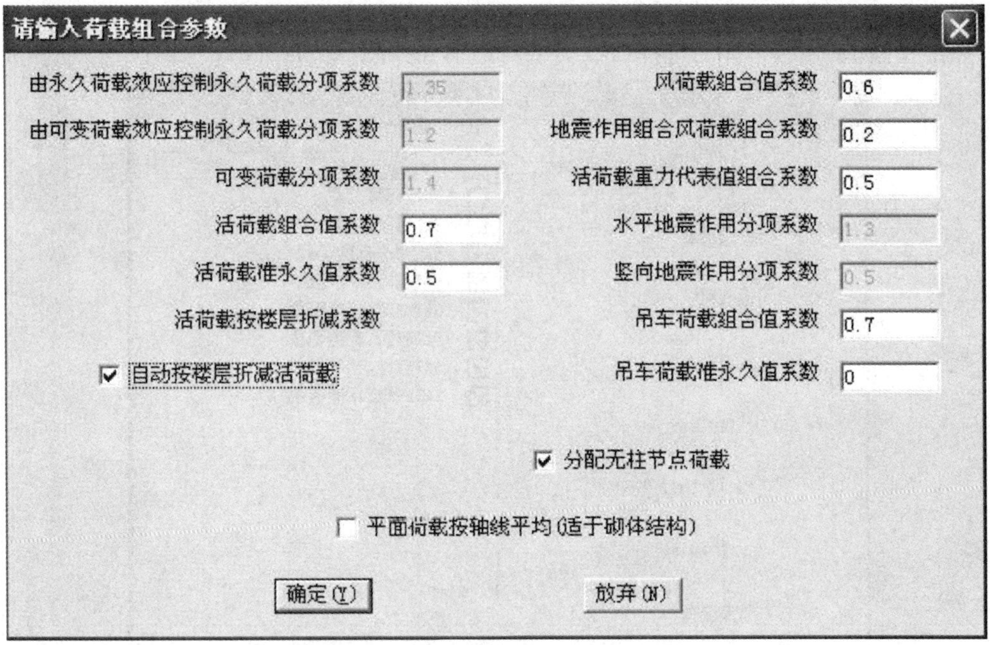

图 5.2-5　基础荷载组合参数对话框

（1）活荷载组合值/准永久值系数。《荷载规范》第 4.1.1 条规定了民用建筑楼面均布活荷载的标准值及其组合值、频遇值和准永久值系数。

初始值为 0.7/0.5，本教程例题取初始值。

提示：灰色显示的参数项一般不需要设置，如确实需要修改，可以双击该参数使其变为黑色后再修改。

（2）活荷载按楼层折减系数。《荷载规范》第 4.1.2 条规定了设计基础时的折减系数值。

初始值为 1，本例题勾选"自动按楼层折减活荷载"。

提示：JCCAD 软件不能读取上部结构计算软件按楼层的活荷载折减系数，仅读取内力标准值自行进行组合，因此基础设计须重新输入按楼层的活荷载折减系数。

（3）分配无柱节点荷载。设计砌体结构墙下条形基础时，如采用 PM 荷载应选择该项，程序将墙间无柱节点荷载和无基础柱（构造柱）上的节点荷载分配到节点周围的墙上，使基础既不丢失荷载，又避免在条基中生成独基。

初始值为选择，本例题取初始值。

提示：砌体结构基础设计时，如采用 PM 荷载应选择该项，还应执行【无基础柱】命令，使指定区域内不生成独立基础。

3. 输入附加荷载

点击【附加荷载】，可以输入基础上部（地上一层）的填充墙或设备的荷载。通过【加点荷载】、【加线荷载】命令，将附加荷载布置到网格上，如布置错误，用【删点荷载】、【删线荷载】取消。本例题应在外围有填充墙的轴线上布置附加线荷载，具体操作略。

4. 读取上部结构荷载

点击【读取荷载】，弹出选择荷载类型对话框，如图 5.2-6 所示。

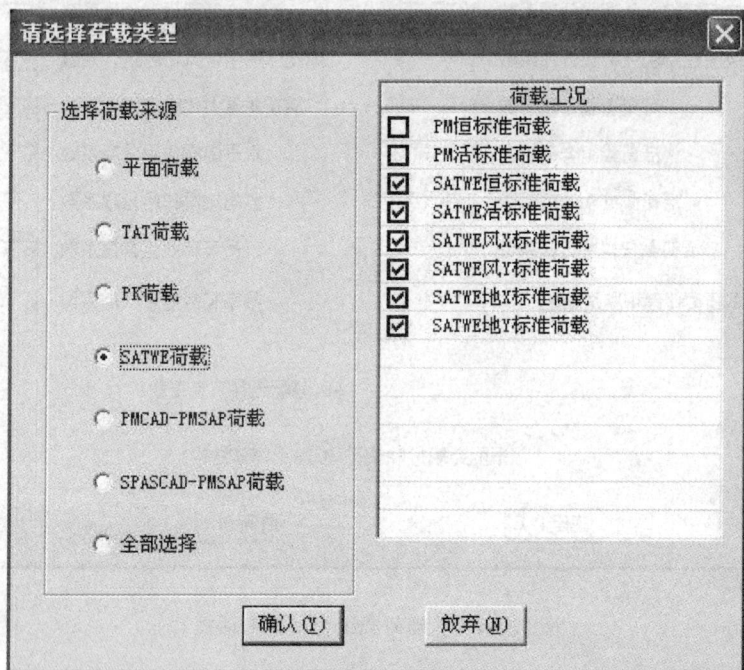

图 5.2-6　基础荷载类型对话框

选择荷载的原则是：

（1）对独基、桩承台等离散基础，应选择荷载组合较多的进行计算，以考虑最不利荷载组合的影响。

（2）对地梁、筏板等整体基础，应选择与上部计算软件相同的荷载组合。

（3）对砌体结构的条形基础，应选择 PM 荷载或砖混荷载（都称为平面荷载）。

提示：1）选择荷载可以选对话框左边的一类或全部，也可以在对话框右边直接点选。

2）已输入的附加荷载和上部结构传来的各工况标准荷载，可以用【荷载编辑】命令进行修改和复制。

3）若选择 PK 荷载，必须先执行【选 PK 文件】，准备 PK 荷载数据。

4）砖混荷载和 PM 荷载都可以用于砌体结构的墙下条基设计，但砖混荷载同一轴线上的连续墙体荷载相同，且无节点荷载，因此不宜用于层高不同的砌体结构基础设计，此时应采用 PM 荷载。

5. 基础荷载显示

点击【当前组合】，屏幕显示选择的荷载组合值，用于检查校核荷载组合情况。

点击【目标组合】，屏幕显示选择的荷载组合极限值，如最大（小）轴力、最大（小）偏心距、最大（小）弯矩等。

提示：PK、STS 吊车荷载可以传给独立基础和桩承台基础，但不能传给地梁和筏板基础，温度荷载和特殊风荷载也不能传递给基础，需要人工补充输入。

5.2.5 布置基础上部构件

点击【上部构件】，显示布置上部构件子菜单，各命令功能如下：

（1）【框架柱筋】：用于人工定义与基础相连楼层的框架柱钢筋，使基础施工图能正确绘制柱插筋。

提示：如果生成过与基础相连楼层的全部框架柱施工图，并在退出时选择将柱数据保存在数据库中，基础施工图也能正确绘制柱插筋。

（2）【填充墙】：用于布置基础上部的填充墙。

提示：通常基础设计不需要输入上部填充墙，而用【附加荷载】命令将墙的荷载布置在相应位置，除非在填充墙下布置条形基础需要用此命令。

（3）【拉梁】：用于布置独立基础或桩承台基础之间的拉梁。

提示：如果拉梁上有填充墙，应将填充墙和拉梁的荷载折算为节点荷载输入到拉梁两端的节点上，因为拉梁没有导荷和计算功能。

（4）【圈梁】：用于布置砌体结构基础中的地圈梁。

（5）【柱墩】：用于布置平筏板上的柱墩，提高筏板抗冲切力。

本例题不需要布置基础上部构件。

5.2.6 布置筏板基础

本例题基础为梁筏板，具体操作方法如下：

1. 筏板布置

点击【筏板/围区生成】，弹出选择筏板标准截面对话框，选择〈新建〉，弹出筏板定义对话框。本例题输入筏板厚度"800"mm，板底标高"－2"m，如图 5.2-7 所示。点击〈确认〉，返回上级对话框。

点击〈布置〉，弹出筏板挑出宽度对话框，输入筏板挑出宽度"1000"mm，不选择〈布置子筏板〉，点击〈确认〉，如图 5.2-8 所示。

以围区方式，用封闭多变形围区线包围需要生成筏板的区域，包围完成后点击 [Esc] 键，屏幕下方提示："确定/取消（Y [Enter] /N [Esc]）"，敲 [Y] 键或回车键确认。程序自动生成指定挑宽的筏板，点击〈退出〉，生成的筏板基础如图 5.2-9 所示。

提示：1）一个工程最多布置 20 块筏板（含子筏板）。

2）布置加厚或带坑筏板的方法是在主筏板中布置子筏板，但板边不得交叉或重叠。

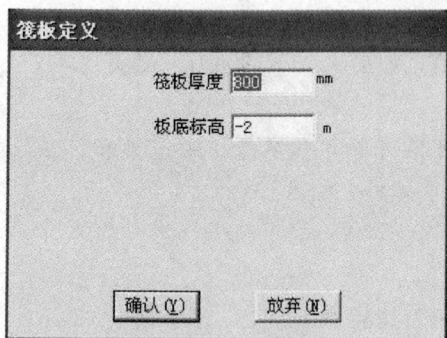

图 5.2-7 筏板定义

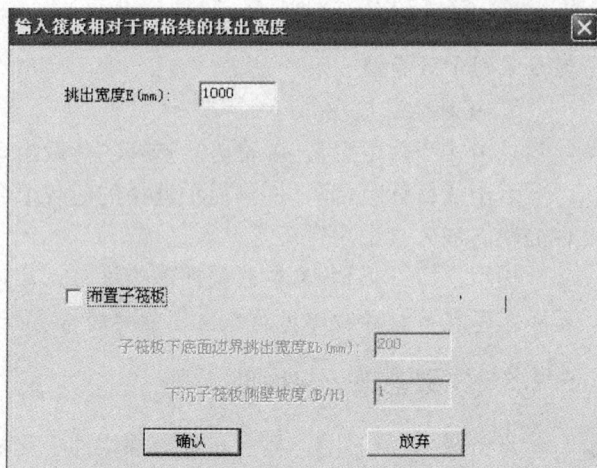

图 5.2-8 筏板设置

2. 输入筏板荷载

点击【筏板荷载】，在筏板中任意位置点击鼠标右键，弹出输入筏板荷载对话框，输入各项有关筏板覆土重的荷载值，如图 5.2-10 所示。

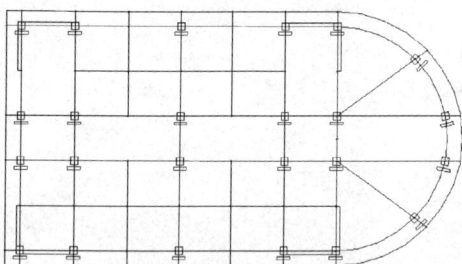

图 5.2-9 筏板生成

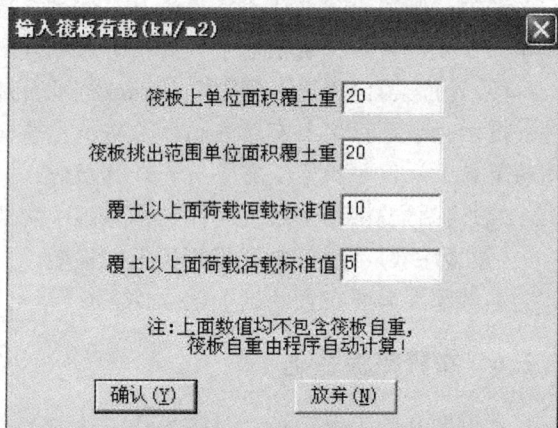

图 5.2-10 筏板荷载对话框

3. 筏板冲切计算

点击【柱冲切板】，屏幕上显示柱对筏板的冲切计算结果，绿色数字表示满足规范冲切要求，红色数字表示不满足规范要求需要进行调整，如增加板厚或布置柱墩。冲切计算完成，屏幕显示柱对筏板的冲切计算书，从输出数据中可知，本例题满足冲切要求。

5.2.7 布置弹性地基梁基础

点击【地基梁】显示地基梁子菜单，布置弹性地基梁有三种方式，本例题采用第一种方式，点击【地梁布置】，弹出选择地梁标准截面对话框，选择〈新建〉，弹出地梁定义对话框如图 5.2-11 所示。定义梁宽 "500" mm，梁高 "800" mm，梁底标高 "−2" m，选择〈筏板肋梁或矩形梁〉，即采用矩形地梁，以筏板作为地梁的翼缘，翼缘偏心取 "0"。

点击〈确认〉，返回上级对话框。

在地梁定义表中选择该梁，点击〈布置〉，按［Tab］键，选择适合的布置方式，将地梁布置在主梁所在的网格线上，点击〈退出〉，完成地梁布置，如图 5.2-12 所示。

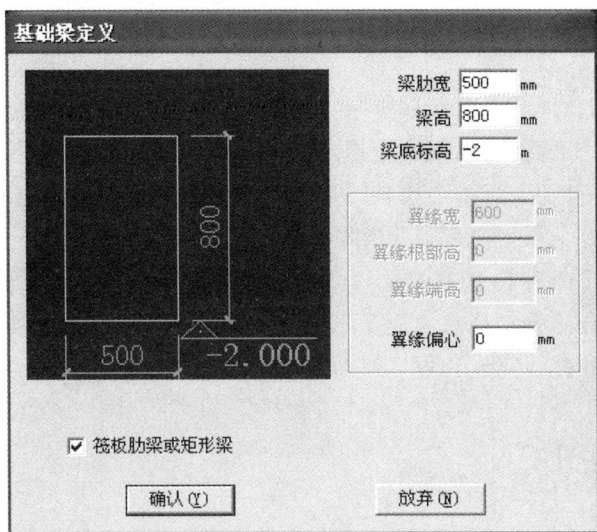

图 5.2-11　地梁定义对话框

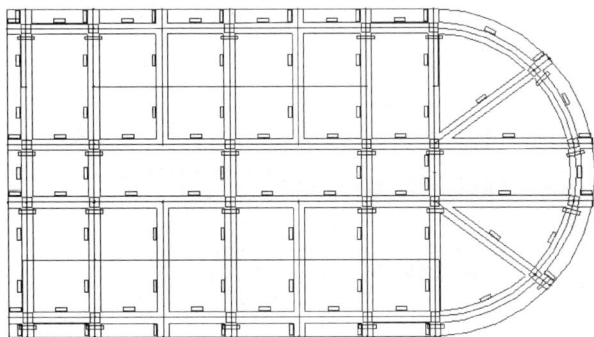

图 5.2-12　地梁布置图

图 5.2-13　基础模型三维显示图

5.2.8　基础校核

1. 基础重心校核

点击【重心校核/选荷载组】，弹出选择荷载组合类型对话框，选择荷载组合后，程序计算该荷载组合总值及合力作用点坐标显示在屏幕下方。

点击【筏板重心】，程序计算筏板重心和形心坐标，板底反力和地基承载力。本例题满足重心校核要求。点击【清理屏幕】，屏幕刷新去掉显示数据。

2. 局部承压校核

点击【局部承压/局压柱】，显示柱对梁筏板基础的局部承压计算结果和计算书，如显示数值为绿色满足规范要求，如显示数值为红色不满足规范要求。本例题局部承压满足要求。

3. 基础模型校核

点击【图形管理/三维显示】和【OPGL 方式】，在按住［Ctrl］键的同时，按住鼠标中轮移动鼠标，将透视图调整到合适的角度，如图 5.2-13 所示，该图用于检查基础建模的正确性。需要返回基础平面图，点击【二维显示】。

4. 退出基础交互输入

点击【结束退出】，屏幕上对话框提示："弹性地基梁基础退出时是否显示地基承载力验算结果"，选择显示。屏幕对话框继续提示梁翼缘是否修改，本例题选择"不修改，继续下面的操作"。程序自动进行重心校核，显示各荷载组合的筏板重心和形心坐标，板底反力和地基承载力验算结果。全部显示完毕，返回 PKPM 主界面。

提示：程序提供了两种筏板重心校核方法，用【重心校核】命令没有考虑水浮力影响，而退出时自动进行的重心校核考虑了水浮力，因此两者计算结果会有一定的差异。

至此，基础建模和校核完成，可以进行基础内力、配筋、沉降等计算。

5.3 基础板元法计算

5.3.1 JCCAD 基础计算方法

除了柱下独基、墙下条基在基础人机交互输入阶段，同时完成基础布置和承载力、冲切、配筋等计算（沉降计算除外），其他类型基础的计算分析由 PKPM 主界面 JCCAD 软件的第 3、4、5 项完成，如图 5.3-1 所示，各项计算功能如下：

（1）〈基础梁板弹性地基梁法计算〉，简称"梁元法"，其主要适用于计算分析弹性地

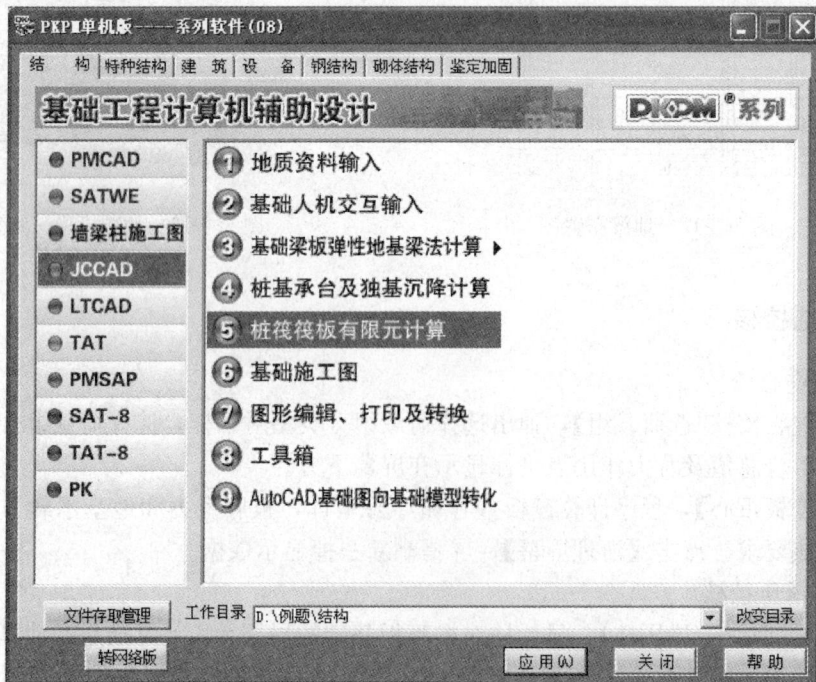

图 5.3-1　基础计算选项

基梁及以梁为主的较薄梁筏板（板作为梁的翼缘按 T 形梁考虑），及布置板带的柱下平筏板和布置暗梁的墙下平筏板，还可以计算条形基础和独立基础的沉降。

（2）〈桩基承台及独基沉降计算〉，主要适用于计算分析桩承台基础，及计算柱下独立基础的沉降。

提示：其实桩承台基础在人机交互输入时即完成了全部计算，可以直接出基础施工图，不必再做计算。但为了与旧版本软件衔接，此处仍保留了桩承台基础的计算。

（3）〈桩筏筏板有限元计算〉，简称"板元法"，其考虑梁与板的共同作用，按桩筏和筏板基础有限元计算，适用于计算分析平筏板、梁筏板、桩筏板、地基梁、带桩地梁、桩承台等多种类型的基础，是 JCCAD 软件中计算功能最强的程序。

本例题的梁筏板基础采用板元法计算分析。

5.3.2　板元法计算参数设置

在 PKPM 主界面选择〈JCCAD〉的第 5 项板元法计算，通常第一次进入时选择"第一次网格划分"，以后再进入时选择"在原有基础上修改或计算"。点击【模型参数】，弹出计算参数对话框，如图 5.3-2 所示。板元法参数较多，现将主要参数介绍如下：

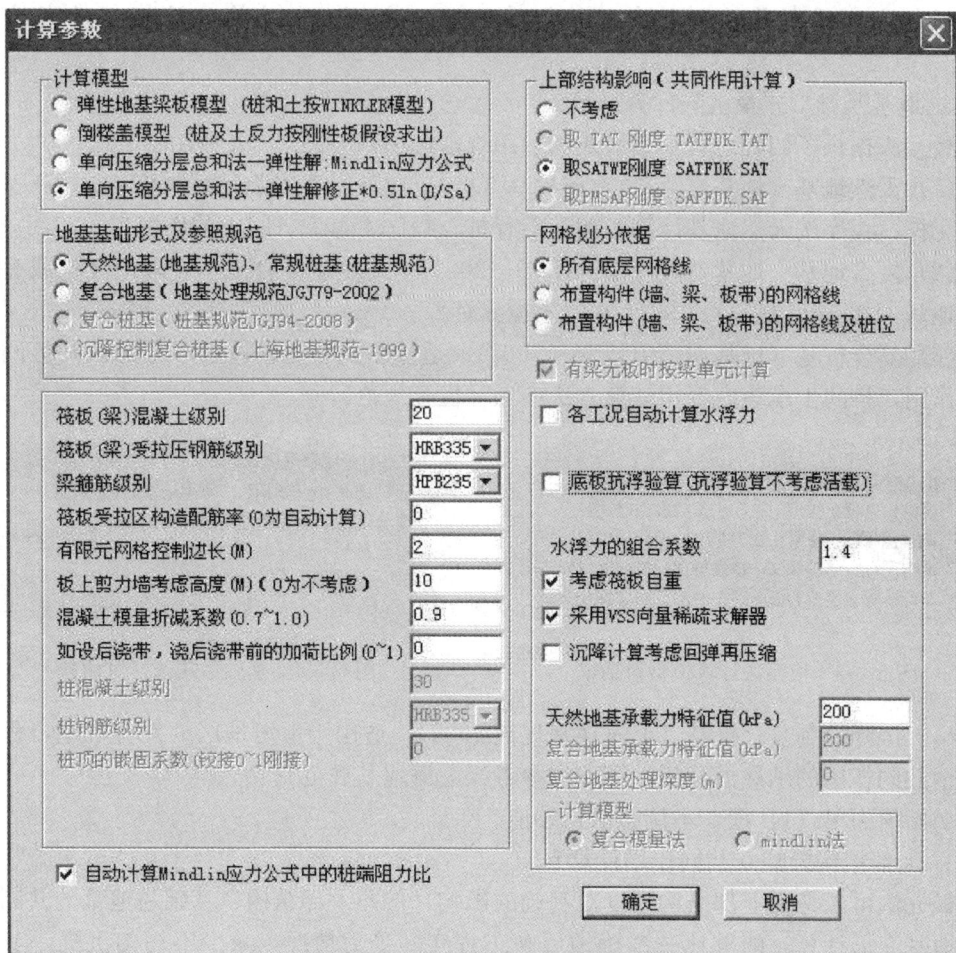

图 5.3-2　板元法参数对话框

1. 计算模型

板元法提供了四种基础计算模型，如图 5.3-3 所示，分别是：

（1）弹性地基梁板模型（桩和土按 WINKLER 模型）为简化模型，适合上部结构刚度较小，筏板基础较薄，非粘性土质的情况。

（2）倒楼盖模型（桩及土反力按刚性板假设求出），按刚性板假定计算桩及土反力，适合上部结构刚度较大，筏板基础较厚的情况。

（3）单向压缩分层总和法——弹性解：Mindlin 应力公式，采用《基础规范》推荐的桩基、筏基分层总和沉降计算方法，适合上部结构刚度较小，粘性均匀的土质情况。

（4）单向压缩分层总和法——弹性解修正 $* 0.5\ln (D/Sa)$，是对（3）改进的计算方法，在弹性应力叠加时考虑应力扩散的局限性，其应用范围更广泛。

初始值为第（1）计算模型，本例题选择第（4）计算模型。

提示：1）在没有经验时，建议先选择程序初始的计算模型，如对计算结果不满意，再选其他计算方法。如设计经验丰富，可以直接选择与工程和当地土质相符合的计算模型。

2）由于地基土质情况的复杂性和基础模型假定的不确定性，给基础分析计算带来了很大难度，因此必须进行反复试算对比，与手工复核结果比较，与成功的设计经验对照，才能得到符合工程实际的计算结果，这与地上结构的设计分析有很大的不同。

2. 地基基础形式及沉降计算规范

板元法提供了四种地基基础形式和适用规范选项，如图 5.3-4 所示：

（1）天然地基（地基规范）、常规桩基（桩基规范），适用于天然地基和常规桩基，如基础无桩，程序按天然地基计算，如基础有桩，程序不考虑桩间土的作用。

（2）复合地基（地基处理规范 JGJ 79—2002），适用于复合地基，采用无桩或有桩的复合地基，如 CFG 桩、石灰桩、水泥土搅拌桩等。

（3）复合桩基（桩基规范 JGJ 94—2008），适用于复合桩基，程序考虑桩和桩间土的共同作用，桩间土承载力分担计算方法参考《桩基规范》。

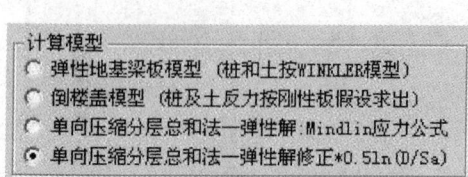

计算模型
- 弹性地基梁板模型（桩和土按WINKLER模型）
- 倒楼盖模型（桩及土反力按刚性板假设求出）
- 单向压缩分层总和法-弹性解:Mindlin应力公式
- 单向压缩分层总和法-弹性解修正*0.5ln(D/Sa)

地基基础形式及参照规范
- 天然地基(地基规范)、常规桩基(桩基规范)
- 复合地基（地基处理规范JGJ79-2002）
- 复合桩基（桩基规范JGJT94-2008）
- 沉降控制复合桩基（上海地基规范-1999）

图 5.3-3　板元法计算模型对话框　　　　图 5.3-4　基础形式选择对话框

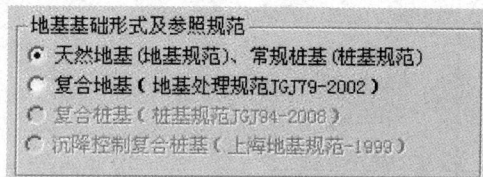

（4）沉降控制复合桩基（上海地基规范 1999），适用于上海地区的复合桩基，程序对桩与土共同作用的承载力分担计算方法参考《上海地基规范》。

初始值为第（1）项，本例题取初始值。

3. 上部结构影响（共同作用计算）

板元法可以考虑上部结构刚度对基础的影响，按照上部结构、基础与地基的共同作用进行地基变形计算，能够比较准确地反映工程实际受力情况，减少不均匀沉降，节省配筋。程序共设有四个选项，如图 5.3-5 所示。

初始值为不考虑，本例题选择"取 SATWE 刚度"。

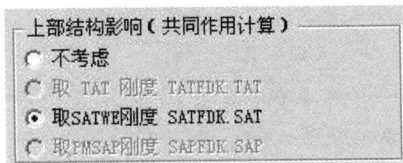

图 5.3-5　上部结构影响对话框

提示：1）通常上部结构计算使用什么软件，基础计算时就选择该软件凝聚的上部刚度。

2）如考虑上部刚度，在上部结构计算时应选择〈生成传给基础的刚度〉。

4. 有限元网格划分依据

JCCAD 软件的筏板网格划分程序做了较大改进，提高了处理复杂网格的能力。程序提供三种有限元网格划分方式：（1）依据所有底层网格线；（2）依据构件的网格线；（3）依据构件的网格线及桩位。

初始值为第（1）项，本例题取初始值。

提示：1）桩筏板网格划分宜选择第（3）项，以保证柱和桩位于网格节点上，剪力墙位于网格线上，其他筏板可以选择前两项。

2）如果用户对程序自动划分的网格不满意，可以用【网格调整】命令编辑网格线。

5. 有限元网格控制边长

基础有限元计算精度与网格数量有关，通常网格划分越精细，计算结果越准确，但这样会大大耗费计算机资源，甚至发生应力集中现象。合理选择网格密度的做法是，先大概确定一个网格尺寸，再逐步细分网格，根据计算结果收敛程度，判断并确定满意的网格密度。通常每个房间划分的网格数不宜少于 4 个。

初始值为 2m，本例题取初始值。

6. 板上剪力墙考虑高度（0 为不考虑）

TAT 软件对筏板上的剪力墙按深梁考虑，剪力墙越高，其刚度对筏板刚度的影响越大，参数取值越大。SATWE 软件不考虑该参数。

初始值为 10，表示 TAT 计算剪力墙时按 10m 高的深梁考虑，本例题不考虑此参数。

7. 如设后浇带，浇后浇带前的加荷比例

该参数用于控制是否按设置后浇带计算，有三种选择：

（1）输入"0"，取整体计算结果，即筏基为一整块筏板，不设后浇带；

（2）输入"1"，取分别计算结果，即筏基为几块独立筏板，不设后浇带；

（3）输入"0～1"之间的小数，为设置后浇带，该值与浇筑后浇带时沉降完成比例有关，浇筑时间越晚，沉降越趋于稳定，取值越大。

初始值为 0.5，本例题取"0"，即梁筏板为一整块筏板，不设后浇带。

板元法的其他参数本例题不考虑或取初始值。

5.3.3　板元法前处理

设置板元法计算参数后，还必须进行计算前的数据准备工作。

【系数修改】用于 Mindlin 应力公式系数调整，【网格调整】用于人工调整不合理的网格划分，本例题不执行这两条命令。

1. 单元形成

点击【单元形成】，程序自动形成有限元分析需要的四边形或三角形单元。如单元划分不理想，可以用【网格调整】命令人工修改。

2. 筏板布置

点击【筏板布置】，程序对自动划分的单元及网格线、节点进行编号，同时显示筏板布置子菜单。划分单元后的梁筏板，如图 5.3-6 所示。

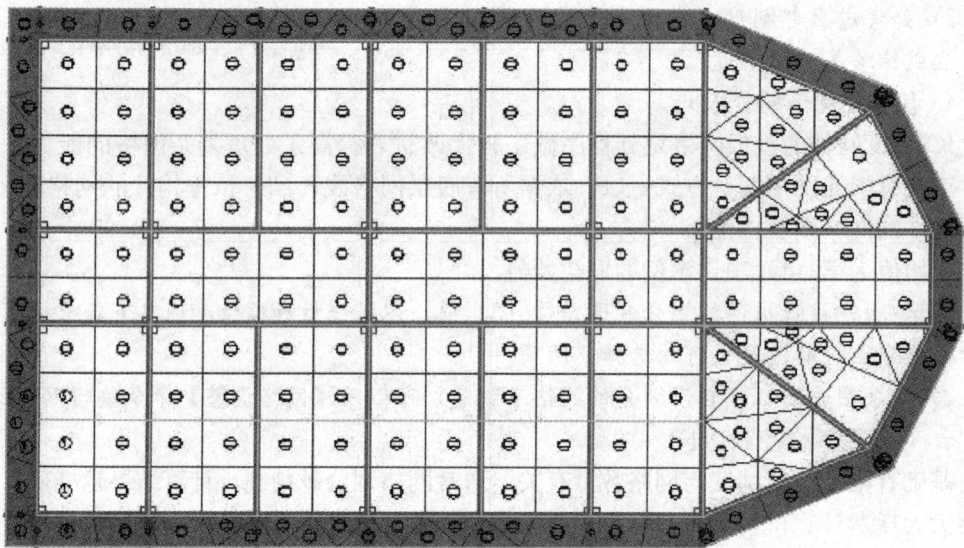

图 5.3-6　梁筏板单元划分

点击【筏板定义】，弹出筏板参数修改对话框，如图 5.3-7 所示，允许局部修改筏板的厚度、标高、板面荷载等参数。

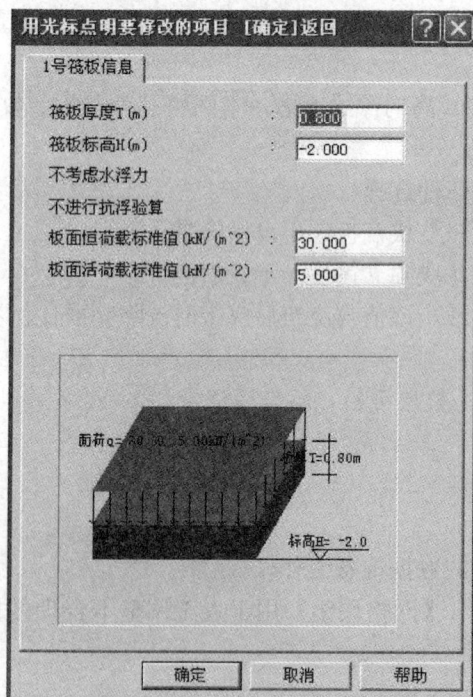

图 5.3-7　筏板参数对话框

本例题其他命令都不用，点击【返主菜单】。

3. 荷载选择

点击【荷载选择】，程序将基础建模时选择的上部计算软件生成的荷载列出供选择，点击【SATWE荷载】，图中显示荷载数据。

4. 沉降试算

点击【沉降试算】，弹出筏板平均沉降试算结果对话框，如图 5.3-8 所示。对话框中的数据是程序按照规范指定方法计算的沉降参考值，设计人员应根据工程实际情况对程序试算的沉降值进行校核修正。如有当地相似工程长期沉降观测记录，可以通过修改"平均沉降计算调整系数"，调整理论计算沉降值与实际沉降值基本相符，程序以此为依据进行梁筏板计算分析，使计算结果更合理有效。本例题不修改参数，点击〈确定〉退出。

用光标点明要修改的项目　[确定]返回

筏板（ 1）平均沉降试算结果

平均沉降计算调整系数　　　　　　　　　1.000

总面荷载值(准永久值)(kN/m^2)　　　　　97.703
附加面荷载值(kN/m^2)：　　57.70
平均沉降　　S1　(mm)：　　50.87
国家规范沉降S2　(mm)：　　24.06
压缩深度　　(m)　：　　11.00
上海规范沉降S3　(mm)：　　50.87
压缩深度　　(m)　：　　17.60
　S1/S2　　　：　　　2.11
说明　筏板底面积(m2)：　　489.13　桩数：　　0
国家规范沉降为地基规范提供的均布矩形中心沉降
上海规范沉降为上海规范提供的均布矩形中心沉降
用户可调整板底土反力基床系数来修改平均沉降。

确定　　　取消　　　帮助

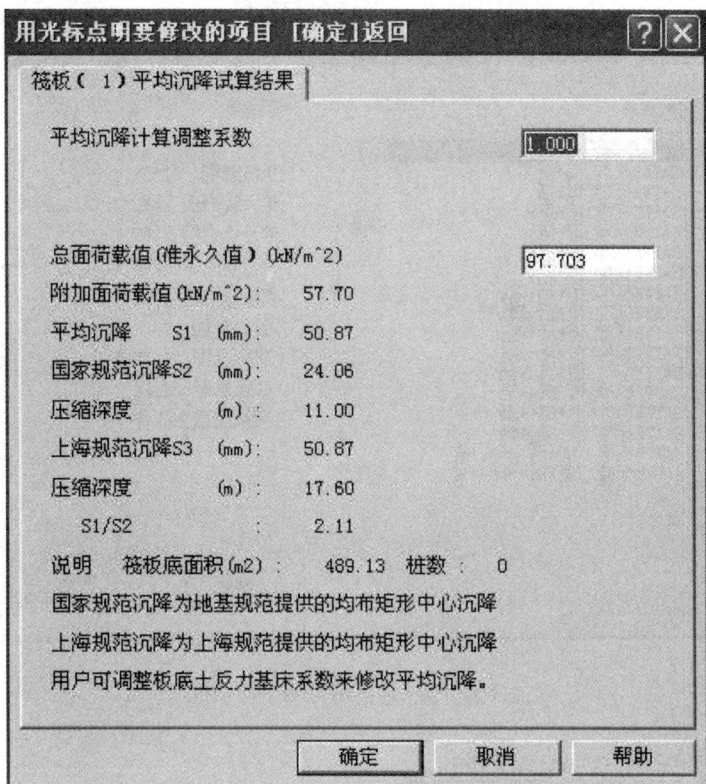

图 5.3-8　沉降试算对话框

5.3.4　板元法计算

点击【计算】，选择〈节点优化排序〉，程序用有限元算法对梁筏板基础进行计算分析，计算过程不需要人工干预，计算完毕，返回主菜单。

5.3.5　板元法后处理

1. 结果显示

点击【结果显示】，弹出计算结果输出对话框，如图 5.3-9 所示。

计算结果图形文件包括：沉降图、反力图、冲切图、弯矩图、剪力图、配筋图等。计算结果数据文件包括：桩位移和反力文件、板弯矩和剪力文件、梁弯矩和剪力文件等。

根据需要选择相关图形或数据文件。筏板沉降图和筏板信息图，如图 5.3-10 所示。

2. 交互配筋

点击【交互配筋】，弹出筏板配筋方式对话框，如图 5.3-11 所示。程序提供了三种筏板配筋方案示意图，为便于对比，本教程例题按三种方式分别对梁筏板配筋：

（1）梁板式配筋，适用于薄筏板，柱上板带弯矩取板带范围内计算的最大值。

选择〈梁板（板带）方式配筋〉，点击【桩筏参数】，弹出弹性地基板内力配筋计算参数对话框，全部采用初始值。

点击【钢筋实配】，选择通长钢筋区域是第一次布置，点击【多边区域】，按照屏幕下

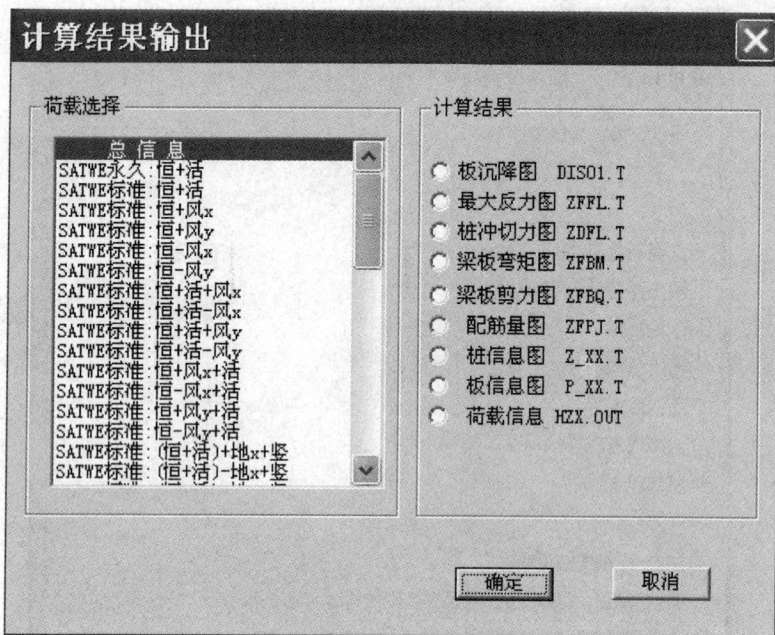

图 5.3-9　计算结果输出对话框

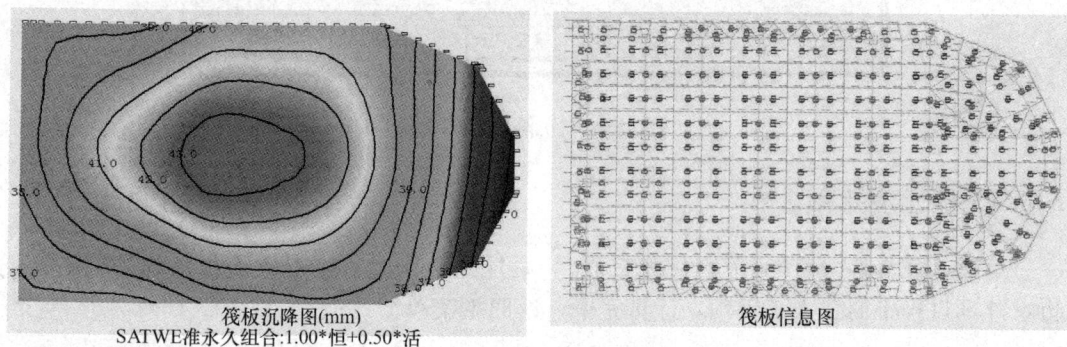

筏板沉降图(mm)
SATWE准永久组合:1.00*恒+0.50*活

筏板信息图

图 5.3-10　筏板沉降图和信息图

图 5.3-11　筏板配筋方式对话框

方的提示，先点取与通长钢筋相同方向的任意一根梁，再以多边形围区方式点取筏板周边的特征点，接着点取通长钢筋方向的最长、最短和另一方向的钢筋位置，用于确定布置通长钢筋区域的长边、短边和宽边，弹出参数确认对话框，点击〈确认〉。再次点击【多边区域】，重复以上操作，确认另一方向布置通长钢筋的区域。点击【继续配筋】，显示筏板配筋图，如图 5.3-12 所示。

点击【裂缝计算】，显示筏板裂缝值，如图 5.3-13 所示。点击【裂缝文件】和【板计算书】，显示计算结果文件。从图中可知，两个方向板上钢筋直径 20 间距 200，板下筋直径 22 间距 300，支座钢筋直径 20 间距 300，板裂缝最大为 0.3mm，超过规范要求，应采取有效的防水措施。

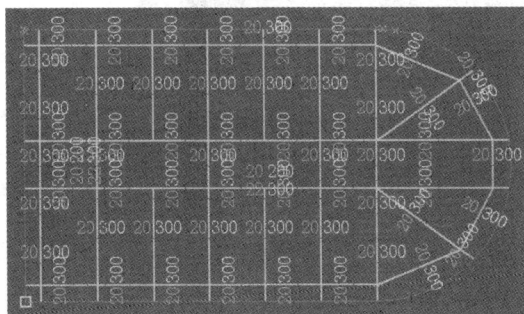

图 5.3-12　筏板配筋图

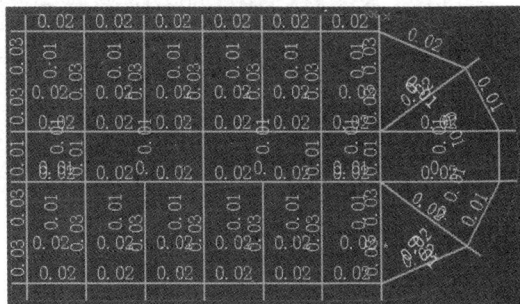

图 5.3-13　筏板裂缝图

（2）分区域均匀配筋，适用于较厚的筏板。

选择〈分区域均匀配筋〉，显示筏板配筋图，以数值和曲线方式表示筏板各区域配筋量的情况，如图 5.3-14 所示。

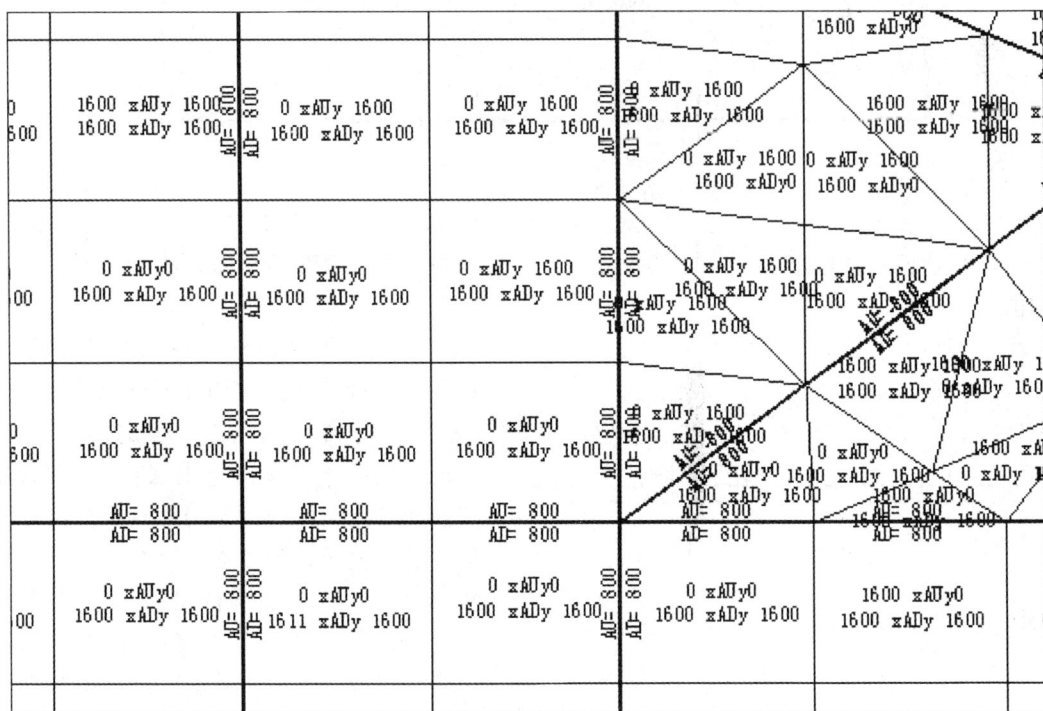

图 5.3-14　筏板区域配筋图

点击【信息输入】，弹出筏板配筋参数对话框，同意全部初始值，点击〈确定〉，弹出钢筋级配对话框，点击〈确定〉。点击【区域布筋/任意多边形】，以多边形围区方式点取筏板周边的特征点，确认后点击【区域选择/各区有效】，返回上一级菜单。点击【配筋计算】，再点击【配筋修改】，弹出配筋信息对话框，显示筏板两个方向上下排计算配筋面积、实配钢筋的直径和间距，点击〈确定〉退出，如图 5.3-15 所示。点击【配筋简图】，显示两个方向通长钢筋示意图，如图 5.3-16 所示。

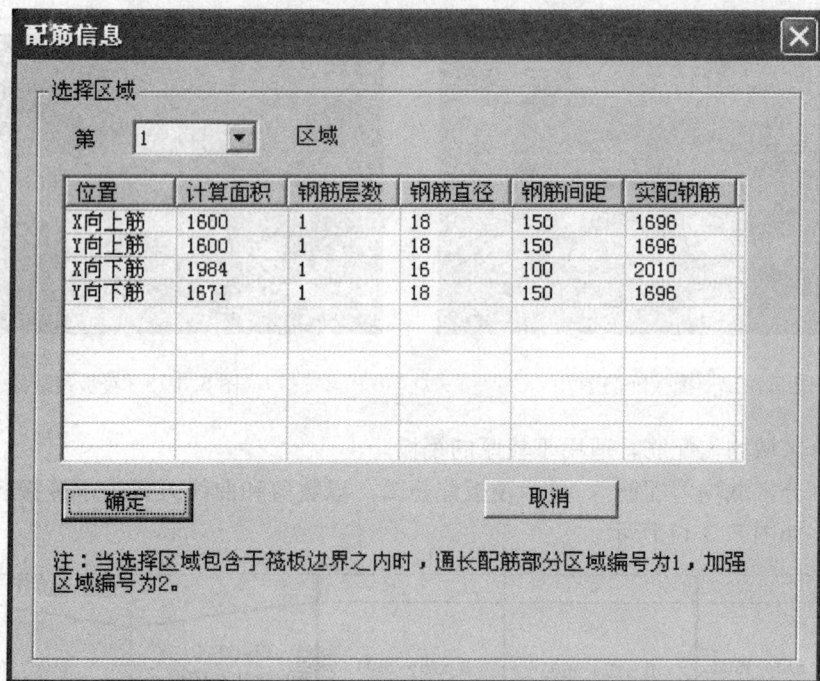

配筋信息

选择区域

第 [1 ▼] 区域

位置	计算面积	钢筋层数	钢筋直径	钢筋间距	实配钢筋
X向上筋	1600	1	18	150	1696
Y向上筋	1600	1	18	150	1696
X向下筋	1984	1	16	100	2010
Y向下筋	1671	1	18	150	1696

[确定] [取消]

注：当选择区域包含于筏板边界之内时，通长配筋部分区域编号为1，加强区域编号为2。

图 5.3-15　配筋信息对话框

（3）新梁板式配筋，适用于薄筏板，柱上板带弯矩取板带横截面范围内弯矩积分的平均值。

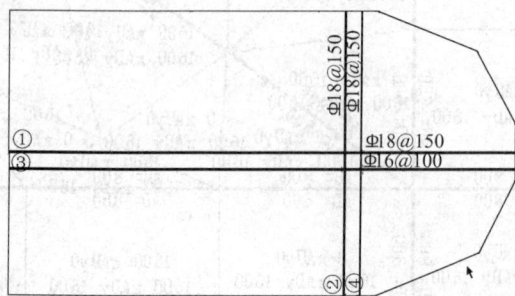

图 5.3-16　通长钢筋示意图

选择〈新梁板（板带）方式配筋〉，点击【板带参数】，弹出板带参数对话框，同意全部初始值，点击〈确定〉，显示划分板带后的筏板图。点击【柱上板/弯矩图】和【柱上板/配筋图】，显示筏板柱上板带的弯矩图和配筋图，从图中可见筏板两个方向上、下纵向钢筋面积都是1600mm^2。同理，点击【跨中板/弯矩】和【跨中板/配筋】，显示筏板跨中板带的弯矩图和配筋图，如配筋数值为 0，表示没有计算配筋，按最小配筋率构造配筋。筏板柱上板带和跨中板带配筋图，如图 5.3-17 和图 5.3-18 所示。

本教程例题应综合三种方式的配筋量，并考虑到施工方便，确定筏板的实配钢筋。

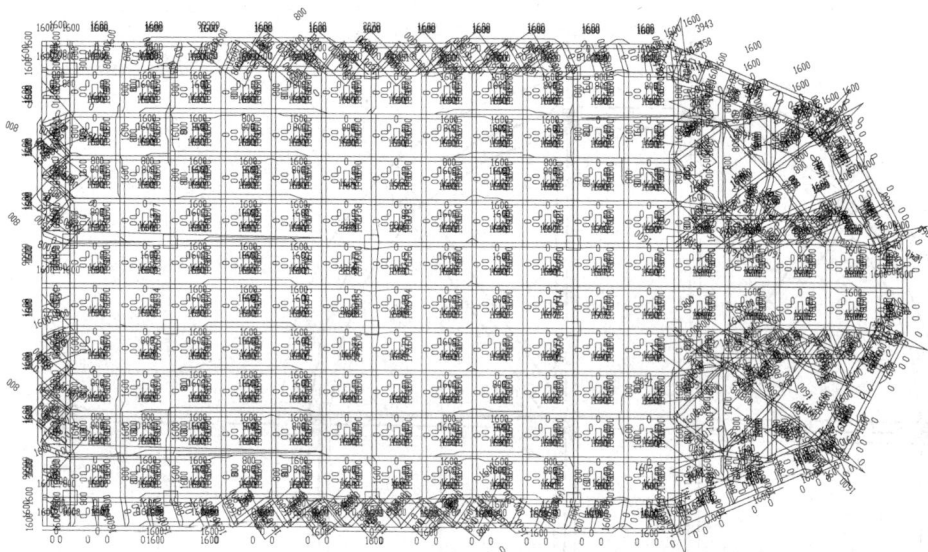

图 5.3-17　柱上板带配筋图

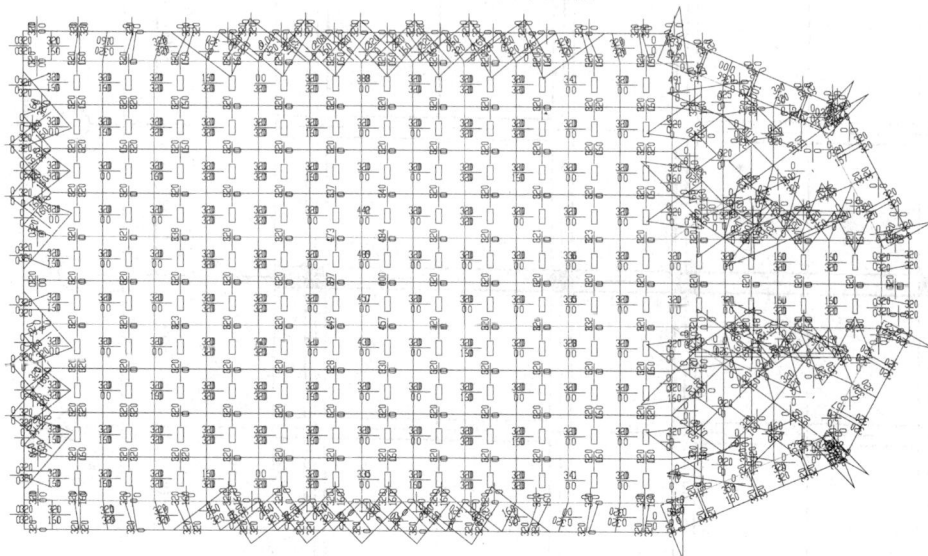

图 5.3-18　跨中板带配筋图

5.4　基础施工图绘制

在 PKPM 软件主界面〈结构〉页中选择〈JCCAD〉的第 6 项〈⑥基础施工图〉，点击〈应用〉，进入绘制基础施工图状态。

5.4.1　绘基础平面图

首次进入屏幕显示已经布置基础构件的平面图，以后进入程序会提示"覆盖原图"重新绘图还是"续画旧图"。

点击下拉菜单【标注构件】、【标注字符】、【标注轴线】等命令，完成相关的标注工作，插入图名和图框，本例题基础平面图，如图 5.4-1 所示。

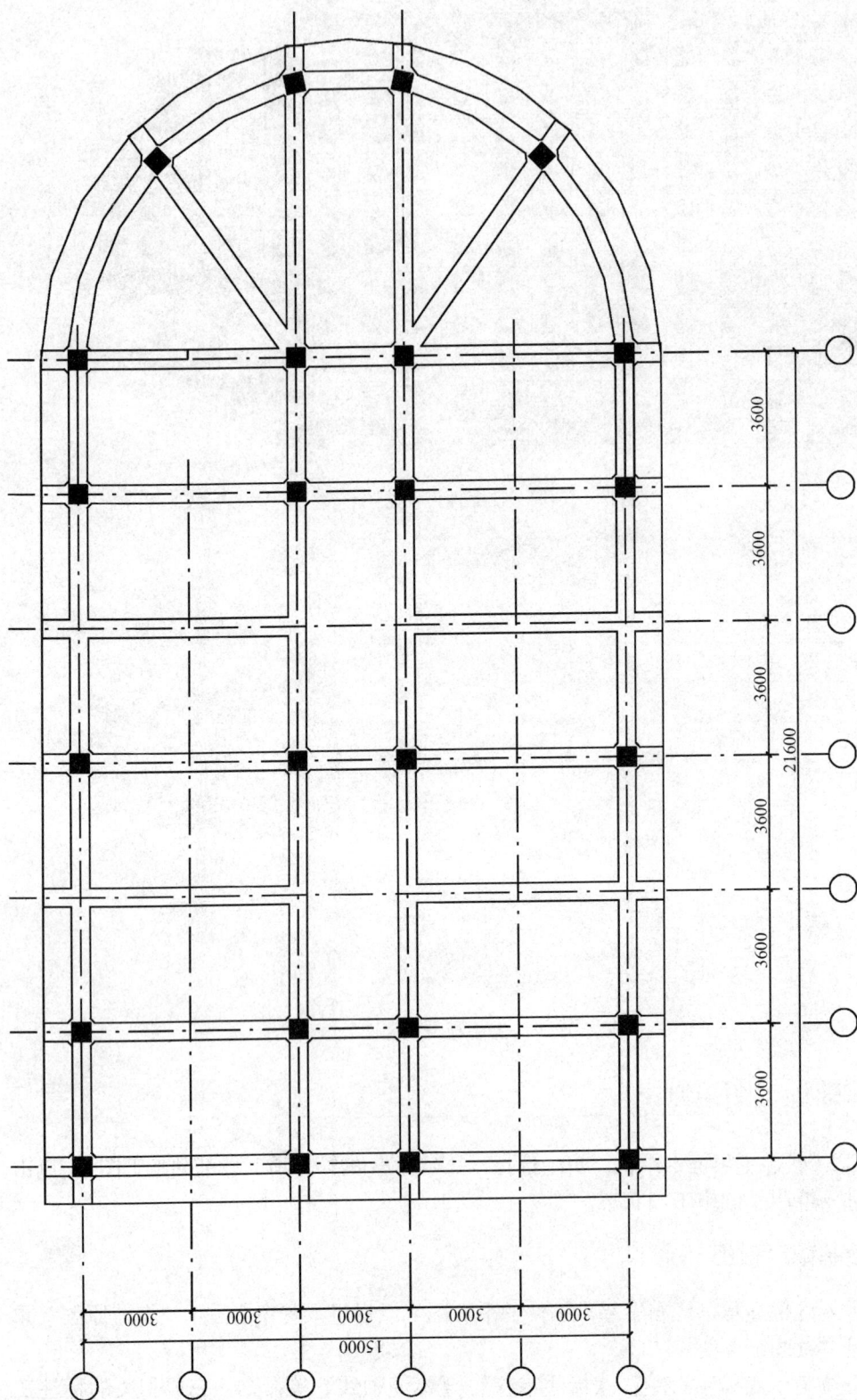

图 5.4-1 基础平面图

5.4.2 绘地梁施工图

1. 设置地梁绘图参数

点击【参数设置】，弹出地基梁平法施工图参数设置对话框，共有两页，如图 5.4-2 所示。本例题都取初始值，点击〈确定〉退出参数设置。

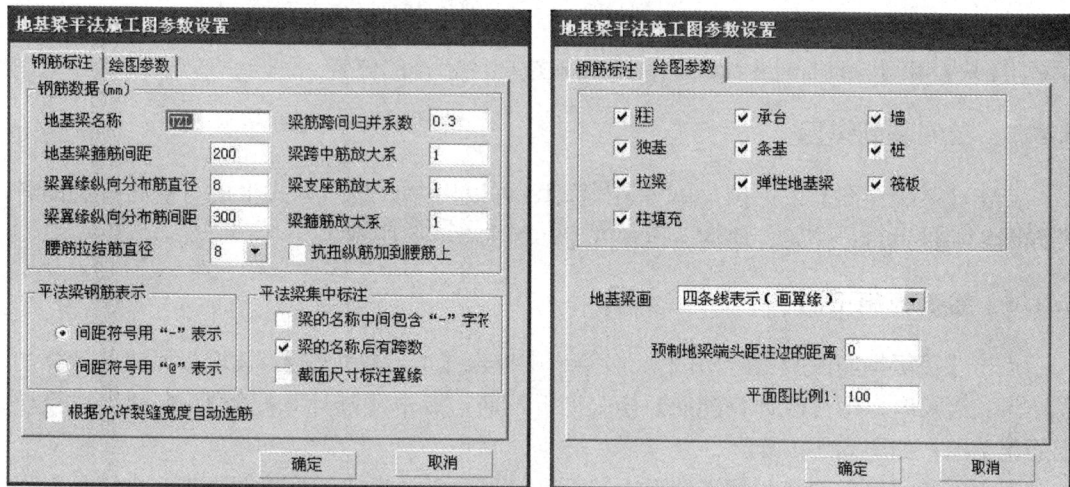

图 5.4-2 地梁平法施工图参数设置对话框

2. 绘地梁平法图

第一次绘图点击【绘新图】，继续绘图点击【编辑旧图】，在指定位置标注基础图名，点击【写图名】。

点击【基础梁/梁筋标注】，自动生成地梁配筋平法图，如图 5.4-3 所示，通过【修改

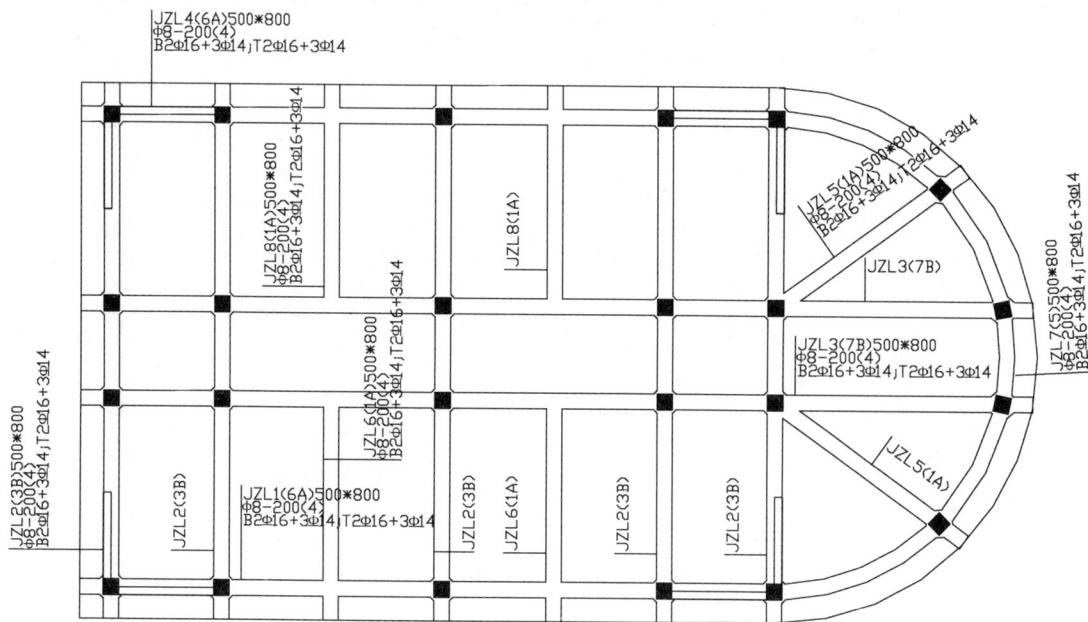

图 5.4-3 地梁配筋平法图

标注】、【修改配筋】、【分类改筋】等命令可以修改地梁配筋，【地梁裂缝】用于计算地梁裂缝宽度。

3. 绘地梁立剖面图

点击【选梁画图/参数修改】，弹出地梁立剖面配筋参数对话框，同意全部初始值，点击〈确定〉。点击【选梁画图】，在屏幕上点取欲出图的地梁，敲［Esc］键退出。在弹出的文件名对话框中，给地梁图命名"DL"，生成地梁立剖面图，如图 5.4-4 所示。通过【移动图块】和【移动标注】命令，调整图块或标注字符的位置。

5.4.3 绘制基础详图

点击【基础详图】或下拉菜单【大样图】，可以用参数绘图方式生成与基础有关的各类详图，如桩承台、拉梁、地沟、电梯井等，如图 5.4-5 所示。

5.4.4 绘筏板施工图

点击【筏板钢筋图】，在打开的二级菜单中点击【取计算配筋】，读取板元法的计算配筋结果，需要时点击【改计算配筋】修改筏板配筋，点击【画计算配筋】，自动生成筏板配筋施工图，如图 5.4-6 所示。

考虑到各类筏板形状和配筋情况千差万别，程序自动生成的施工图很难完全满足工程需要，通常采用人机交互方式绘制筏板施工图。点击【布板上筋】、【布板中筋】、【布板下筋】，在程序帮助下布置筏板通长筋，支座筋、自由筋和板带筋，进行重叠检查和钢筋校核，完成筏板施工图绘制。

点击【画施工图】，选择相应的命令完成施工图内容调整，标注编辑，画钢筋表，画剖面图，插入图框等操作，最终绘制完成的筏板施工图，如图 5.4-7 所示。

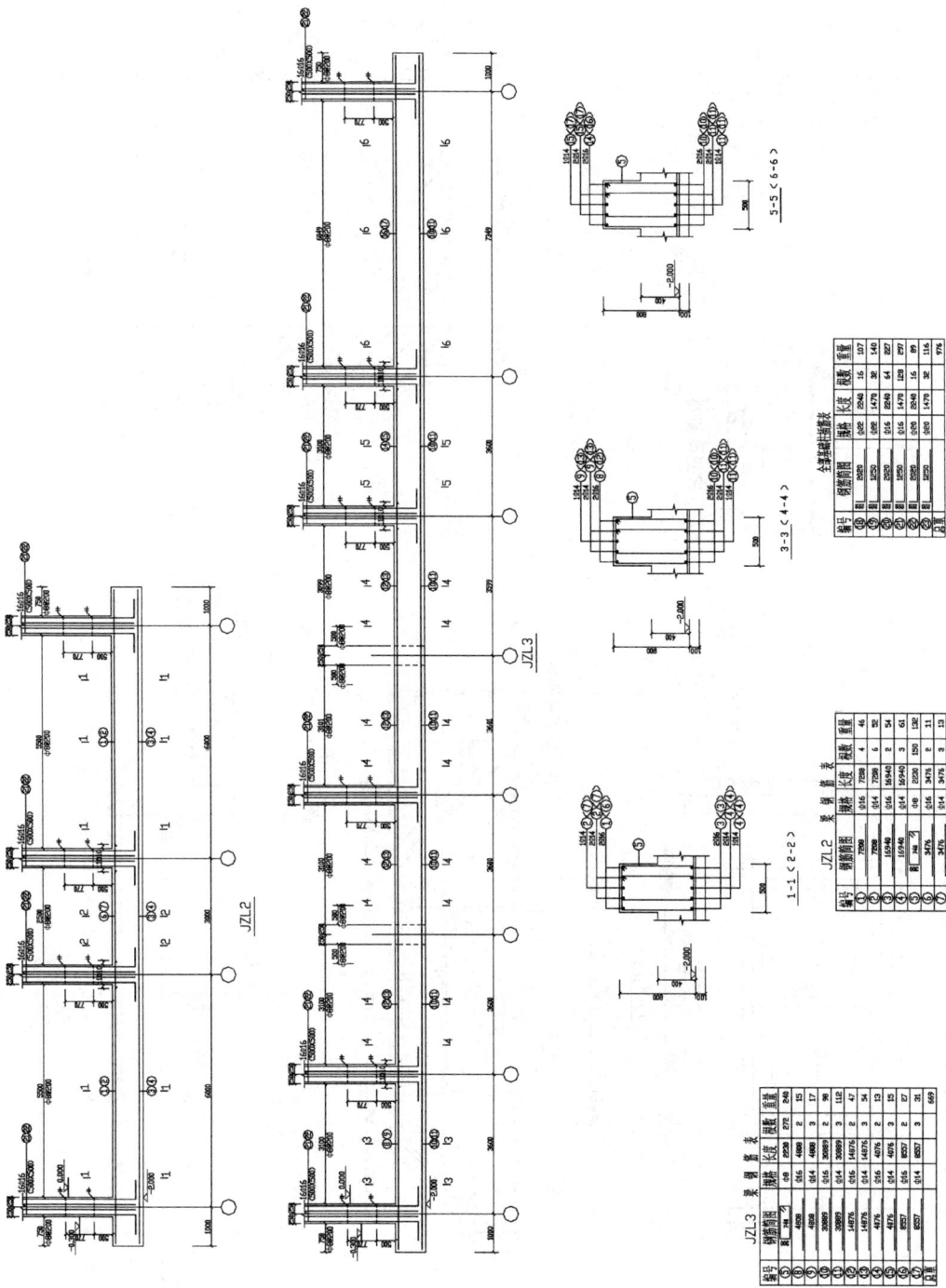

图 5.4-4 地梁立剖面图

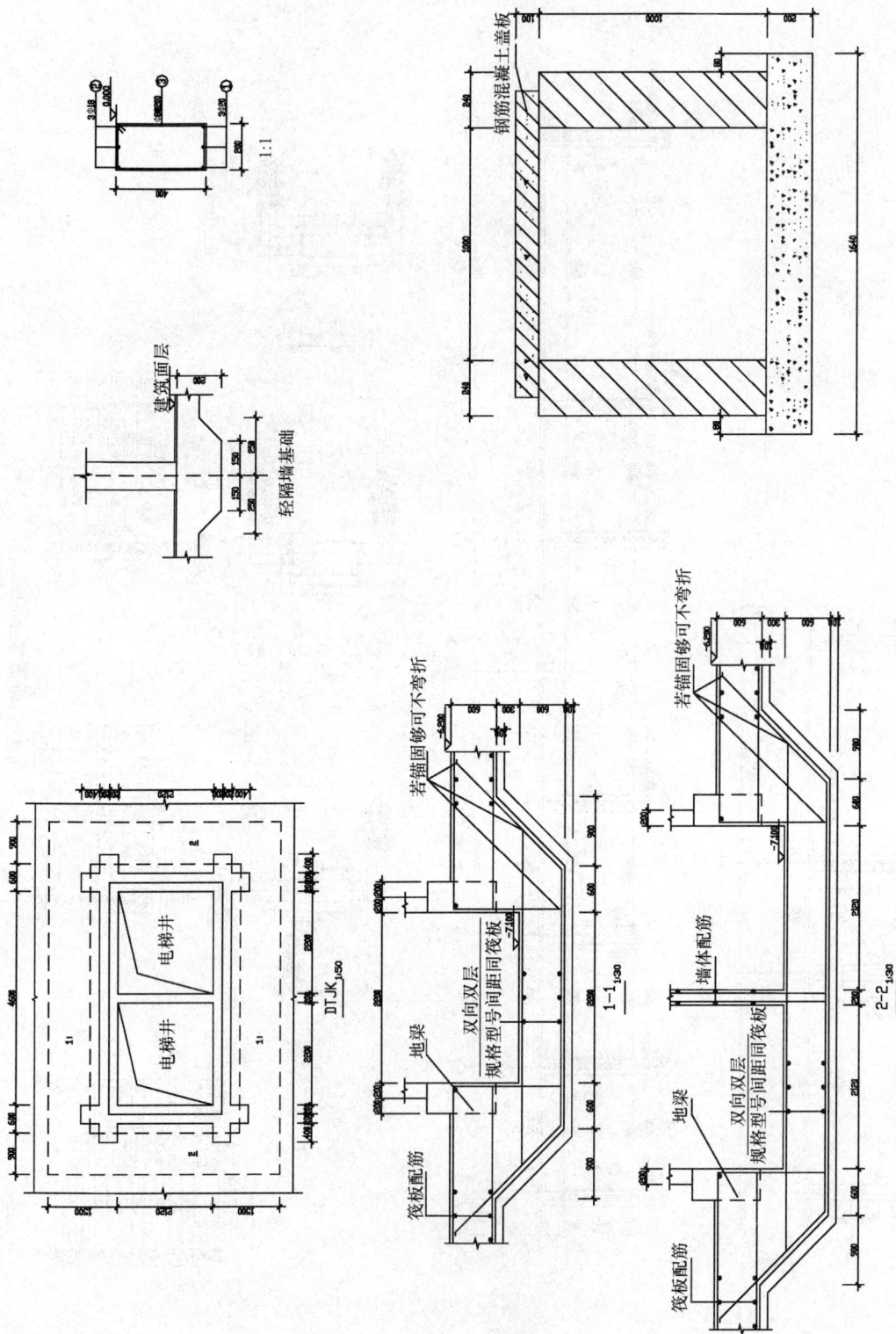

图 5.4-5 基础详图

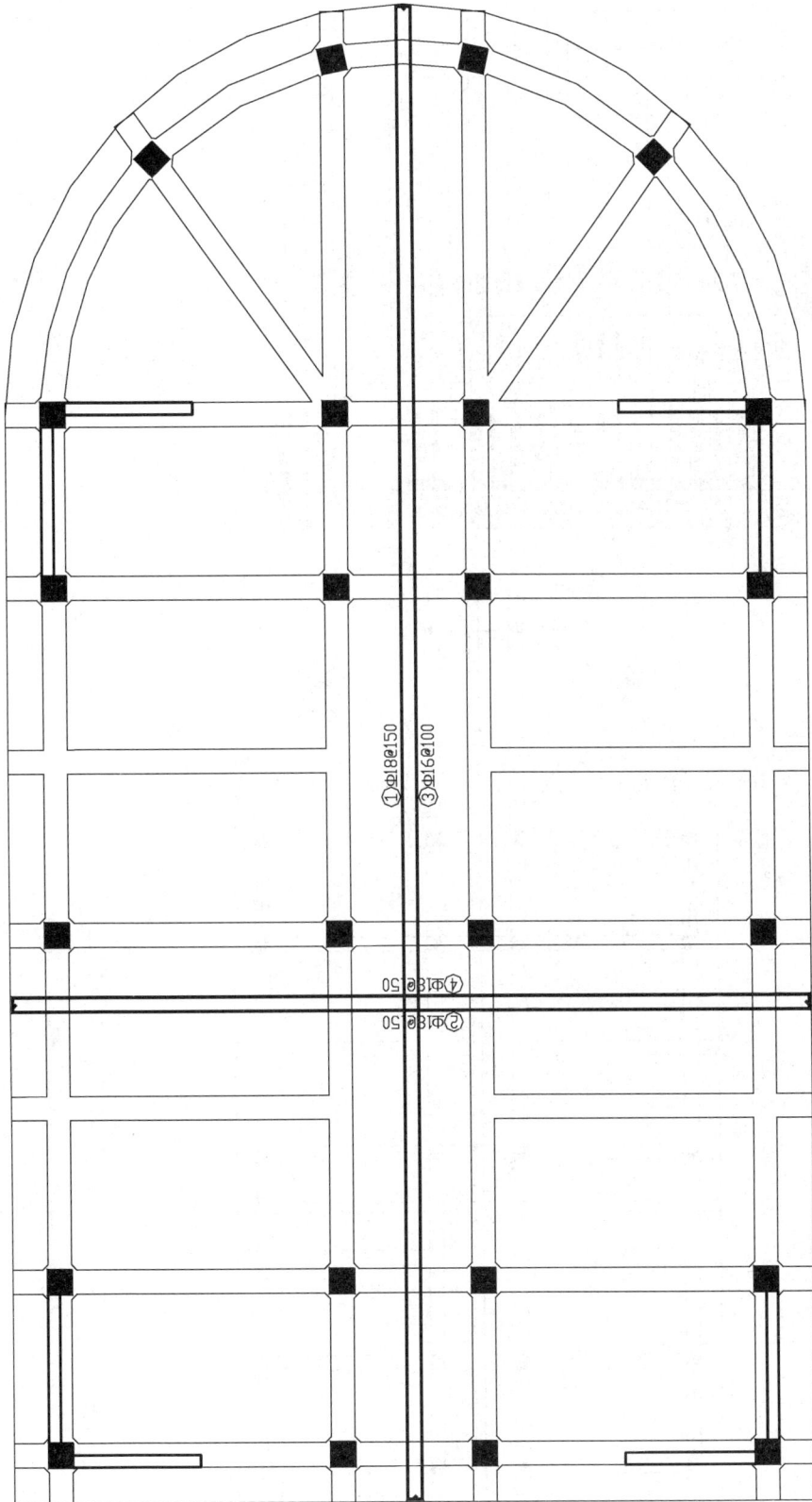

①Φ18@150
③Φ16@100
④Φ16@150
⑤Φ16@150

图 5.4-6 筏板配筋图

筏板钢筋表

编号	钢筋形状	规格	长度(mm)	搭接长度	搭接个数	根数	重量(kg)
①	24090⌐28419	Φ18@150	28690	0	48	16	853
②	28570⌐30818	Φ18@150	30122	0	87	29	1745
③	38849⌐30828	Φ18@150	31269	0	69	23	1437
④	30796⌐28619	Φ18@150	30135	0	84	28	1686
⑤	27721⌐24509	Φ18@150	26531	0	30	10	526
⑫	23384	Φ18@150	23304	0	14	7	329
⑳	16900	Φ18@150	17332	0	300	150	5194
㉓	16688⌐12640	Φ18@150	14874	0	44	36	1070
㉑	11840⌐3562	Φ18@150	8132	0	8	16	260
⑪	23800⌐28419	Φ16@100	29496	0	72	24	1003
㉔	28521⌐30828	Φ16@100	30066	0	132	44	2088
㉕	30849⌐30828	Φ16@100	31216	0	102	34	1675
㉖	30807⌐28521	Φ16@100	30057	0	129	43	2039
㉗	27567⌐23306	Φ16@100	25577	0	43	15	605
㉘	23306	Φ16@100	23398	0	20	10	369
㉙	16900	Φ18@150	17332	0	300	150	5194
㉚	16688⌐12640	Φ18@150	14874	0	44	36	1070
㉛	11840⌐3562	Φ18@150	8132	0	8	16	260
					合计:		27405

钢筋接头表

接头名称	序号	级别	钢筋直径	接头个数
锥螺纹连接	①	2	16	498
	②	2	18	1036

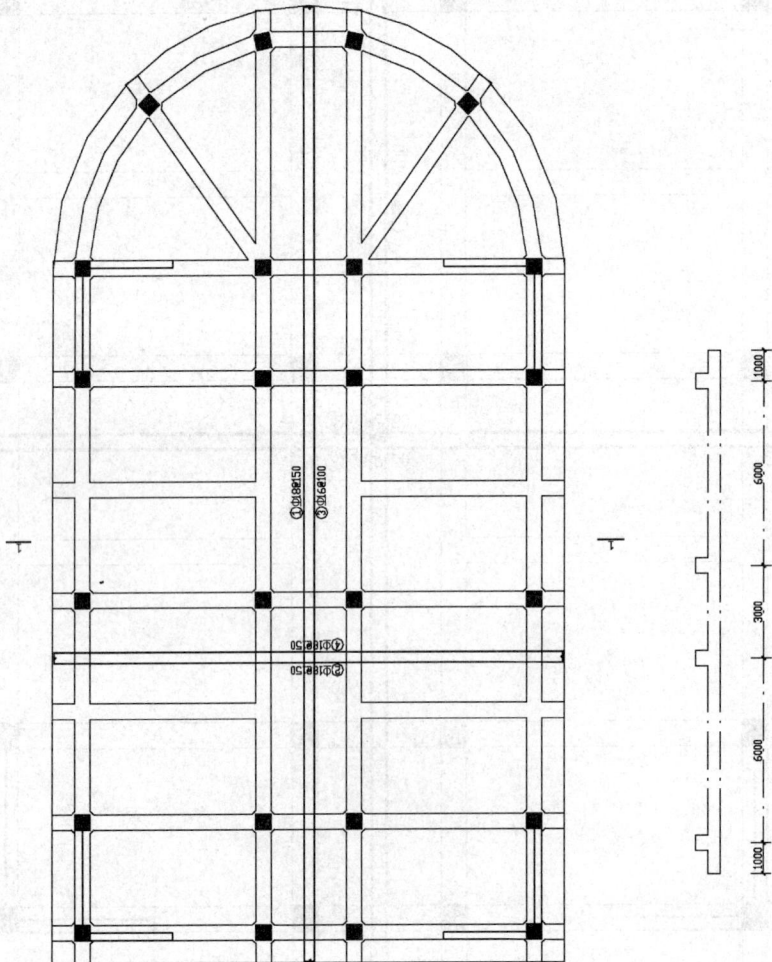

图 5.4-7 筏板施工图

第6章 底框结构设计

PKPM 结构软件中的 QITI 软件可以完成多层砌体结构、底框-抗震墙结构和混凝土砌块结构的设计。下面以一个典型的一托四底部框架-抗震墙结构为例题，如图 6.1-1 所示，介绍砌体结构和底框结构的设计方法。

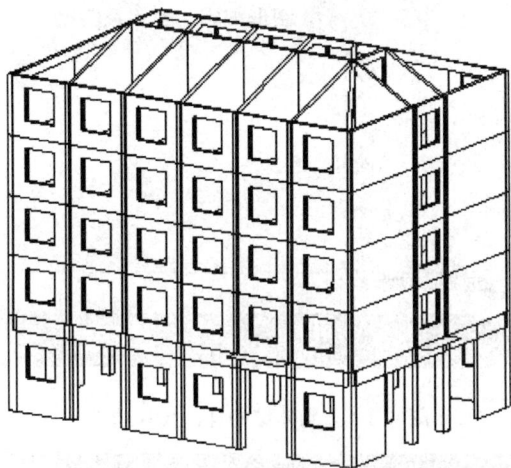

图 6.1-1 底框结构例题

6.1 底框结构建模

在 PKPM 软件主界面〈砌体结构〉页中选择〈砌体结构辅助设计〉的第 1 项〈①砌体结构建模与荷载输入〉，如图 6.1-2 所示。点击〈应用〉，在弹出的工程命名对话框中输入新工程名"qitijg"，点击〈确定〉，进入砌体结构建模与荷载输入环境。

6.1.1 建立第 1 标准层

1. 轴线输入

点取主菜单下的【轴线输入/正交轴网】，弹出直线轴网输入对话框如图 6.1-3 所示。

在〈下开间〉和〈左进深〉栏中分别输入"3600 * 6"和"6000，3000，6000"。勾选〈输轴号〉，确认〈开间〉和〈进深〉栏中的两个方向起始轴线号分别为"1"和"A"，以便由程序自动完成轴线命名。点击〈确定〉，生成正交轴网。

点击【轴线显示】，屏幕显示带轴线号和标注的轴网图，如图 6.1-4 所示。

2. 构件布置

第 1 标准层是底框结构的底部框架-抗震墙部分，其构件布置方式与一般框剪结构相同。

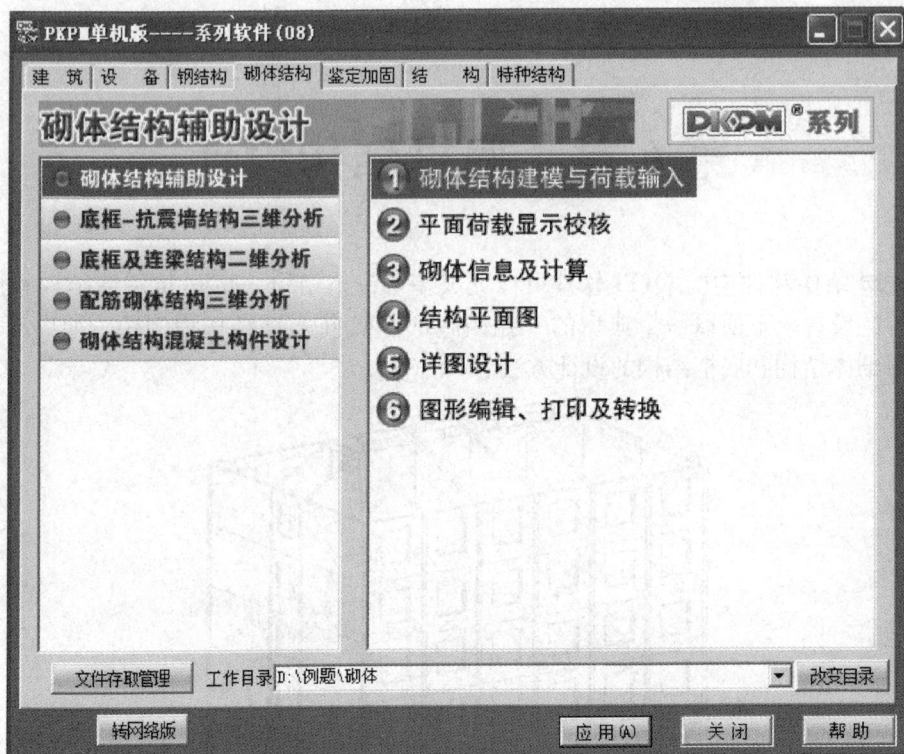

图 6.1-2 砌体结构辅助设计选项

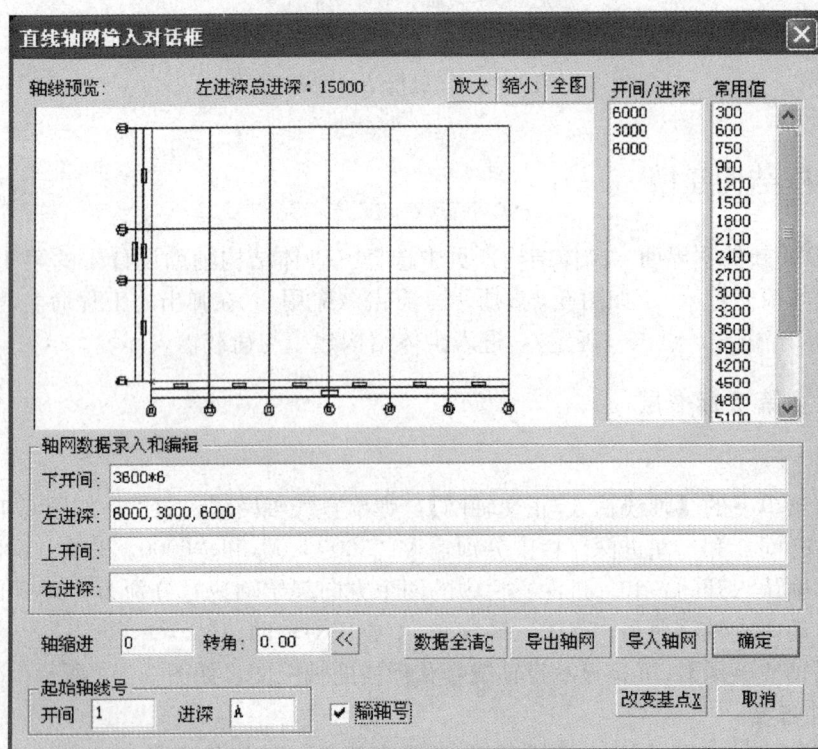

图 6.1-3 直线轴网输入对话框

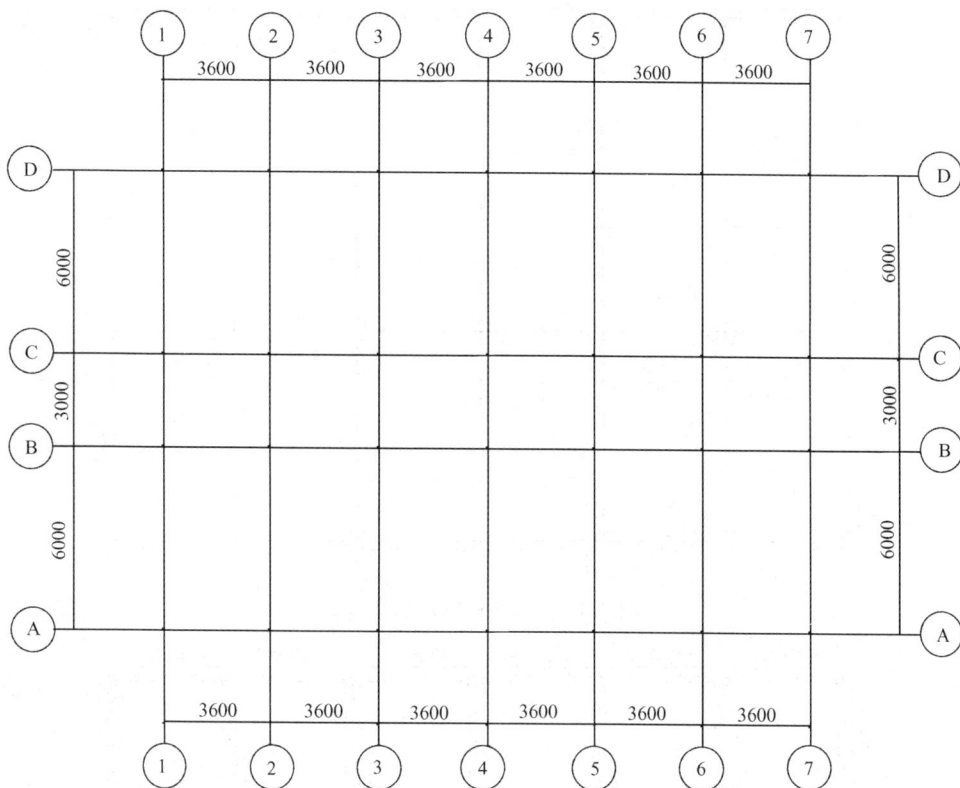

图 6.1-4　第 1 标准层轴网图

（1）柱布置

点击【楼层定义/柱布置】，定义 500mm×500mm 的矩形混凝土柱，采用轴线方式将柱布置在所有网格节点上。

（2）抗震墙布置

墙的长度由墙两端的节点决定，因此当墙长度小于轴网间节点距离时应先增加节点。本例题 Y 方向的外抗震墙长度为 3000mm，需在轴线上增加四个节点。点击【轴线输入/节点】，采用相对坐标方式，将光标移动到参考节点上，敲 ［Tab］ 键，输入 X、Y 相对坐标值，光标定位在需要的坐标点上，点击鼠标左键增加节点。

点击【楼层定义/墙布置】，定义厚度为 250mm 的混凝土墙，采用光标方式将墙布置在相应的网格上。其中 X 方向的墙长度取网格线长度 3600mm；Y 方向的墙长度为 3000mm。

点击【楼层定义/偏心对齐/墙与柱齐】菜单，将外墙与柱子外边对齐，如图 6.1-5 所示。

（3）梁布置

点击【楼层定义/主梁布置】，定义 400mm×700mm 和 400mm×600mm 两种截面的混凝土梁，将其布置在相应位置上。点击【楼层定义/偏心对齐/梁与柱齐】，将四周的梁与柱外边对齐。

为了检查校对梁布置是否正确，点击【楼层定义/截面显示/主梁显示】，各梁的截面尺寸数据显示在屏幕上，如图 6.1-6 所示。

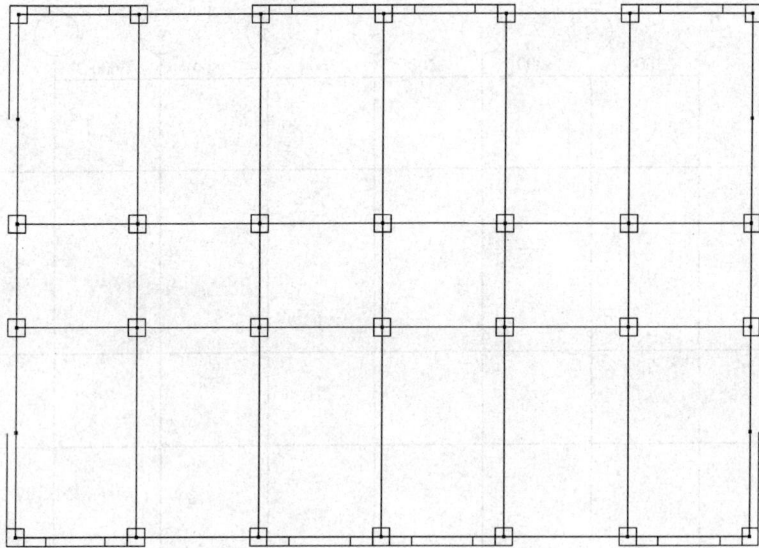

图 6.1-5　第 1 标准层墙布置图

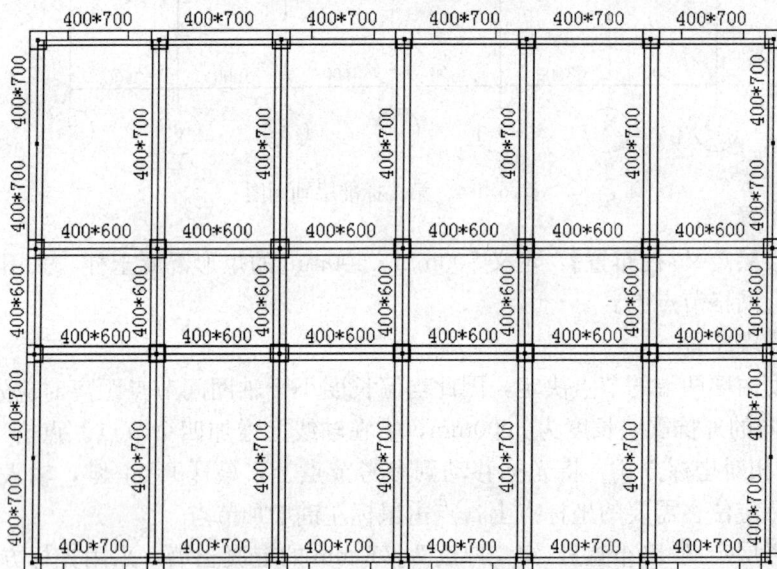

图 6.1-6　第 1 标准层梁布置图

（4）洞口布置

点击【楼层定义/洞口布置】，定义 1800mm×1800mm 的窗洞口，将其居中布置在 X 方向混凝土墙上，洞口底标高取 1700mm，如图 6.1-6 所示。

（5）本层信息

点击【楼层定义/本层信息】弹出本标准层信息对话框，输入板厚和材料强度等级等数据，如图 6.1-7 所示。

（6）楼板布置

点击【楼层定义/楼板生成/生成楼板】，程序自动布置当前标准层各房间楼板，屏幕显示板厚均为120mm。

点击【楼板生成/修改板厚】菜单，将楼梯间的板厚修改为0，即全房间楼板开洞。

点击【楼板生成/布悬挑板】，定义1200mm挑宽的悬挑板，将其布置在图中所需的三个位置上，如图6.1-8所示。

这样，第1标准层的所有构件布置完毕。

3. 荷载输入

点击【荷载输入/恒活设置】，在弹出的荷载定义对话框中，输入恒载1.45kN/m²、活载2.0kN/m²，勾选〈活荷载单独做一工况计算〉和〈自动计算现浇楼板自重〉，点击〈确定〉。

用光标点明要修改的项目 [确定]返回	? X

本标准层信息

板厚 (mm)	120
板混凝土强度等级	30
板钢筋保护层厚度(mm)	15
柱混凝土强度等级	30
梁混凝土强度等级	30
剪力墙混凝土强度等级	30
梁钢筋类别	HRB400
柱钢筋类别	HRB400
本标准层层高(mm)	5200

确定　　取消　　帮助

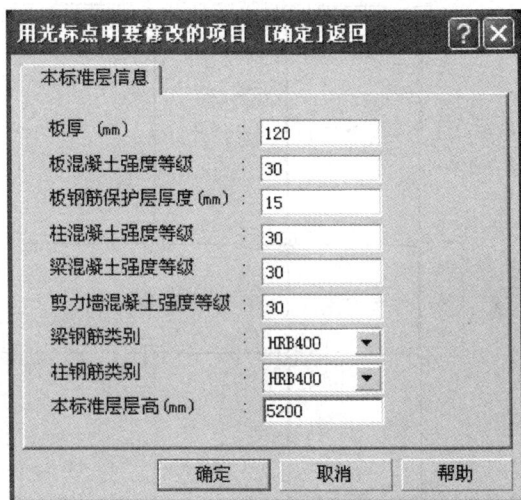

图6.1-7　本标准层信息对话框

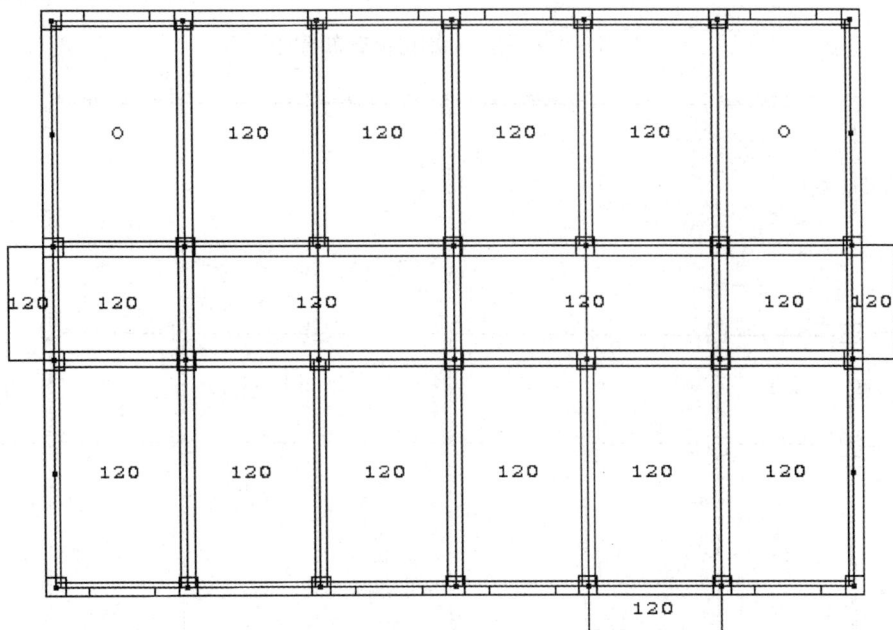

图6.1-8　第1标准层楼板布置图

点击【荷载输入/楼面荷载/楼面恒载】，将楼梯间恒载修改为8.0kN/m²，卫生间的恒载修改为2.4kN/m²，悬挑板的恒载修改为1kN/m²，如图6.1-9所示。

点击【荷载输入/楼面荷载/楼面活载】，将楼梯间活载修改为3.5kN/m²，走廊的活载修改为2.5kN/m²，悬挑板的活载修改为0.5kN/m²，如图6.1-10所示。

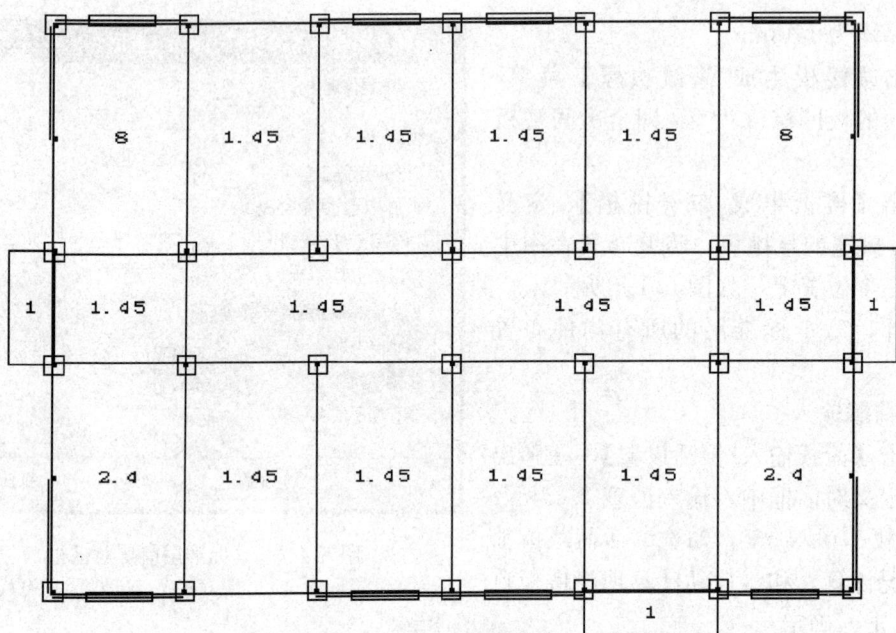

图 6.1-9　第 1 标准层恒载布置图

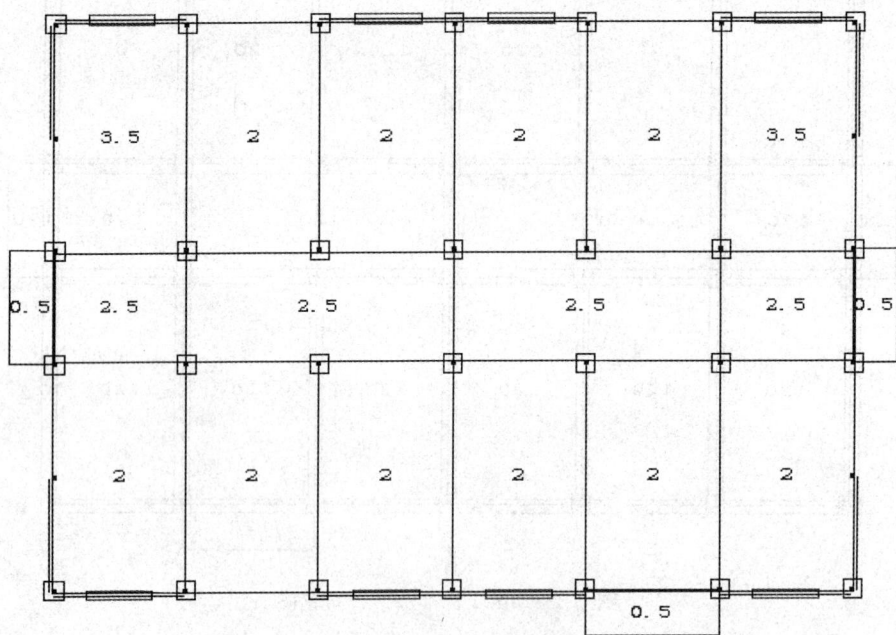

图 6.1-10　第 1 标准层活载布置图

6.1.2　建立第 2 标准层

第 2 标准层是底框结构的上部砌体结构部分，它与下部底框部分的构件布置完全不同，因此第 2 标准层仅复制第 1 标准层的轴网，点击屏幕左上角下拉菜单【添加新标准层】，在弹出的添加标准层对话框中选择〈只复制网格〉，得到第 2 标准层轴网。点击下拉菜单【网点编辑/删除节点】命令，将布置混凝土墙时在 Y 轴线增添的节点删除。

1. 构件布置

（1）构造柱布置

点击【楼层定义/柱布置】，定义 240mm×240mm 的混凝土构造柱，将其布置在所有轴线相交的节点上。为了使本层截面较小的构造柱与下层框架柱外边对齐，点击【楼层定义/偏心对齐/柱上下齐】，按命令提示将本层周边的构造柱与下层框架柱外边对齐，如图 6.1-11 所示。

（2）砖墙布置

点击【楼层定义/墙布置】，定义墙厚 240mm 的烧结砖墙，选择轴线方式和光标方式将该墙布置在相应位置上。点击【楼层定义/偏心对齐/墙与柱齐】，将四周的墙与构造柱外边对齐，砖墙布置如图 6.1-12 所示。

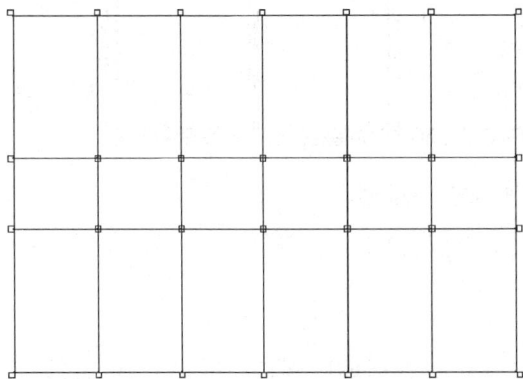

图 6.1-11　第 2 标准层构造柱布置图　　　图 6.1-12　第 2 标准层砖墙布置图

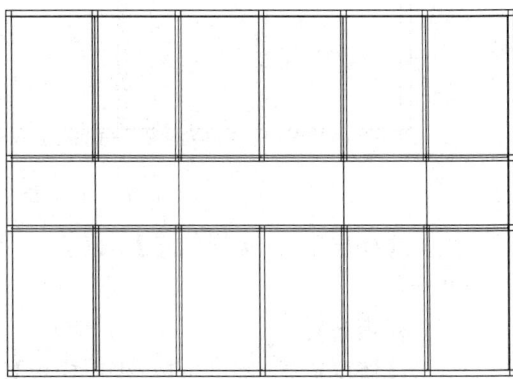

（3）墙洞口布置

点击【楼层定义/洞口布置】菜单，定义 1000mm×2100mm 和 1800mm×2100mm 的两种门洞口。将先前定义的 1800mm×1800mm 窗洞口居中布置在外墙上，洞口底标高取 900mm；将 1000mm×2100mm 房间门洞口按边距 300mm 布置在内墙上，1800mm×2100mm 的门洞口居中布置在左右两侧的外墙上，底标高取 0。点击【楼层定义/截面显示/洞口显示】，洞口尺寸显现在屏幕上，如图 6.1-13 所示。

（4）梁布置

点击【楼层定义/主梁布置】，定义 240mm×400mm 的混凝土梁，采用光标方式将梁布置在走廊上未布置砖墙的网格线上，参见图 6.1-15。

（5）圈梁布置

点击【楼层定义/圈梁布置】，定义 240mm×240mm 的混凝土圈梁，采用窗口方式将圈梁布置在所有网格线上。再次点击【圈梁布置】，在弹出的圈梁截面列表对话框中点击〈布置〉，在弹出的布置参数对话框中输入偏轴距离“130”和“－130”mm，将偏心的圈梁布置在建筑周边的外墙上，且与外墙对齐（后布置的偏心圈梁取代先布置的圈梁）。

（6）本层信息

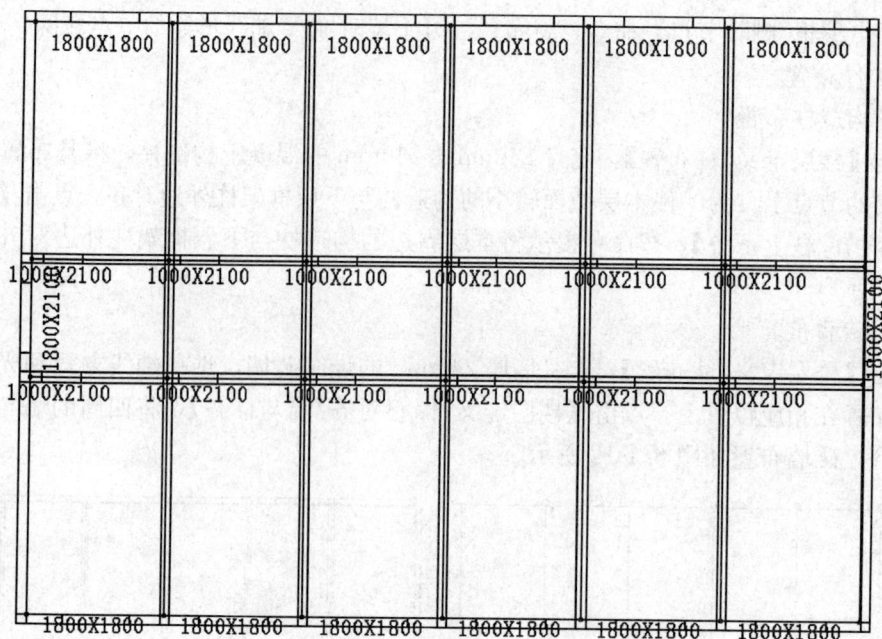

图 6.1-13　第 2 标准层洞口布置图

　　点击【楼层定义/本层信息】，设置本标准层信息与第 1 层标准层信息一致，但板厚改为 100mm。

　　(7) 楼板布置

　　点击【楼层定义/楼板生成/生成楼板】，自动布置本标准层楼板，屏幕上显示板厚均为 100mm。点击【楼板生成/修改板厚】菜单，将楼梯间处的楼板厚度设置为 0，如图 6.1-14 所示。

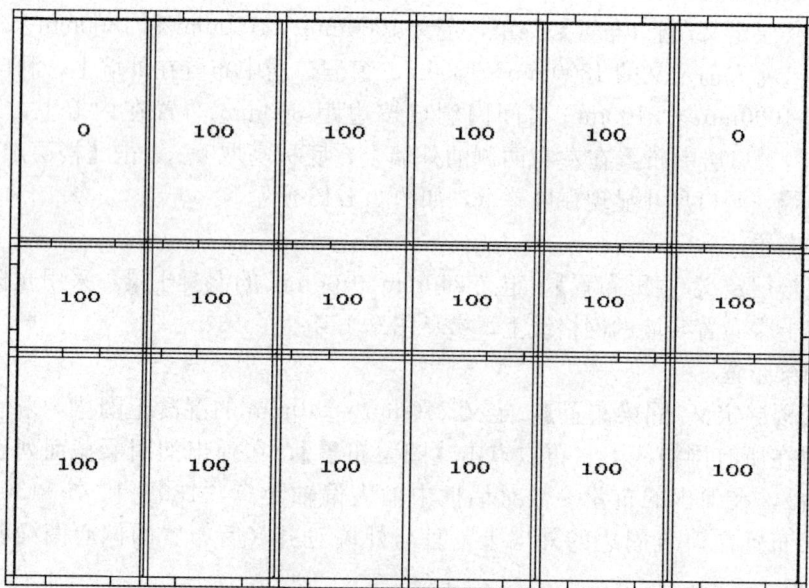

图 6.1-14　第 2 标准层楼板布置图

这样，第2标准层所有构件布置完毕。

2. 荷载输入

点击【荷载输入/层间复制】菜单，在弹出的荷载层间拷贝对话框中勾选〈楼板〉，〈拷贝的标准层号〉选择第1标准层，点击〈确定〉，即将第1标准层的楼板恒载和活载复制到第2标准层。

6.1.3 建立第3标准层

第3标准层是本例题的坡屋顶层，再次点击下拉菜单【添加新标准层】，在弹出的添加标准层对话框中选择〈全部复制〉，得到与第2标准层完全相同的第3标准层，然后在此基础上进行修改。

1. 轴线输入

点击【轴线输入/两点直线】，将绘坡屋顶需要增加的各条网格线绘出，参见图6.1-15。

2. 构件布置

(1) 梁布置

点击【楼层定义/主梁布置】，定义250mm×500mm的梁布置在四根斜轴线上，定义250mm×400mm的梁，布置在屋脊线上，如图6.1-15所示。

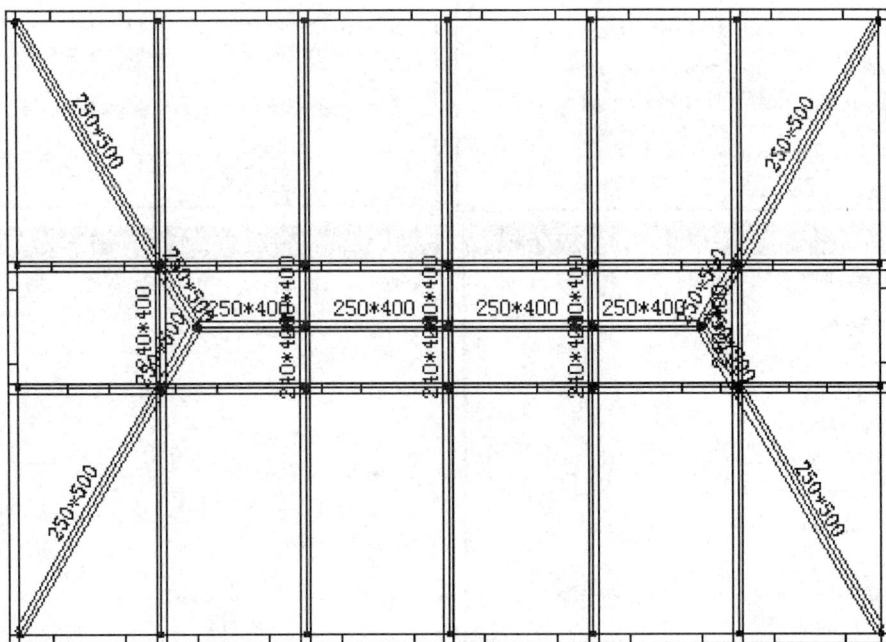

图6.1-15 第3标准层斜梁布置图

点击【网格生成/上节点高】，采用轴线选择方式，将屋脊线上所有节点标高提高2500mm；将与此梁相邻且平行的墙间其他10个节点标高提高2000mm，如图6.1-15所示。

（2）本层信息

点击【楼层定义/本层信息】，设置本标准层信息与第2标准层一致。

（3）楼板布置

点击【楼层定义/楼板生成/生成楼板】，本标准层楼板厚度取120mm，完成第3标准层构件布置。

3. 荷载输入

点击【荷载输入/恒活设置】，在弹出的荷载定义对话框中，输入恒载 2.5kN/m²、活载 0.5kN/m²，点击〈确定〉。

6.1.4　输入设计参数

点击【设计参数】，弹出设计参数对话框，输入本例题的设计参数如图 6.1-16 所示。

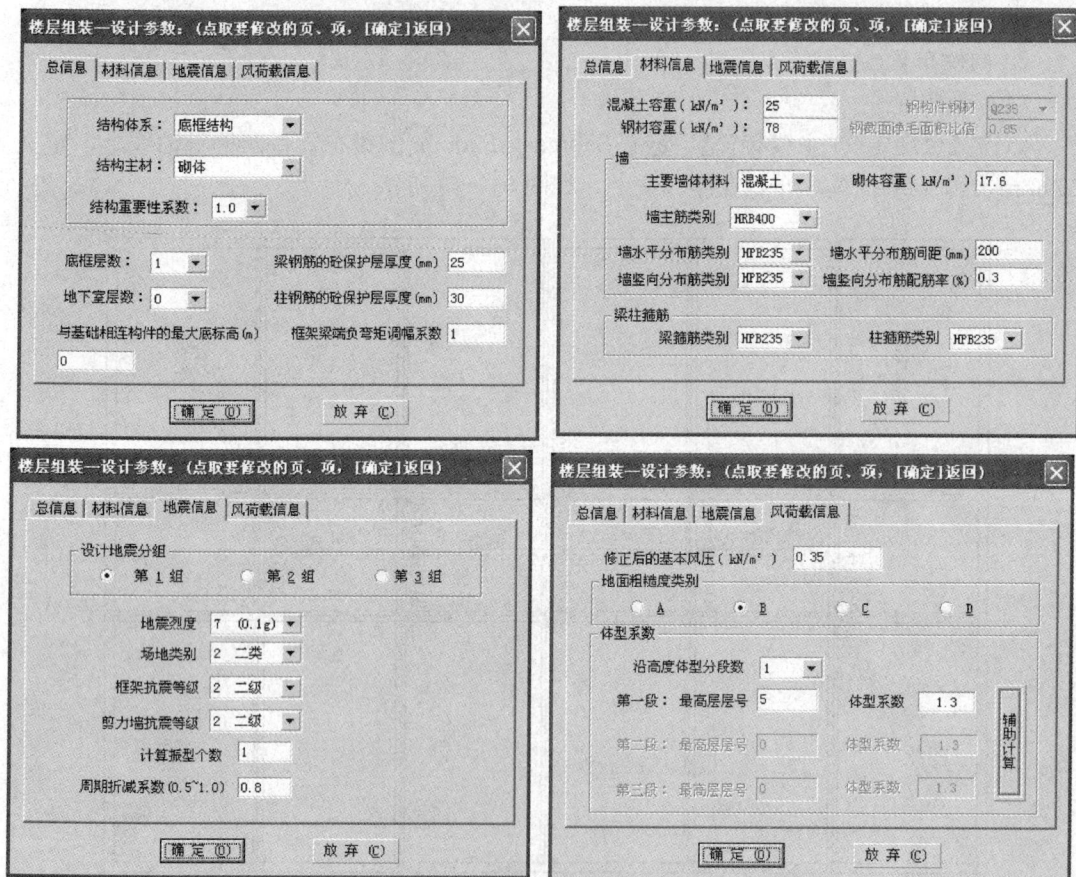

图 6.1-16　设计参数对话框

6.1.5　楼层组装

点击【楼层组装/楼层组装】，弹出楼层组装对话框，五个自然层生成方式如下：

● 选择第1标准层，复制1层，层高取 5.2m（含 1m 埋深），形成第1自然层；

- 选择第 2 标准层，复制 3 层，层高取 3.3m，形成第 2、3、4 自然层；
- 选择第 3 标准层，复制 1 层，层高取 3.3m，形成第 5 自然层。
- 底标高输入－1.0m。

全楼组装输入的各项参数如图 6.1-17 所示。

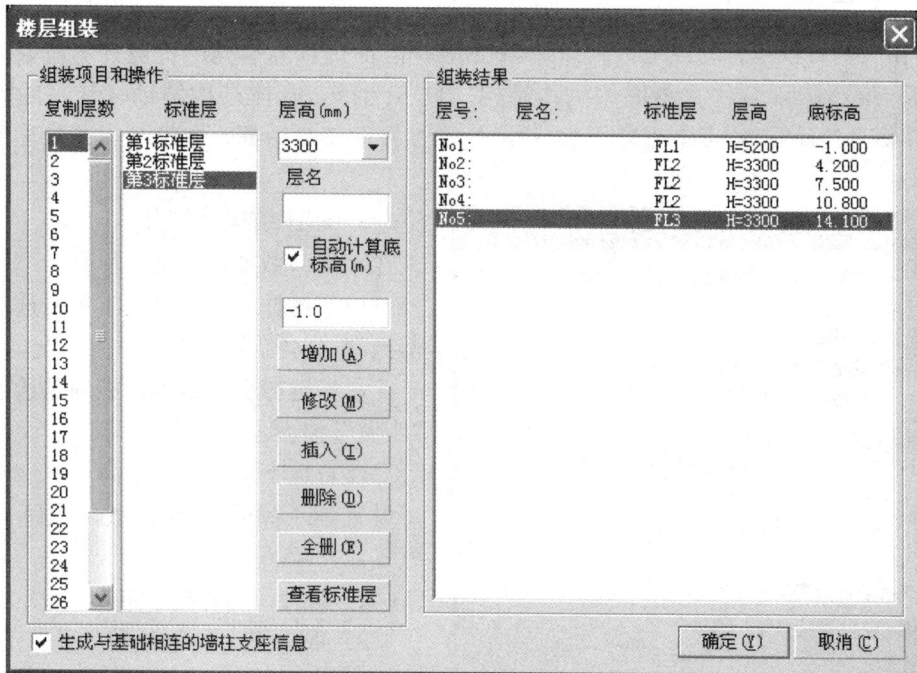

图图 6.1-17　楼层组装对话框

至此，本例题底部框架-抗震墙结构建模工作全部完成。点击【楼层组装/整楼模型】，在弹出的组装方案对话框中选择〈重新组装〉，显示三维模型透视图，如图 6.1-18 所示。

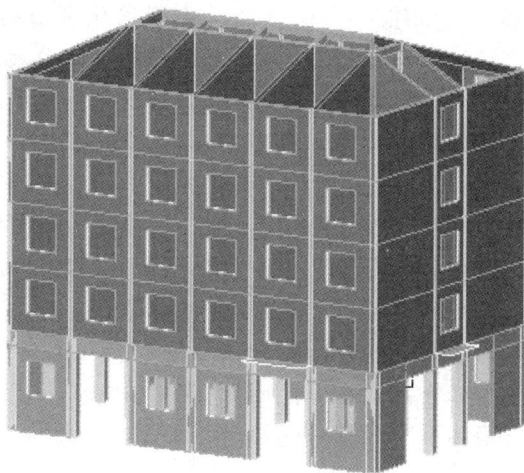

图 6.1-18　全楼模型透视图

6.2 上部砌体结构 QITI 计算

6.2.1 设置计算参数

根据《抗震规范》的规定，砌体结构和底部框架-抗震墙结构的抗震计算应采用底部剪力法。在 PKPM 软件主界面〈砌体结构〉页中选择〈砌体结构辅助设计〉的第 3 项〈③砌体信息及计算〉，点击〈应用〉，弹出计算参数定义对话框，共三页，各计算参数介绍如下：

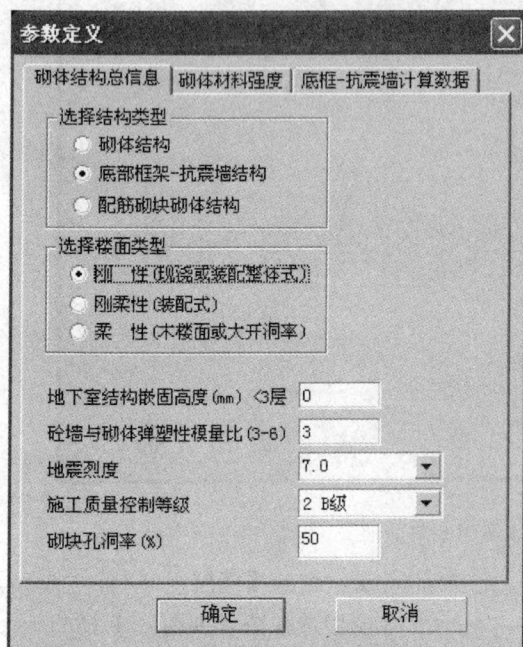

图 6.2-1 砌体结构总信息

1. 砌体结构总信息

本页参数如图 6.2-1 所示。

（1）选择结构类型，本例题选择"底部框架-抗震墙结构"。

（2）选择楼面类型，本例题选择现浇"刚性"楼面。

（3）地下室结构嵌固高度，该参数用于设置地下室或半地下室，取值有三种方式：

1）取 0，没有地下室；

2）取小于 3 的正整数 N，表示有 N 层全高地下室；

3）取较大的数值 n，表示有嵌固高度为 n 毫米的半地下室。

本例题没有地下室，取"0"。

提示： 该参数表示上部结构嵌固端相对地下室底平面的高度，根据规范的规定，程序在计算结构总重力荷载代表值时，不计入嵌固端以下部分的结构重力荷载，计算各层水平地震作用标准值时，楼层的计算高度为楼层相对地下室底板高度减去嵌固高度。

（4）混凝土墙与砌体弹塑性模量比：该参数是为同一楼层内既有砌体墙又有混凝土墙的组合砌体结构而设置的，程序在计算侧向刚度时，取该参数值作为混凝土墙与砌体墙的弹塑性模量比值。由于对这类组合墙体的抗震性能评价学术界有争论，是否可以采用应以当地权威部门规定为准。本例题没有组合墙不考虑此参数。

（5）地震烈度：有七个选项，本例题取"7.0（0.10g）"。

（6）施工质量控制等级：分为 3 级，本例题选择"2B 级"。

（7）砌块孔洞率：当墙体采用混凝土砌块时，程序考虑砌块孔洞率对计算结果的影响。本例题不是混凝土砌块结构，不考虑此参数。

2. 砌体材料强度

本页参数如图 6.2-2 所示。

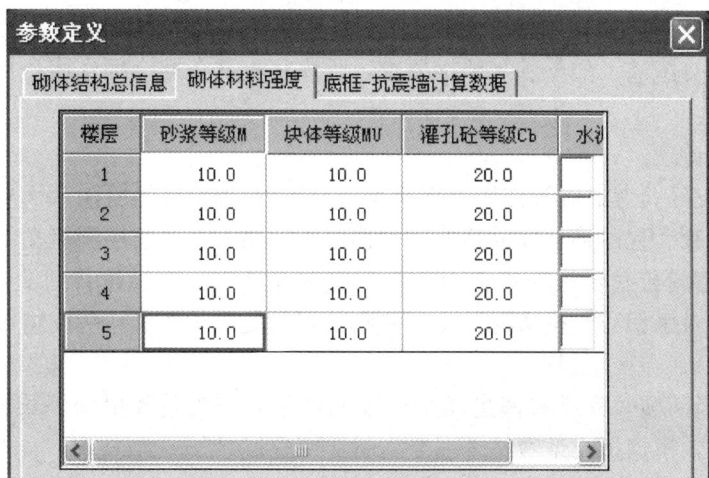

图 6.2-2　砌体材料强度

在此对话框中输入各层砌体的砂浆、块体、灌孔混凝土强度等级和砂浆类型。

（1）砂浆和块体强度等级既可以按《砌体规范》第 3.2.1 条的标准规格输入，也可以输任意值，软件用线性插值法计算设计值。

（2）灌孔混凝土等级仅对砌块墙计算有效。

（3）砂浆类型用于选择是否采用水泥砂浆，如选择，程序对砌体的抗压强度（乘 0.9）及抗剪强度（乘 0.8）作相应调整。

3. 底框-抗震墙计算数据

该页参数如图 6.2-3 所示。

（1）托梁上部荷载的确定方法

底框结构的托梁除了承受梁所在楼层的楼面荷载，还承受上部砌体墙传下来的竖向荷载。对于前者，程序根据楼板导荷方式将楼面荷载转为梁上的均布线荷载或梯形线荷载。对于后者，程序提供四种处理方式：

1）选择"按规范墙梁方法确定托梁上部荷载"，程序首先判断托梁是否满足《砌体规范》表 7.3.2 的墙梁要求，如满足要求，程序采用墙梁理论求出托梁上部砌体荷载作用下托梁的内力，再反算出作用在该梁上的等效荷载（三角形或梯形分布线荷载和节点弯矩），

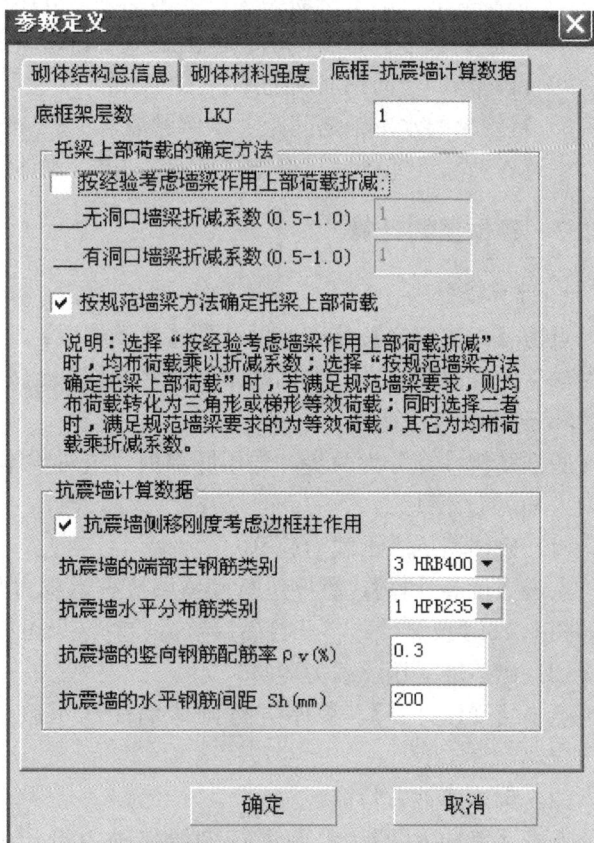

图 6.2-3　底框-抗震墙计算数据

139

折减掉的荷载（原竖向荷载与等效荷载合力之差），作为集中力作用在梁两端的柱顶，托梁按墙梁方法计算配筋；如不满足墙梁要求，程序将上部荷载全部作用在托梁上，托梁按普通梁计算配筋。

本例题选择此项。

2）选择"按经验考虑墙梁作用上部荷载折减"，根据设计经验输入无洞口或有洞口的墙梁荷载折减系数。程序将上部荷载折减后作用在托梁上（过渡层洞口在两个以上时荷载不折减），折减掉的荷载转化为集中力作用在梁两端柱顶。托梁按普通受弯梁计算配筋。由于托梁计算未考虑偏心受拉情况，也未判断是否满足墙梁要求，所以输入的折减系数不应太小。

3）同时选择两项，程序对满足墙梁要求的托梁，按规范提供的墙梁公式计算配筋；对不满足要求的，根据折减系数按普通受弯梁计算配筋。

4）两项都不选择，程序将上部荷载全部作用在托梁上，托梁与普通梁一样按受弯构件计算配筋，这种计算方式偏于保守，很少采用。

（2）抗震墙计算数据

1）抗震墙侧移刚度考虑边框柱作用：选择该项，在计算层间侧向刚度比时，与边框柱相连的剪力墙作为组合截面剪力墙考虑；否则，程序分别计算墙、柱的侧移刚度。对混凝土抗震墙应选择考虑边框柱作用，对砌体抗震墙不考虑边框柱作用。本例题选择该项。

2）抗震墙的端部主钢筋类别：本例题取"3HRB400"钢筋。

3）抗震墙水平分布筋类别：本例题取"1HPB235"钢筋。

4）抗震墙的竖向钢筋配筋率：本例题取"0.3"%。

5）抗震墙的水平钢筋间距：本例题取"200"mm。

上述参数输入完毕后，点击〈确定〉，进入砌体结构设计计算环境。

6.2.2 砌体结构计算

1. 计算前处理

点击【参数定义】、【砌体设计】、【改墙等级】等命令，可以在计算前对结构模型和参数做最后的修改和补充。本例题不做这些操作。

2. 砌体结构计算

底框结构计算分为两步，先用底部剪力法对整体结构进行抗震分析，再对底框部分进行内力和配筋计算。

（1）砌体墙抗震承载力验算

点击【抗震计算】，程序进行砌体墙抗震承载力验算，本例题第2自然层抗震验算结果如图6.2-4所示。第3～5自然层抗震验算结果可以通过切换自然层分别查看。

（2）砌体墙受压承载力验算

点击【受压计算】，程序进行砌体墙受压承载力验算，本例题验算结果如图6.2-5所示。

（3）砌体墙轴力验算

点击【墙轴力图】，程序进行砌体墙轴力设计值验算，本例题验算结果如图6.2-6所示。

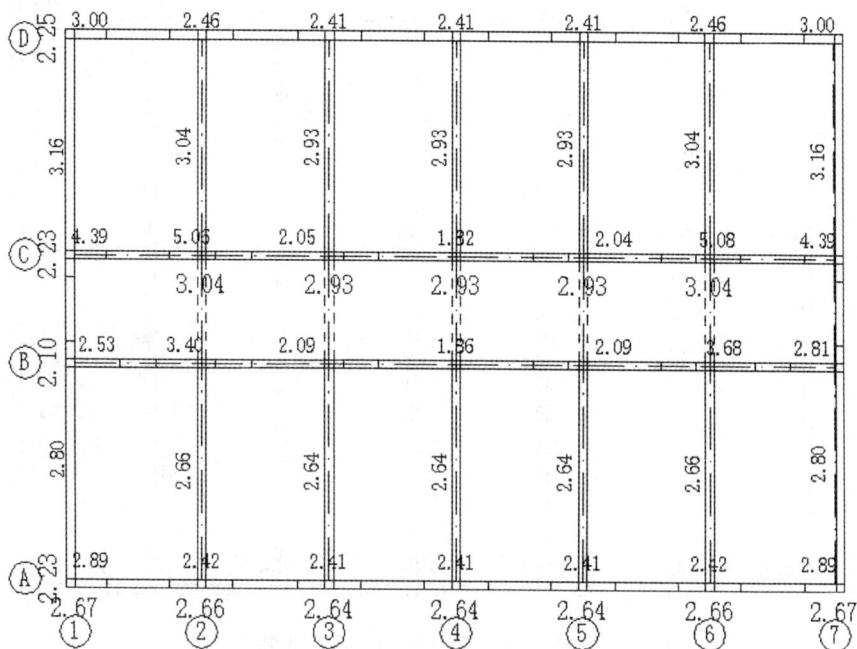

G2=4141.5 F2=212.8 V2=1298.8 M =10.0 MU=10.0

2 层抗震验算结果（抗力与效应之比，括号内为配筋面积）

图 6.2-4　第 2 层抗震计算结果

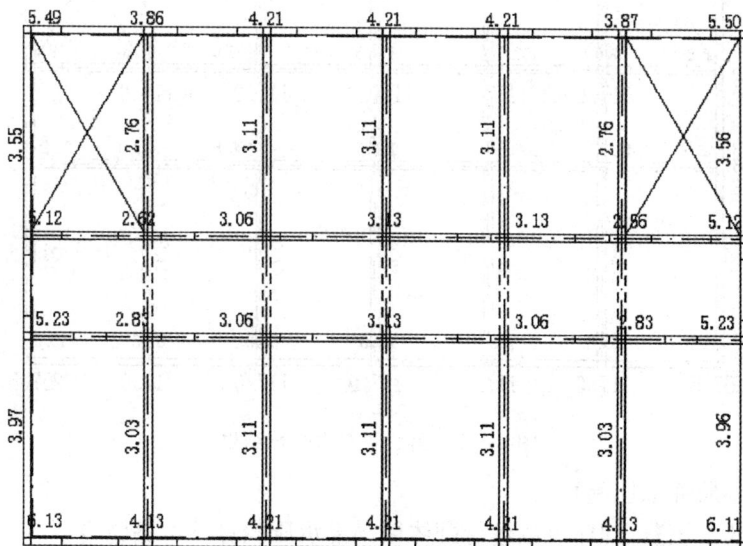

图 6.2-5　第 2 层受压承载力验算结果

（4）砌体墙剪力验算

点击【墙剪力图】，程序进行砌体墙剪力设计值验算，本例题验算结果如图 6.2-7 所示。

（5）砌体墙高厚比验算

点击【墙高厚比】，程序进行砌体墙高厚比验算，本例题验算结果如图 6.2-8 所示。

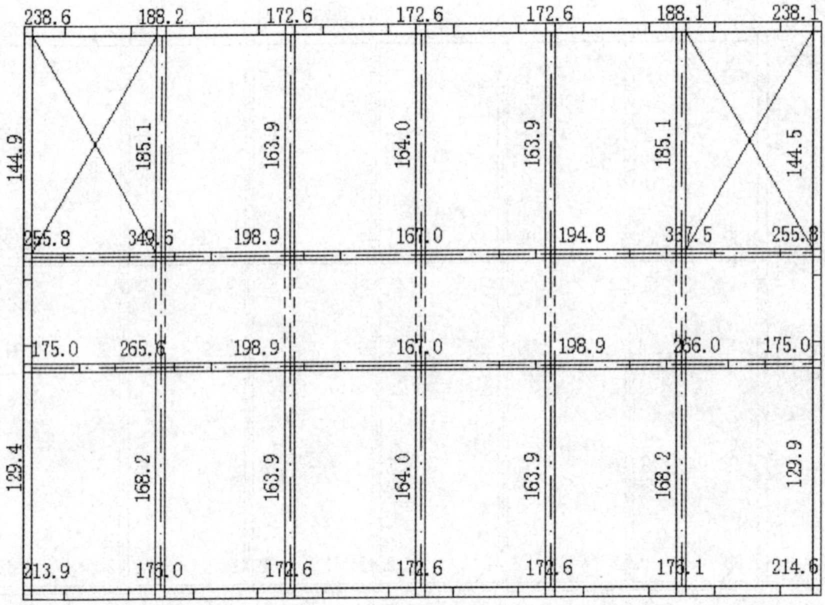
238.6 188.2 172.6 172.6 172.6 188.1 238.1
144.9 185.1 163.9 164.0 163.9 185.1 144.5
255.8 349.6 198.9 167.0 194.8 357.5 255.8
175.0 265.6 198.9 167.0 198.9 266.0 175.0
129.4 168.2 163.9 164.0 163.9 168.2 129.9
213.9 176.0 172.6 172.6 172.6 176.1 214.6

图 6.2-6　第 2 层轴力验算结果

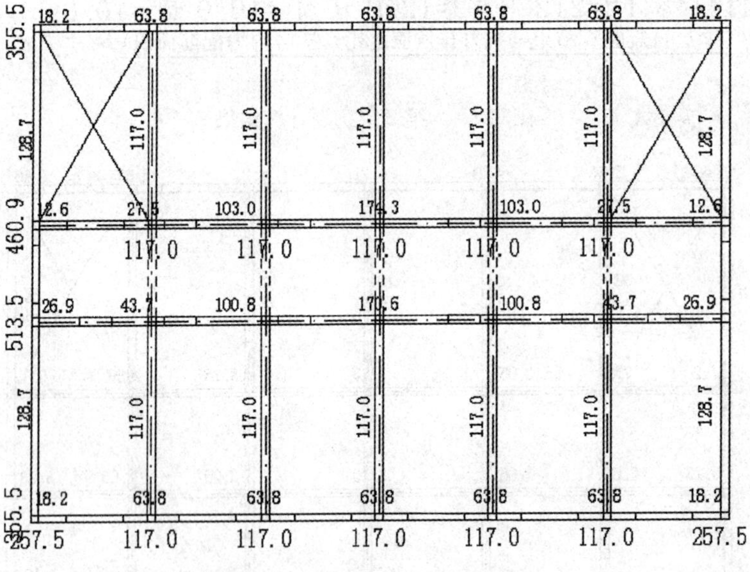
355.5
18.2 63.8 63.8 63.8 63.8 63.8 18.2
128.7 117.0 117.0 117.0 117.0 117.0 128.7
460.9
12.6 27.5 103.0 174.3 103.0 27.5 12.6
117.0 117.0 117.0 117.0 117.0
513.5
26.9 43.7 100.8 170.6 100.8 43.7 26.9
128.7 117.0 117.0 117.0 117.0 117.0 128.7
355.5
18.2 63.8 63.8 63.8 63.8 63.8 18.2
257.5 117.0 117.0 117.0 117.0 117.0 257.5

图 6.2-7　第 2 层剪力验算结果

(6) 砌体墙局部承压验算

点击【局部承压】，程序可以进行砌体墙局部承压验算，本例题略。

3. 底部框架计算

将当前层切换到第 1 自然层，以便进行底部框架-抗震墙结构的计算。点击【底框计算】，程序进行上部砌体向底部框架梁、柱的荷载传递，验算各地震方向层间侧向刚度比、各榀框架的地震力和柱的附加轴力，计算底部抗震墙的配筋，本例题底框计算结果如图 6.2-9 所示。

点击【底框计算/底框荷载】，显示底框结构各构件承担的荷载。由于托墙梁要承担上部多层砌体墙的荷载，导荷情况又比较复杂，应当认真校核。本例题底框荷载如图6.2-10所示。

8.7/20.8　8.7/20.8　8.7/20.8　8.7/20.8　8.7/20.8　8.7/20.8

12.7/26.0　12.7/26.0　12.7/26.0　12.7/26.0　12.7/26.0　12.7/26.0

8.7/20.8　8.7/23.1　8.7/23.1　8.7/23.1　8.7/23.1　8.7/20.8

7.5/19.7　　　　　　　　　　　　　　　　　　　7.5/19.7

8.7/23.1　8.7/23.1　8.7/23.1　8.7/23.1　8.7/23.1　8.7/23.1

12.7/26.0　12.7/26.0　12.7/26.0　12.7/26.0　12.7/26.0　12.7/26.0

8.7/20.8　8.7/20.8　8.7/20.8　8.7/20.8　8.7/20.8

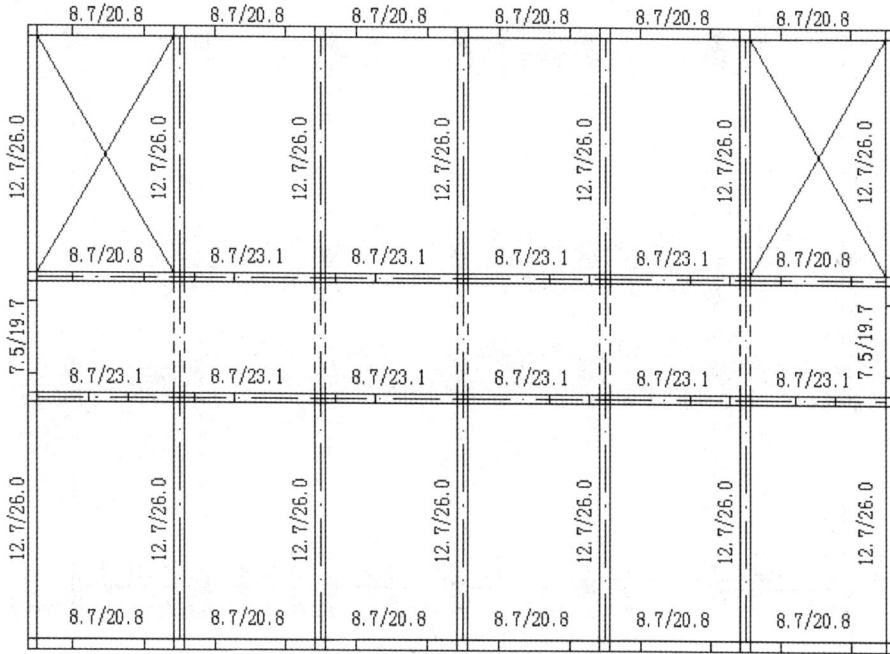

图 6.2-8　第 2 层高厚比验算结果

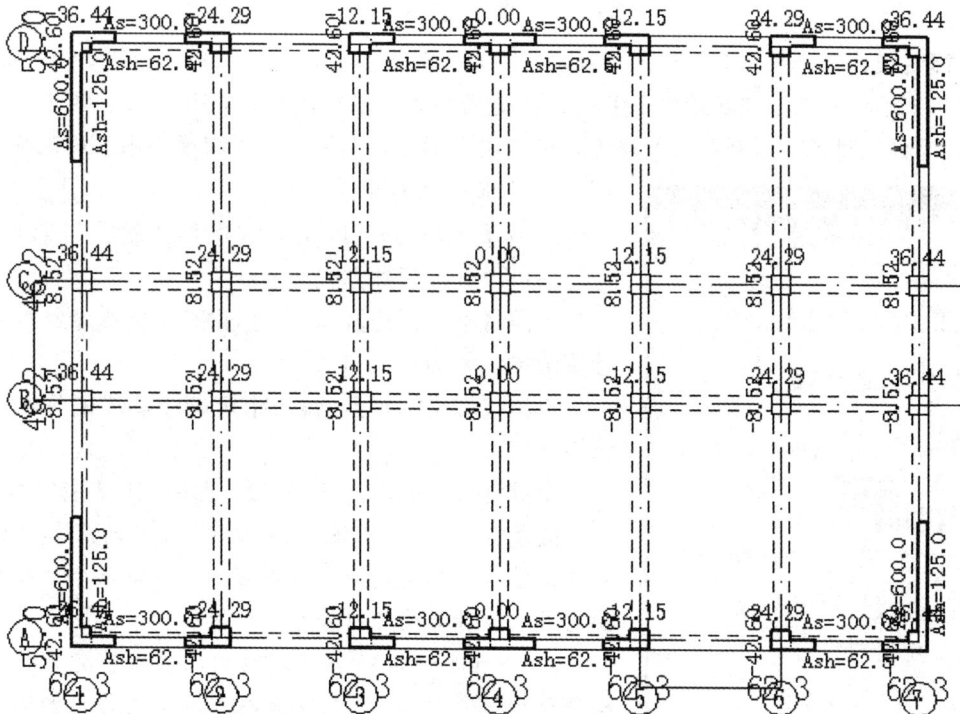

36.44　24.29　12.15　0.00　12.15　24.29　36.44
As=300.0　As=300.0　As=300.0　As=300.0
Ash=62.5　Ash=62.5　Ash=62.5　Ash=62.5
As=600.0　Ash=125.0

36.44　24.29　12.15　0.00　12.15　24.29　36.44

36.44　24.29　12.15　0.00　12.15　24.29　36.44

As=600.0　Ash=125.0

24.29　12.15　0.00　12.15　24.29
As=300.0　As=300.0　As=300.0　As=300.0
Ash=62.5　Ash=62.5　Ash=62.5　Ash=62.5

① ② ③ ④ ⑤ ⑥ ⑦

V90=1904.9　K90=1.74　V0=1809.8　K0=1.36　Mt=11756.90　Cw=30.0

1 层框架地震作用计算结果

图 6.2-9　第 1 层底框计算结果

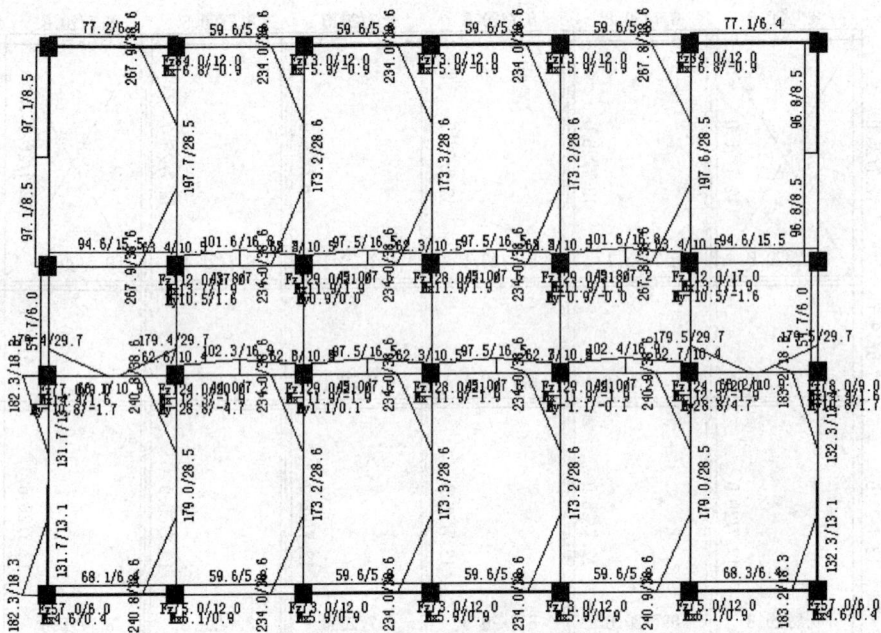

1层框架梁、柱上的上部砌体传递荷载

图 6.2-10　第 1 层底框荷载

提示：1）计算数据如不满足规范要求，会用红色显示，提示用户进行调整。

2）底框计算图下部显示的 K0 和 K90 是两个方向层间刚度比，如以红色显示，表示不满足《抗震规范》强制条文的规定，必须进行调整。本例题层间刚度比满足规范要求。

4. 生成计算书

点击【计算书】，以文字数据形式输出计算结果，计算书可以分成两种方式显示：

点击【整体结构】，输出底部框架-抗震墙结构整体计算结果，如图 6.2-11 所示。

点击【详细结果】，输出指定砌体墙段的详细计算结果（略）。

全部计算完成点击【退出】，返回 QITI 主界面。

提示：1）本节阐述了用 QITI 软件的底部剪力法对底框结构进行抗震计算的步骤，对于多层砌体结构只要完成本节计算就可以转入施工图设计了。

2）对于底部框架-抗震墙结构，在本节完成整体结构导荷和抗震计算，并将上部荷载和地震作用传递到底框构件上，以便用其他软件接力进行底框构件的内力和配筋计算。

3）砌体结构中的混凝土简支梁，建议用 PK 软件计算；砌体结构中的混凝土井字梁，建议用 SATWE、

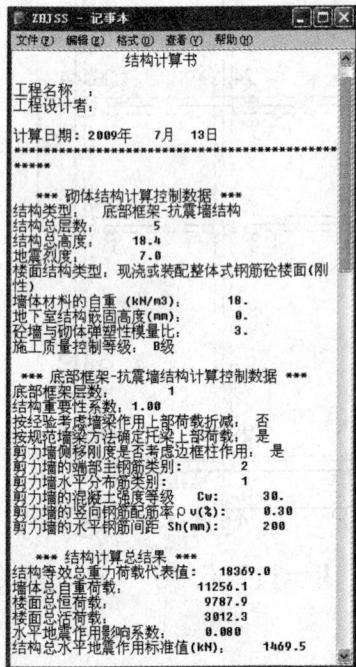

图 6.2-11　底框整体结构计算书

ZBJSS - 记事本

文件(F)　编辑(E)　格式(O)　查看(V)　帮助(H)

结构计算书

工程名称：
工程设计者：

计算日期：2009年　7月　13日
******
　　*** 砌体结构计算控制数据 ***
结构类型：　　底部框架-抗震墙结构
结构总层数：　　6
结构总高度：　　18.4
地震烈度：　　7.0
楼面结构类型：现浇或装配整体式钢筋砼楼面（刚性）
墙体材料的自重（kN/m3）：　　18.
地下室结构嵌固高度（mm）：　　0.
砼墙与砌体弹性模量比：　　3.
施工质量控制等级：　B级

　　*** 底部框架-抗震墙结构计算控制数据 ***
底部框架层数：　　2
结构重要性系数：　1.00
按经验算框架作用上部荷载折减：　　否
按规范墙率方法确定托梁上部荷载：　　是
剪力墙是否考虑边框作用：　　是
剪力墙的端部主筋级别：　　2
剪力墙水平分布筋级别：　　2
剪力墙的混凝土强度等级　Cw：　　30.
剪力墙竖向钢筋配筋率 ρv（%）：　　0.30
剪力墙的水平钢筋间距 Sh（mm）：　　200

　　*** 结构计算总结果 ***
结构等效总重力荷载代表值：　18369.0
结构总恒载：　　11256.1
楼面总恒载：　　9787.9
楼面总活载：　　3012.3
水平地震作用影响系数：　　0.080
结构总水平地震作用标准值（kN）：　　1469.5

TAT 等空间分析软件计算。

4）砌体结构中的混凝土构件设计，建议用 QITI 的〈砌体结构混凝土构件设计〉程序完成。

6.2.3　砌体结构施工图

1. 楼板施工图

在 PKPM 软件主界面〈砌体结构〉页中选择〈砌体结构辅助设计〉的第 4 项〈④结构平面图〉，点击〈应用〉，利用相关菜单，可绘制首层楼顶板，即二层板配筋图，如图 6.2-12 所示。

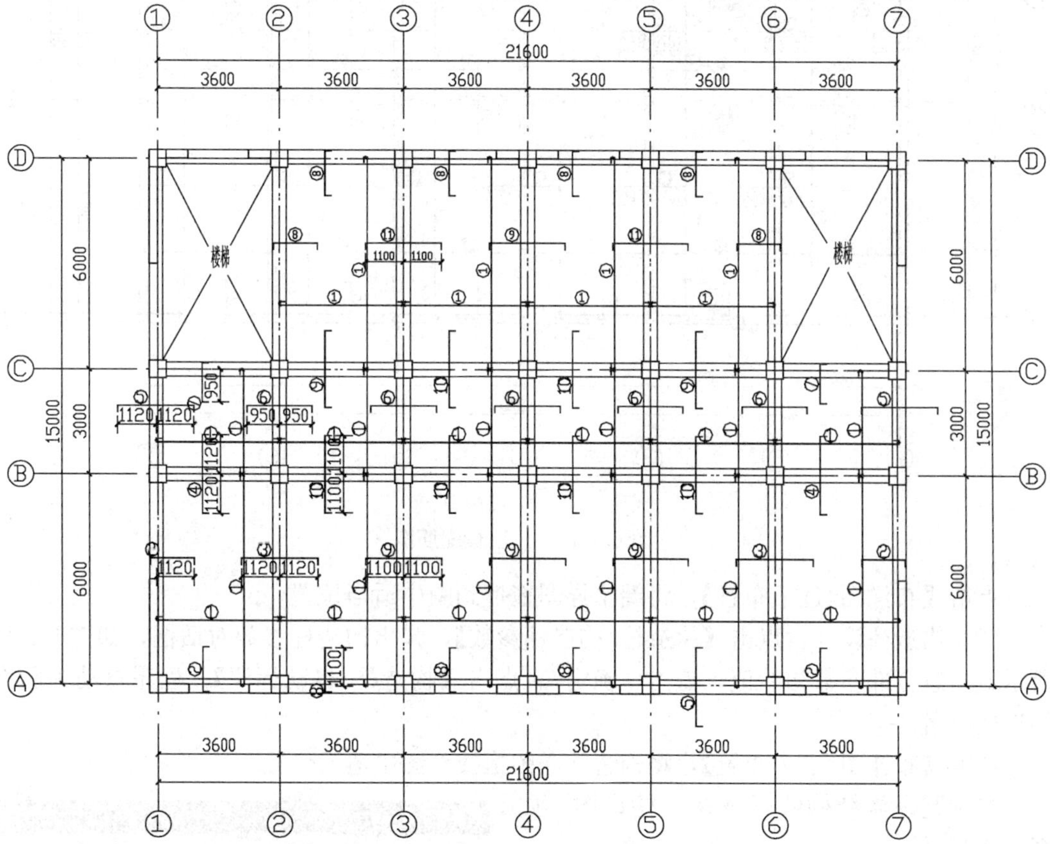

图 6.2-12　二层板配筋图

点击右上角换楼层菜单，选择"2 层 3300"项，屏幕显示第 2 层楼板配筋施工图，如图 6.2-13 所示。

2. 砌体详图

在 PKPM 软件主界面〈砌体结构〉页中选择〈砌体结构辅助设计〉的第 5 项〈⑤详图设计〉，点击〈应用〉，进入砌体结构详图设计环境。

（1）圈梁设计。点击【圈梁/圈梁参数】，弹出圈梁输入参数对话框，如图 6.2-14 所示。同意全部参数初始值，点击〈确定〉。点击【圈梁/自动标注】，程序自动为所有圈梁命名。

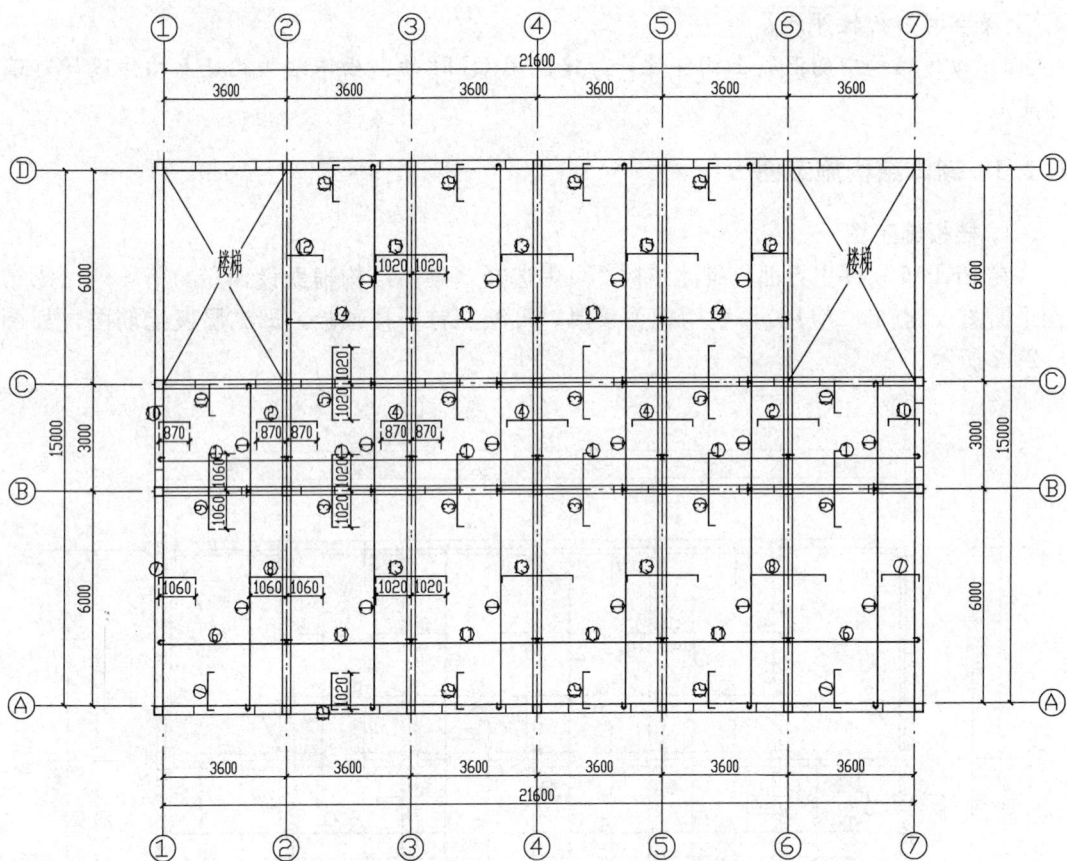

图 6.2-13　三层板配筋图

点击【布详图/逐个布置】，将圈梁详图拖拽到图中适当位置。

（2）构造柱设计。点击【构造柱/构造柱参数】，弹出构造柱参数对话框，如图6.2-15所示。同意全部参数初始值，点击〈确定〉。点击【构造柱/自动标注】，程序自动为所有构造柱命名。

点击【布详图/逐个布置】，将构造柱详图拖拽到图中适当位置。

本例题砌体结构圈梁及构造柱详图，如图 6.2-16 所示。

砌体结构其他楼层施工图绘制方法与此相同。

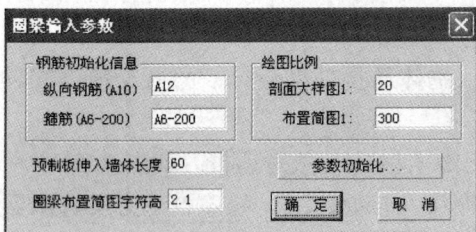

图 6.2-14　圈梁参数对话框

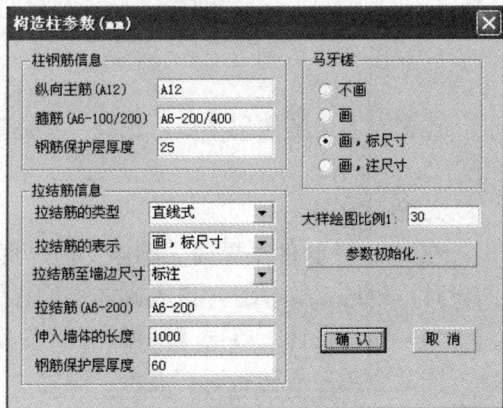

图 6.2-15　构造柱参数对话框

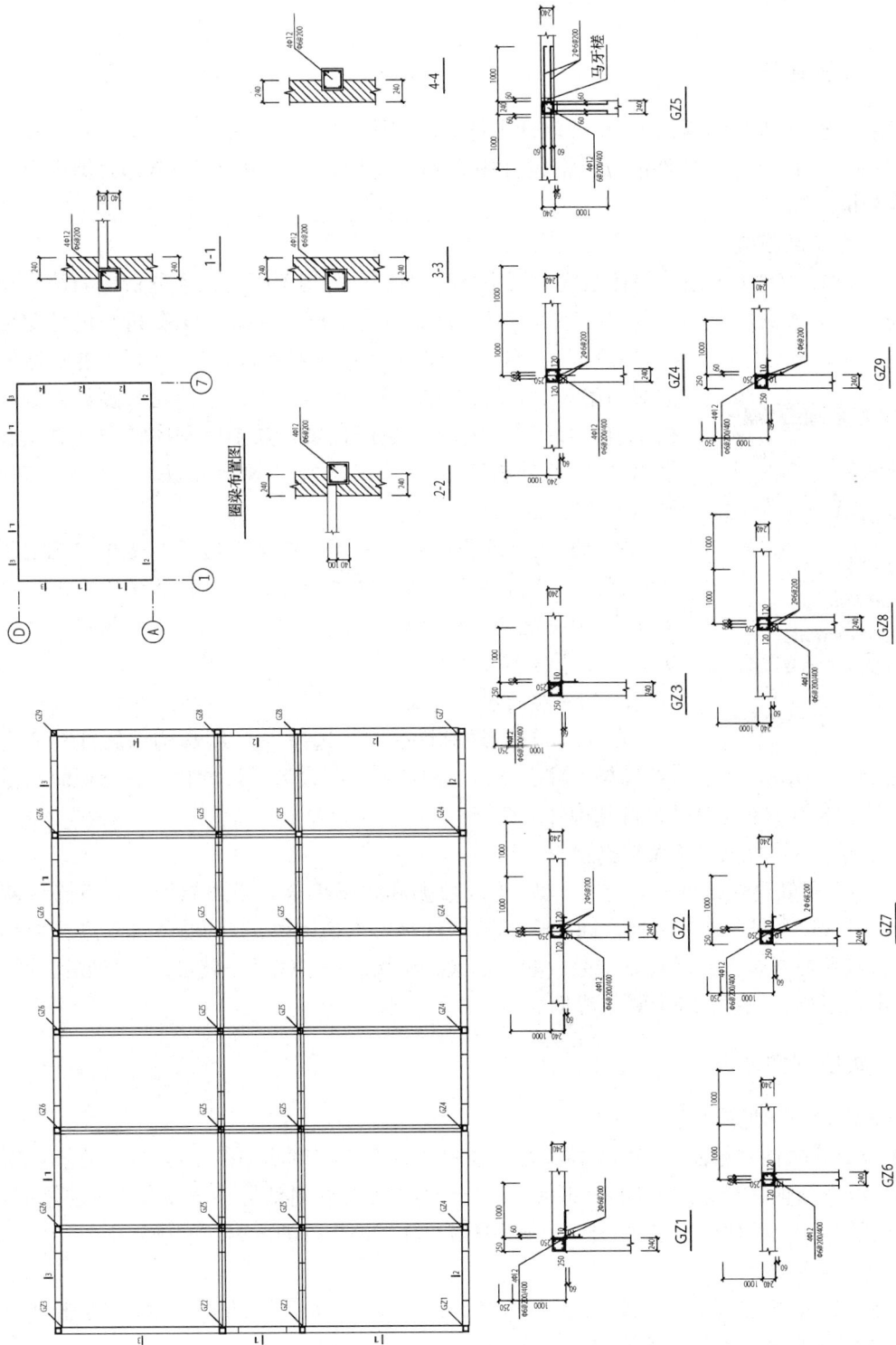

图 6.2-16 二层圈梁、构造柱详图

147

6.3 底框结构 TAT 三维计算

6.3.1 计算前处理

底部框架-抗震墙结构在用 QITI 软件进行上部砌体结构和全楼抗震计算后，可以接力 SATWE、TAT、PK 等软件进行底框构件内力和配筋计算。本例题以 TAT 为例进行底框三维分析计算。

1. 计算参数设置

在 PKPM 软件主界面〈砌体结构〉页中选择〈底框-抗震墙结构三维分析〉的第 4 项〈④生成 TAT 数据〉，点击〈应用〉弹出 TAT 前处理对话框。选择〈1. 分析与设计参数补充定义（必须执行）〉，点击〈应用〉，弹出 TAT 参数设置对话框，共 10 页，各参数的意义与第 3 章介绍的 SATWE 参数类似。本例题大多数参数取初始值，有些参数按实际情况设置，其中〈砌体结构〉页〈底框结构空间分析方法〉建议选择"规范算法"，如图 6.3-1 所示。

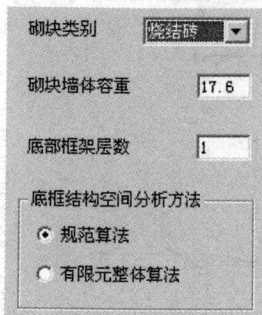

提示：底框结构空间分析方法有两个选项，选择"规范算法"，接力 QITI 砌体计算结果进行底框计算；选择"有限元整体算法"，将整体结构用有限元方法分析，这不是规范规定的算法，其计算结果仅供参考。

图 6.3-1　砌体结构参数页

2. 特殊构件补充定义

在 TAT 前处理对话框中，选择〈2. 特殊构件属性补充定义〉，点击〈应用〉，用于对特殊梁、柱、支撑、墙和板进行设置，以便在计算分析时给予特殊考虑。本例题不需要设置特殊构件。

3. 生成 TAT 数据文件及数据检查

在 TAT 前处理对话框中，选择〈8. 生成数据和数据检查（必须执行）〉，点击〈应用〉弹出 TAT 数据生成对话框，同意全部默认选项，点击〈确定〉，程序自动进行数据正确性检查并在屏幕上显示检查结果，如全部检查结果都是"OK"，就可以进行底框计算了。点击〈退出〉，返回 PKPM 主界面。

6.3.2 底框构件计算

1. 底框内力和配筋计算

在 PKPM 软件主界面〈砌体结构〉页中选择〈底框-抗震墙结构三维分析〉的第 5 项〈⑤TAT 内力及配筋计算〉，点击〈应用〉弹出计算控制参数对话框，全部参数取初始值，点击〈确认〉，TAT 软件用三维有限元分析方法计算底框构件的内力和配筋。

2. 计算结果显示

选择〈底框-抗震墙结构三维分析〉的第 6 项〈⑥TAT 计算结果显示〉，点击〈应用〉，显示 TAT 输出菜单对话框，输出计算结果图形和计算书。

提示：由于底部框架-抗震墙结构的抗震计算在 QITI 中完成，在接力 SATWE、

TAT 等软件计算时不再进行抗震计算，因此有关地震的计算参数不必设置，计算结果仅看构件内力和配筋方面的内容。

在 TAT 输出菜单中选择“2. 混凝土构件配筋或钢构件验算简图”，点击〈应用〉，生成底框各构件配筋简图，经过【字符避让】处理后如图 6.3-2 所示。

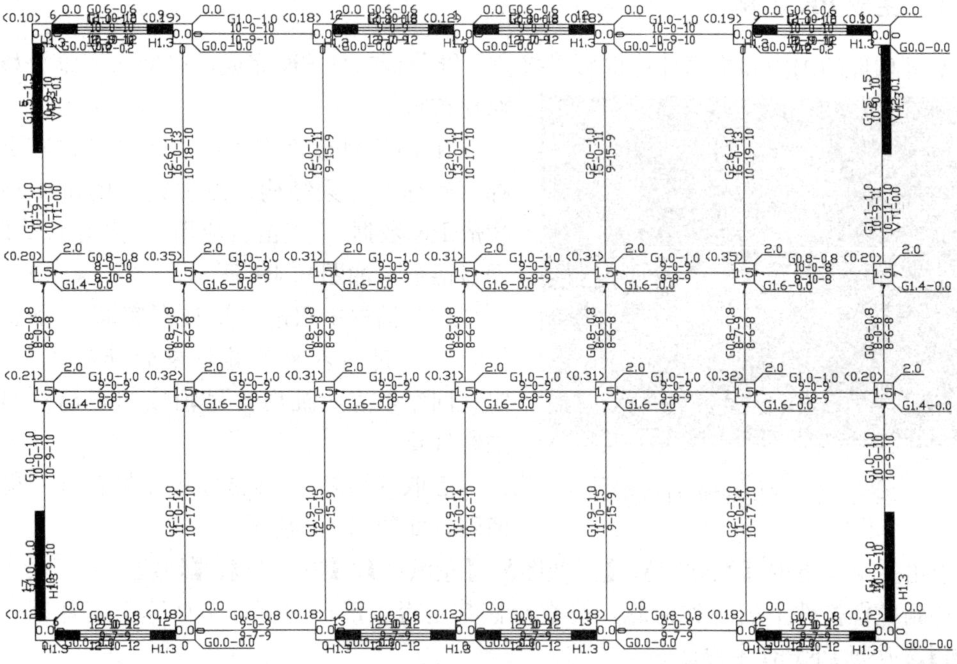
第 1 层混凝土构件配筋及钢构件应力比简图（单位：cm*cm）
本层：层高 = 5200(mm) 梁总数 = 49 柱总数 = 28 支撑数 =0
墙总数 = 12 墙柱数 = 8 墙梁数 = 18
混凝土强度等级：梁 Cb = 30 柱 Cc = 30 墙 Cw = 30
（白色墙体为短肢剪力墙结构中的短肢剪力墙）

图 6.3-2　第 1 层构件配筋简图

点击【立面选择】，屏幕下方提示：“请用光标选择一直线上两点，按［Esc］键结束”，用光标点取 4 号轴线的两端点，弹出对话框提示：“请输入：起始层，终止层”，键盘输入“1，1”，生成底框 1 层 4 号轴线的框架配筋简图，如图 6.3-3 所示。

由于底框结构的底部框剪结构计算、调整及施工图绘制等操作，与本教程第 3、4 章的普通框剪结构相同，不再赘述。

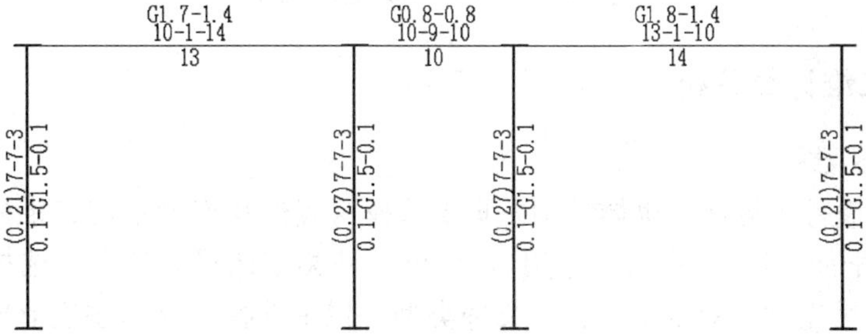
G1.7-1.4
10-1-14
13
G0.8-0.8
10-9-10
10
G1.8-1.4
13-1-10
14
(0.21)7-7-3
0.1-G1.5-0.1
(0.27)7-7-3
0.1-G1.5-0.1
(0.27)7-7-3
0.1-G1.5-0.1
(0.21)7-7-3
0.1-G1.5-0.1
立面配筋及验算简图 (单位:CM)

图 6.3-3　4 号轴线框架配筋简图

6.4 底框结构 PK 二维计算

6.4.1 生成 PK 数据

底框构件的内力和配筋计算也可以接力二维分析软件 PK 完成，以便与三维分析结果对比校核。

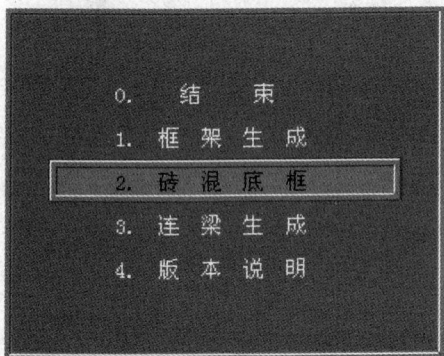

图 6.4-1 框架选择对话框

在 PKPM 软件主界面〈砌体结构〉页中选择〈底框及连梁结构二维分析〉的第 1 项〈①生成 PK 数据〉，点击〈应用〉，弹出生成 PK 数据对话框，如图 6.4-1 所示。

在对话框中双击〈2. 砖混底框〉，屏幕下方提示："请输入要计算框架的轴线号"，输入"4"回车，表示抽出 4 号轴线的一榀框架进行二维计算。

点取〈结束〉，屏幕显示 4 号轴线的框架立面图，如图 6.4-2 所示。

点击主菜单下的【恒载图】、【活载图】、【左风载】、【右风载】、【地震力】等命令，显示传递到底框构件上的各类荷载，检查校核其是否正确，为下一步计算奠定基础。点击【退出】，返回 PKPM 主界面。

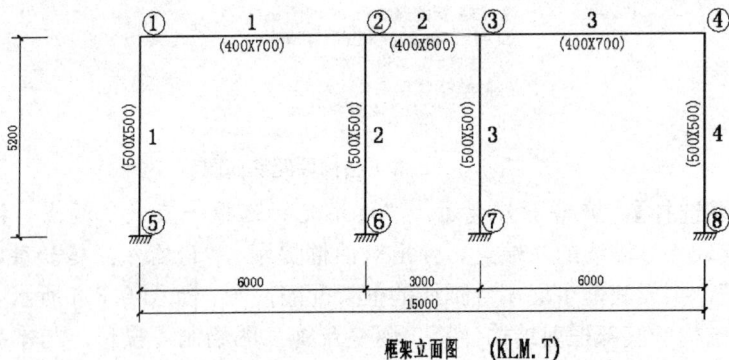

图 6.4-2 4 号轴线框架立面图

6.4.2 PK 二维计算分析

1. 打开 PK 数据文件

在 PKPM 软件主界面〈砌体结构〉页中选择〈底框及连梁结构二维分析〉的第 2 项〈②PK 内力及配筋计算〉，点击〈应用〉，弹出文件类型选择对话框，选择"打开已有数据文件"，弹出数据文件对话框，在〈文件类型〉栏中选择"空间建模形成的平面框架文件"，点击对话框中显示的文件名"PK-4"，如图 6.4-3 所示。

点击〈打开〉，进入 PK 软件二维计算环境。

2. PK 参数输入

点击【参数输入】，弹出计算参数输入对话框，可设置总信息参数、地震计算、结构类型、补充参数、分项及组合系数，如图 6.4-4 所示。其中大多数参数都可以取初始值（取自建模信息），仅〈结构类型〉页中要选择"底框"。点击〈确定〉，结束参数输入操作。

3. 构件和荷载编辑修改

主菜单下的各项命令用于对已

图 6.4-3 打开已有数据文件对话框

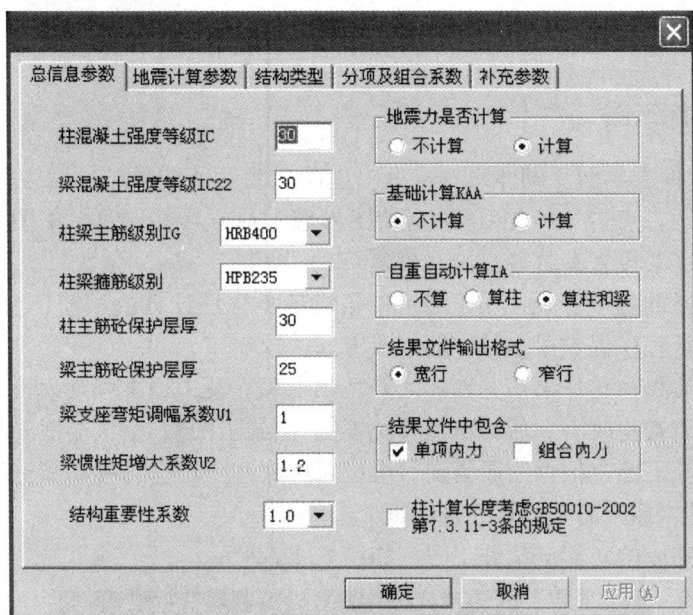

图 6.4-4 PK 计算参数

生成单榀框架的构件及荷载进行检查修改，对特殊构件和填充墙、基础参数进行设置。本例题不做这些操作。

提示：1）如果从三维模型中抽取的底框架构件或荷载不完全，可以在 PK 中补充完善。如需要输入左、右风荷载，可以点击【自动布置】，程序按对话框中设置的参数自动在相关构件上布置风荷载。

2）PK 软件对框排架结构、连梁结构可以直接进行二维建模和计算，因与本例题无关，略。

4. PK 计算分析

点击【计算】，程序自动命名计算书名。点击〈OK〉，程序完成二维计算。屏幕主菜单显示的各项命令，用于查看计算书和各种工况下的内力图，完成图形拼接等工作。例如点击【弯矩包络】，显示本例题框架的弯矩包络图，如图 6.4-5 所示。

点击【退出】，返回 PKPM 主界面。

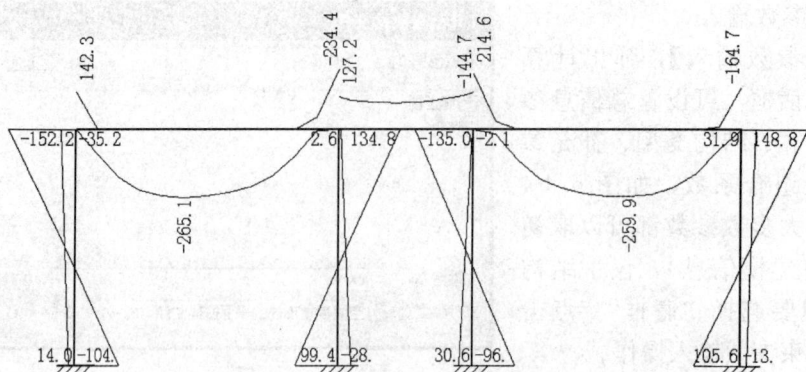

弯矩包络图　(kN·m)

图 6.4-5　框架弯矩包络图

6.4.3　绘底框施工图

在 PKPM 软件主界面〈砌体结构〉页中选择〈底框及连梁结构二维分析〉的第 3 项〈底层框架施工图〉，点击〈应用〉，弹出绘图参数对话框，共四页，如图 6.4-6 所示。按实际情况和绘图需要设置参数，点击〈确定〉。

屏幕主菜单下的各项命令，用于显示校核对各类构件计算的配筋、裂缝和挠度情况，如有不满意之处，程序提供了多种钢筋修改方式。

提示：应认真校核构件配筋，在此处修改钢筋比在施工图中修改方便快捷。

各构件配筋审查修改满意后，点击【施工图/画施工图】，给该榀框架命名后，自动生成带图框的框架施工图。根据绘图需要，可以对标注和图块进行移动和整理；点击下拉菜单【大样图】，可以插入需要的构件详图。

本例题最后完成的底部框架施工图，如图 6.4-7 所示。

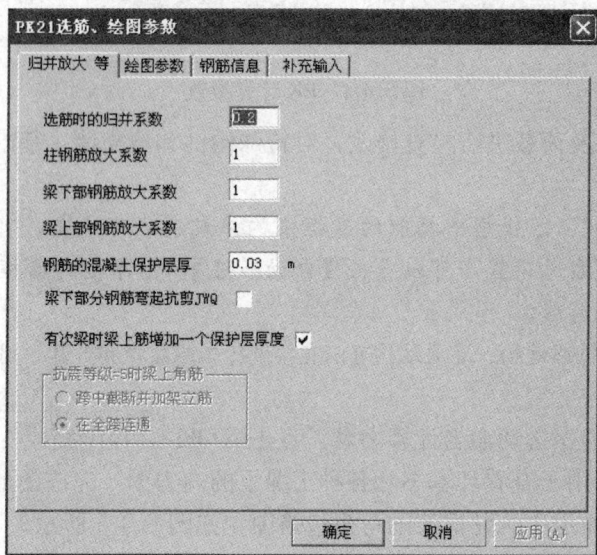

图 6.4-6　绘图参数对话框

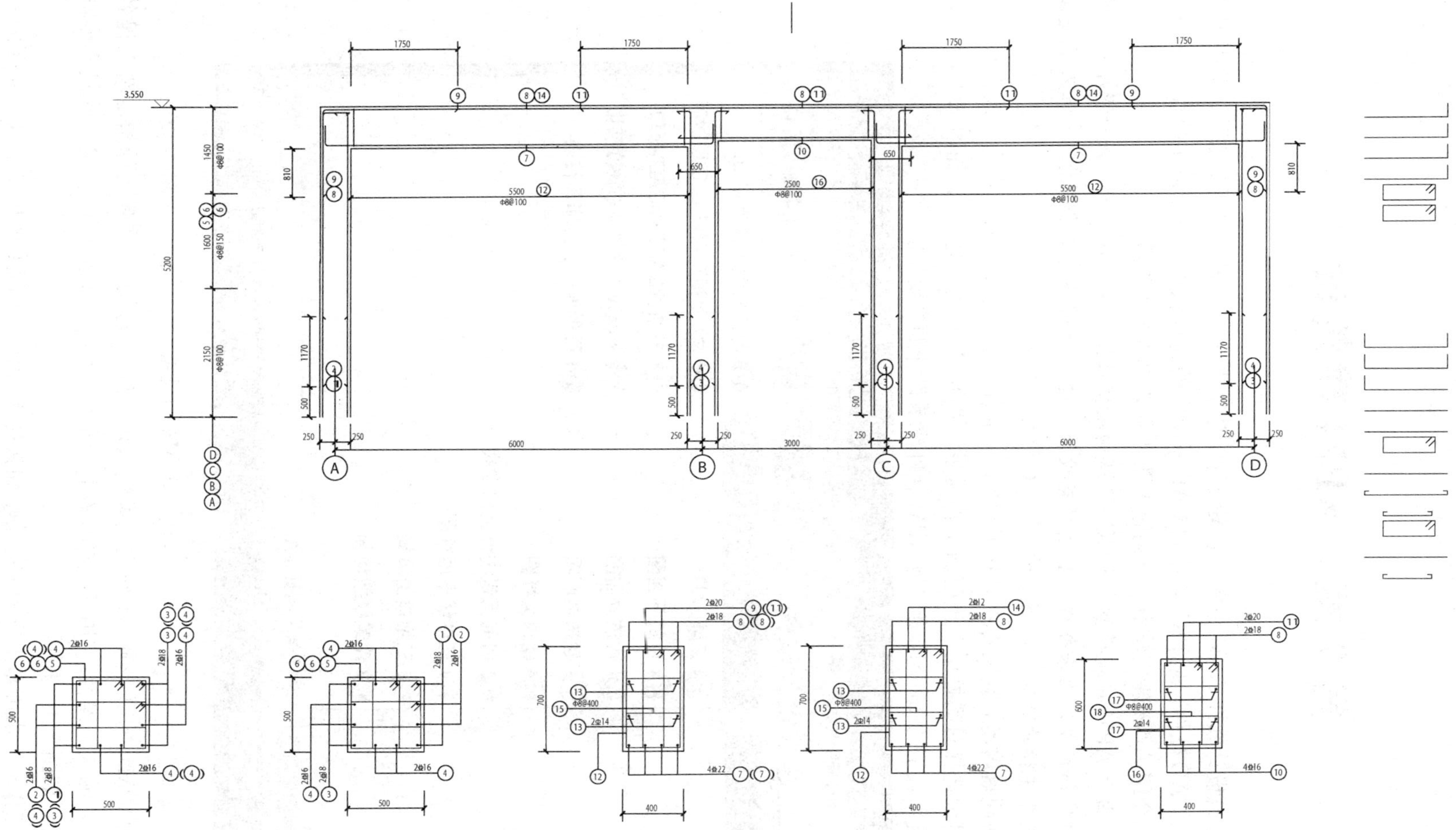

图 6.4-7 底部框架施工图

153

第7章 APM 建筑设计

三维建筑设计软件 APM 是建筑方案设计及建筑平面、立面、剖面施工图、透视图和总图设计的 CAD 软件，是 PKPM 系列 CAD 系统中的建筑软件。下面以本教程第 1 章办公楼为例，介绍 APM 建立模型、绘制施工图和渲染图的主要步骤。

提示：由于 APM 建筑模型和 PMCAD 结构模型数据结构基本相同，任一程序建立的模型另一程序都可以读出来并进行后续补充设计（建议保留备份工作目录），但为了突出反映建筑软件建模的特殊性，还是对 APM 建模作一介绍。

首先在硬盘内建立新文件夹，在 PKPM 主界面选择〈建筑〉页，点击〈改变目录〉，在弹出的目录选择对话框中，创建新工作目录："D：\例题\建筑"，如图 7.1-1 所示。图中〈建筑〉页下的 15 个选项，是 APM 软件建筑设计的主要功能。

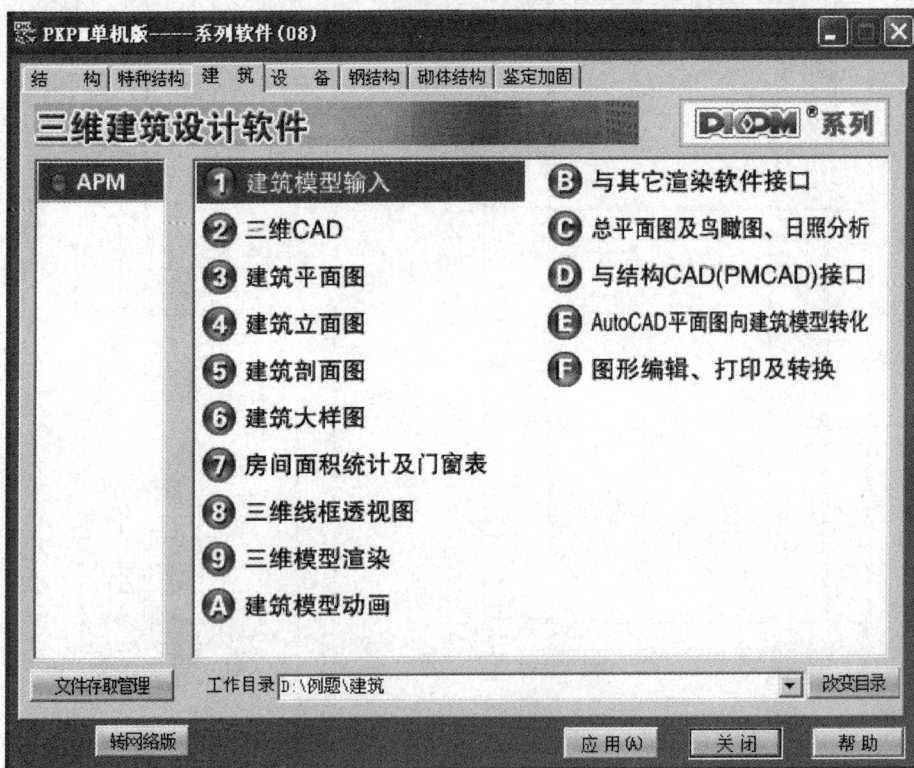

图 7.1-1　APM 软件选项

选择〈APM〉的第 1 项〈①建筑模型输入〉，点击〈应用〉，在弹出的指定新工程名称对话框中，输入工程名："ltjz"，如图 7.1-2 所示。点击〈建新工程〉，进入建筑模型输入操作环境，如图 7.1-3 所示。

APM 工作环境由屏幕上方的下拉菜单和快捷图标区、中间的图形显示区、左侧的垂

图 7.1-2 工程名称对话框

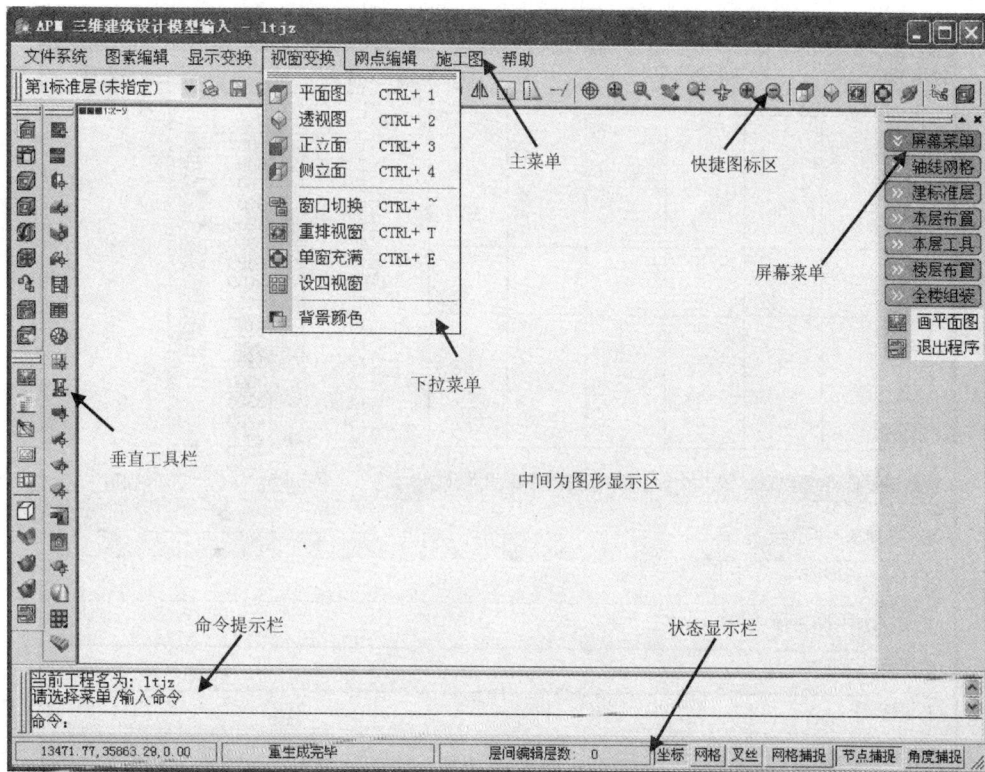

图 7.1-3　APM 建筑模型输入环境

直工具栏、右侧的屏幕主菜单、下方的命令提示栏和状态提示栏七部分组成。

1. 图形显示区。为交互式输入和编辑建筑模型的可视化窗口，建模每一步操作及所产生的图形变化都显示在该区域内。

2. 屏幕菜单区。提供了建立建筑模型的主要功能，是最主要的菜单操作区域。

3. 下拉菜单区。提供辅助建模工具命令，用于完成模型编辑、显示、变换等操作。

4. 快捷图标区。提供标准层切换、绘图工具、视图切换等快捷命令。

5. 垂直工具栏。为快速绘图和图形编辑提供常用操作命令。

6. 命令提示栏。人机交互区域，为建模操作命令提供提示信息。

7. 状态显示栏。用于显示当前光标坐标、操作状态、捕捉状态及功能切换。

7.1　轴线输入

APM 建模时，诸如柱、承重墙、填充墙、门窗、楼梯等建筑构件都需要布置在轴网的节点或网格线上，因此建模的首要工作就是轴线输入。

1. 生成轴网

点击右侧屏幕菜单【轴线网格/直轴网】，在弹出的直线轴网输入对话框中输入本例题的开间和进深尺寸，如图 7.1-4 所示，点击〈确定〉，生成正交轴网。

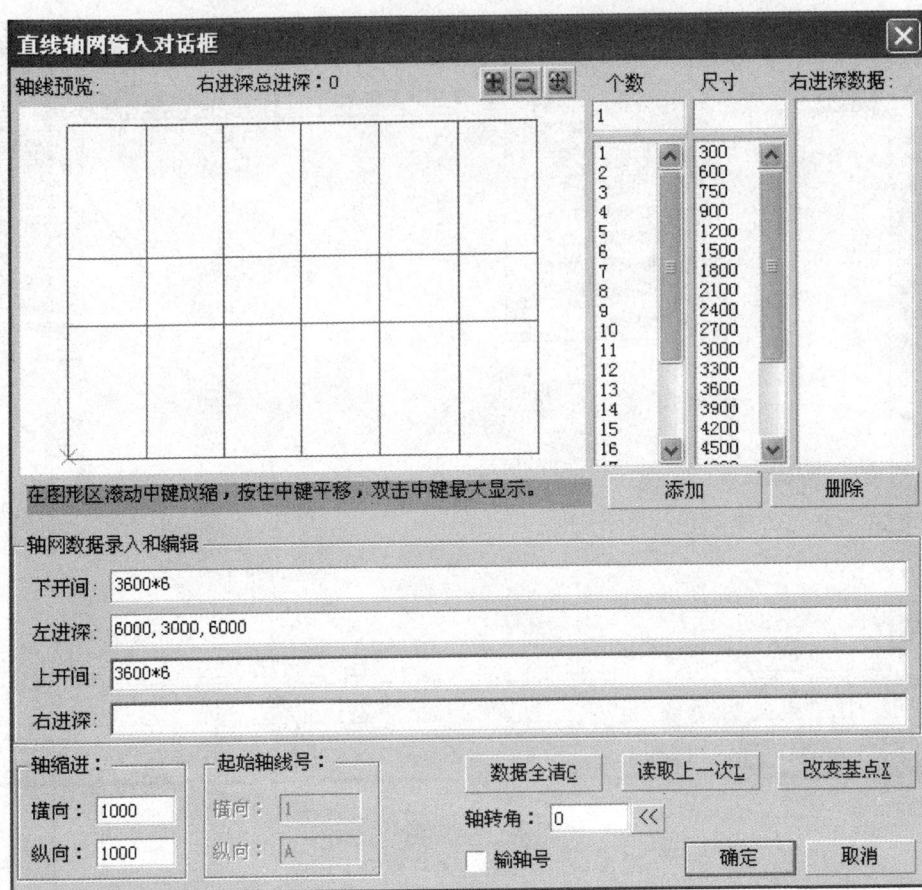

图 7.1-4 直线轴网输入对话框

点击状态提示栏的【节点捕捉】和【角度捕捉】命令，利用【轴线网格】的子菜单【圆弧】、【两点直线】和【绘节点】，根据命令提示栏的提示依次操作，绘出如图 7.1-5 所示的轴线网格。

2. 轴线命名

点击【轴线命名】，根据命令提示栏提示进行轴线命名。本例题带轴线号和尺寸标注的轴网如图 7.1-6 所示。

提示：1）在此确定的轴线名称将用于施工图中，但为了不妨碍建模操作，轴线名在后续操作时会自动隐藏，或由【轴线显示】命令控制显示或关闭。

2）程序提供了多种轴线输入方式，可参考本教程第 2.1 节或自行练习。

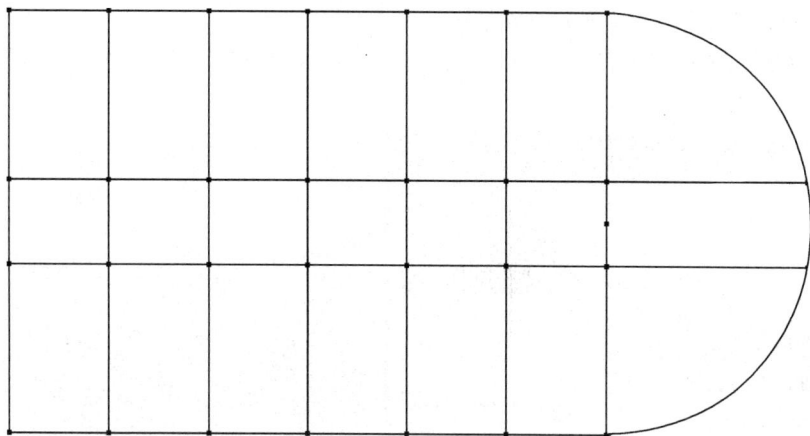

图 7.1-5　本例题轴网图

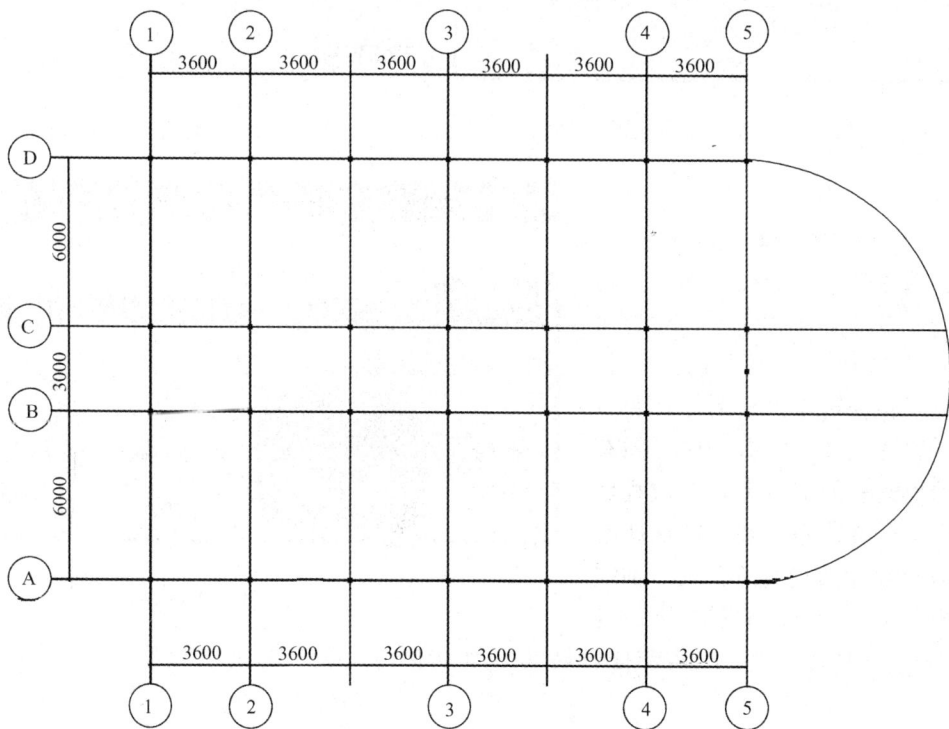

图 7.1-6　带标注的轴网图

7.2　构件布置

7.2.1　柱布置

点击右侧屏幕菜单【本层布置/柱布置】，弹出柱定义对话框，如图 7.2-1 所示。本例题取程序默认的柱截面类型 1，即矩形柱；输入柱截面宽度和高度分别为 500mm；柱长度为 0（与楼层同高）；材质类型选择混凝土。

如需要布置非矩形截面柱，点击〈截面类型 1〉，程序提供了 17 种柱截面类型可供选择，如图 7.2-2 所示。

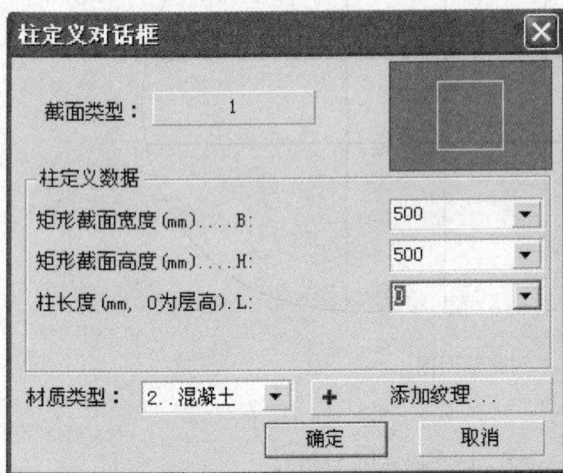

图 7.2-1　柱定义对话框

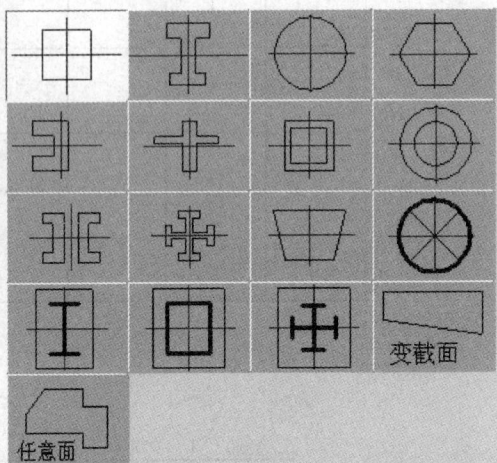

图 7.2-2　柱截面类型对话框

柱定义完毕后点击〈确定〉，弹出选择构件对话框，如图 7.2-3 所示。选择已定义的柱截面，点击〈布置〉，屏幕下方命令提示栏显示柱布置参数信息，要求输入柱偏心、标高和轴转角，及选择柱布置方式，如图 7.2-4 所示。柱必须布置在轴线网格的节点上，本教程例题选择光标方式布置柱，默认所有柱的偏心和标高均为 0；弧形轴线的四根柱从上到下轴转角分别为 45°、12°、−12°、−45°，其余柱轴转角取默认值 0。第 1 标准层柱布置，如图 7.2-5 所示。

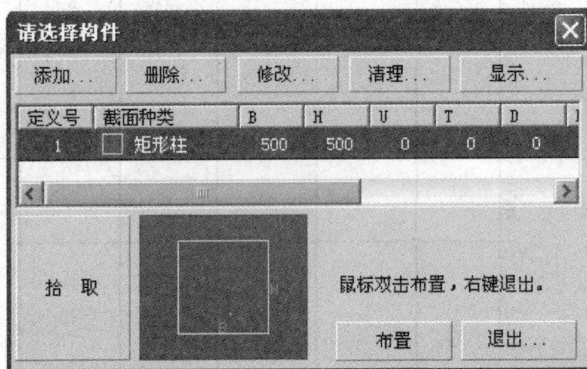

图 7.2-3　选择柱构件对话框

图 7.2-4　柱布置提示信息

7.2.2　墙布置

这里布置的墙适用于建筑的外墙、内墙、隔墙、女儿墙等，既可以是承重墙也可以是非承重墙，与结构专业建模不同。

158

1. 墙定义

点取右侧屏幕菜单【本层布置/墙体布置】，弹出墙体定义对话框，如图7.2-6所示。定义本例题的墙，首先点击〈墙体类型〉右侧的按钮，在下拉菜单中选择"普通墙"；再点取〈墙体宽度〉右侧按钮，在下拉列表中选择"250"mm；进而在〈墙材质类型〉中，选择"承重混凝土墙"和"普通混凝土"。最后点击〈确定〉，完成第一类墙体定义。

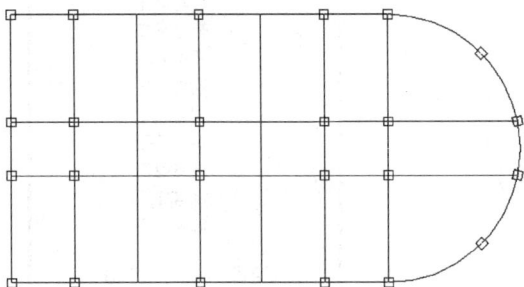

图7.2-5 第1标准层柱布置图

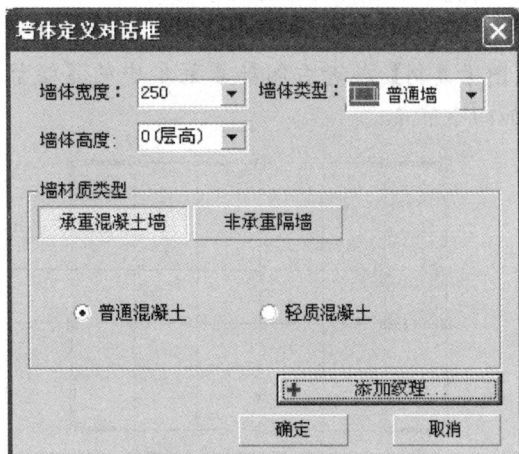

图7.2-6 承重墙定义对话框

承重墙定义后，弹出选择构件对话框，点击〈添加〉，再定义非承重隔墙，墙体各参数如图7.2-7所示。

点击〈确定〉，已定义的两类墙均出现在选择构件对话框的墙体列表中，如图7.2-8所示。

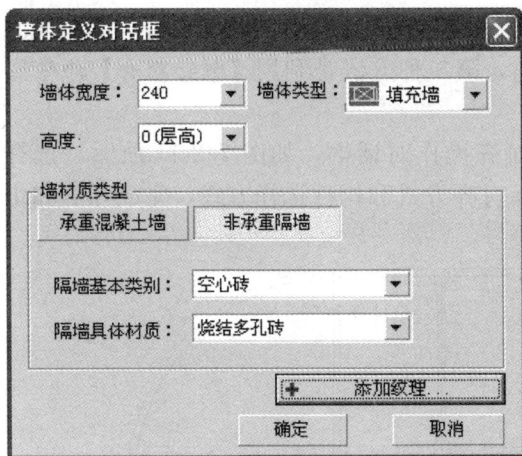

图7.2-7 非承重隔墙定义对话框

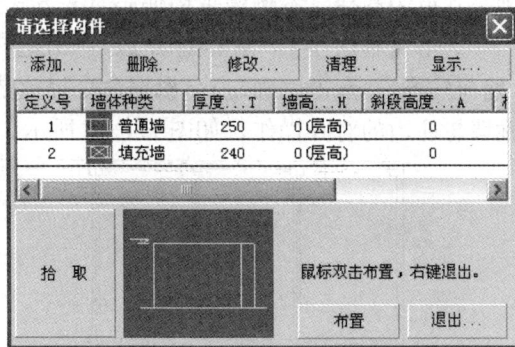

图7.2-8 选择墙构件对话框

2. 承重墙布置

首先布置承重墙，选择对话框中的承重墙，点取〈布置〉，在命令提示栏显现墙体布置参数信息，如图7.2-9所示。本例题取程序默认值，〈偏轴距离〉和〈墙底标高〉均为0，其中偏轴距离指墙中心线到轴线的距离，墙底标高指墙底边到本层地面的标高。

由于墙必须布置在网格线上，选择光标布置方式，用光标点取需要布置承重墙的网格

| 1...普通墙(t:250,h:3300) | 偏轴距离(mm): 0.0 | 墙底标高(mm): 0.0 | 光 轴 窗 | ▨▨▨▨▨ |

图 7.2-9　墙布置参数信息

线，水平墙取网格线长度，垂直墙长度为 3000mm，如图 7.2-10 所示。

提示：墙的长度由网格线两端节点控制，因此布置垂直承重墙时，需要利用屏幕下拉菜单【图素编辑】和【图素复制】或者右侧屏幕菜单中的【绘节点】命令增加四个节点。

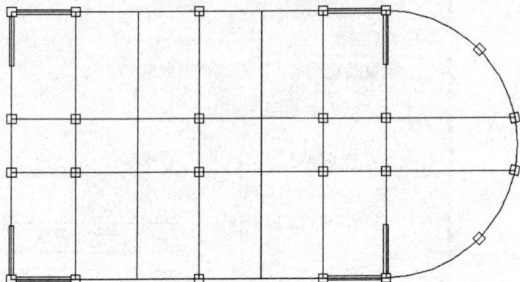

图 7.2-11　对齐操作对话框

图 7.2-10　第 1 标准层承重墙布置

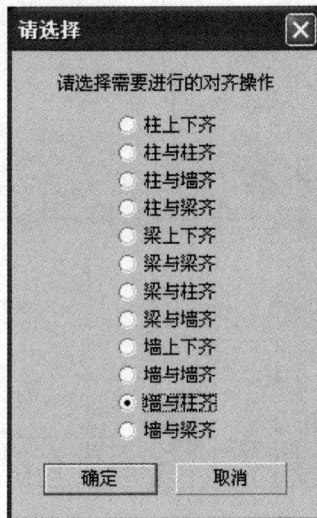

3. 非承重隔墙布置

用同样方法布置非承重隔墙，所有墙布置完成后，按［Esc］键退出墙布置。

4. 墙与柱齐

为使建筑物立面及走廊里看不到柱子，应将外墙和走廊墙与柱外边缘对齐。解决此问题的第一种方法是在布置墙体时输入偏轴距离，第二种方法是利用【偏心对齐】命令实现，其更为简捷，本例题采用偏心对齐方式。

点击【本层工具/偏心对齐】，弹出选择对齐操作对话框，如图 7.2-11 所示，选择〈墙与柱齐〉，点击〈确定〉，根据命令提示选择对齐方式和构件选择方式，完成外墙和走廊墙与柱边的对齐操作，如图 7.2-12 所示。

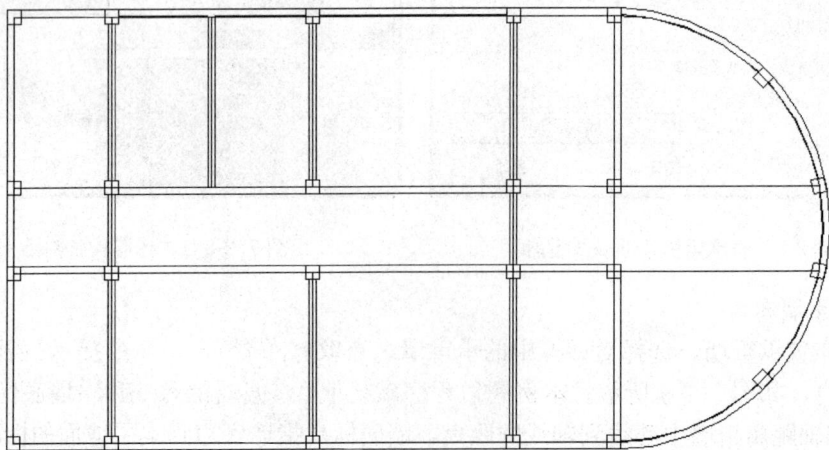

图 7.2-12　第 1 标准层墙布置图

5. 删除网格

点击屏幕上方【网点编辑】的下拉菜单【删除网格】命令将不需要布置建筑构件的网格线删除。

7.2.3 门窗布置

点取屏幕菜单【本层布置/门窗布置】，弹出门窗定义对话框，如图 7.2-13 所示。本例题首先定义窗，在〈基本类别〉中点取〈窗〉，对话框显示窗定义信息。

点取〈几何形状〉，在弹出的门窗立面类型中选择窗形状，如图 7.2-14 所示；或者点击〈几何形状〉右侧的按钮，在其下拉菜单中选择窗形状，本例题选择矩形窗。

点取〈材质类型〉右侧的按钮，在下拉菜单中选择窗材质，本例题选择铝合金窗。

窗的高宽尺寸分别输入"1800"mm。

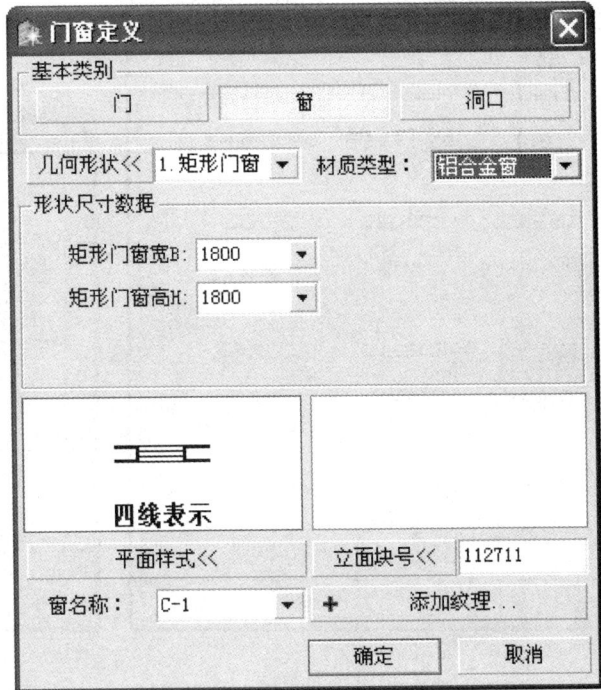

图 7.2-13 门窗定义对话框

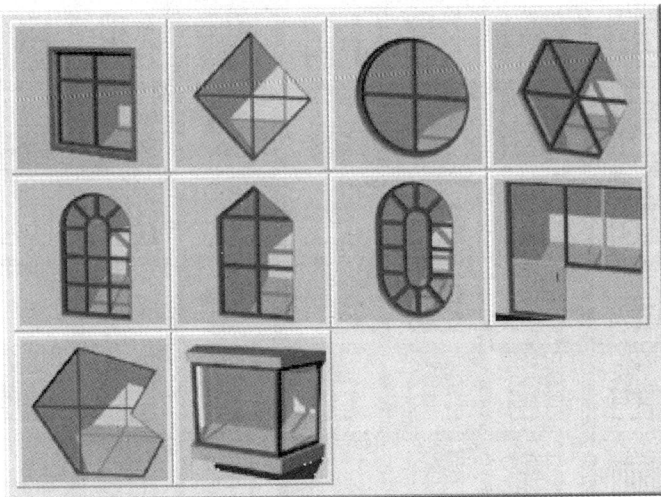

图 7.2-14 门窗立面类型

点取〈平面样式〉，可在弹出的对话框中选择门窗的平面表示方式，本例题选择四线表示样式，如图 7.2-15 所示。

点取〈立面块号〉，弹出图库页对话框，如图 7.2-16 所示，选择门窗的图库，本例题选择〈新增窗〉。点击〈确定〉，弹出相应图库页，如图 7.2-17 所示，点取所需的窗形状，这样后续生成的立面图中可以显示窗的立面造型。

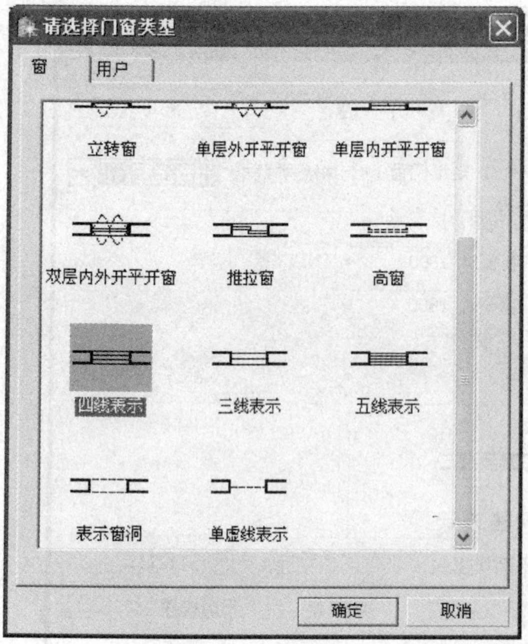

图 7.2-15　门窗平面类型

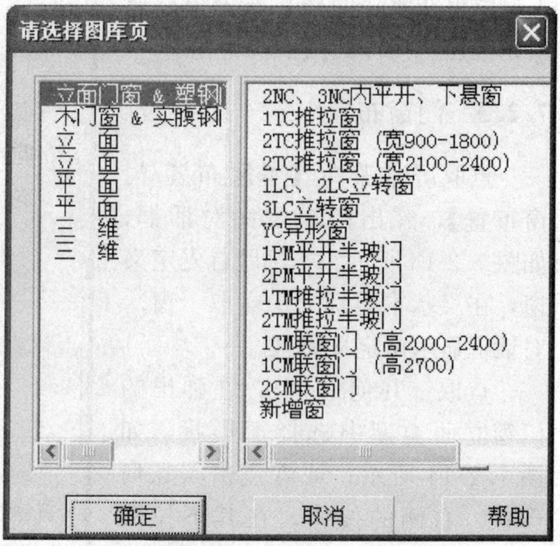

图 7.2-16　选择图库页对话框

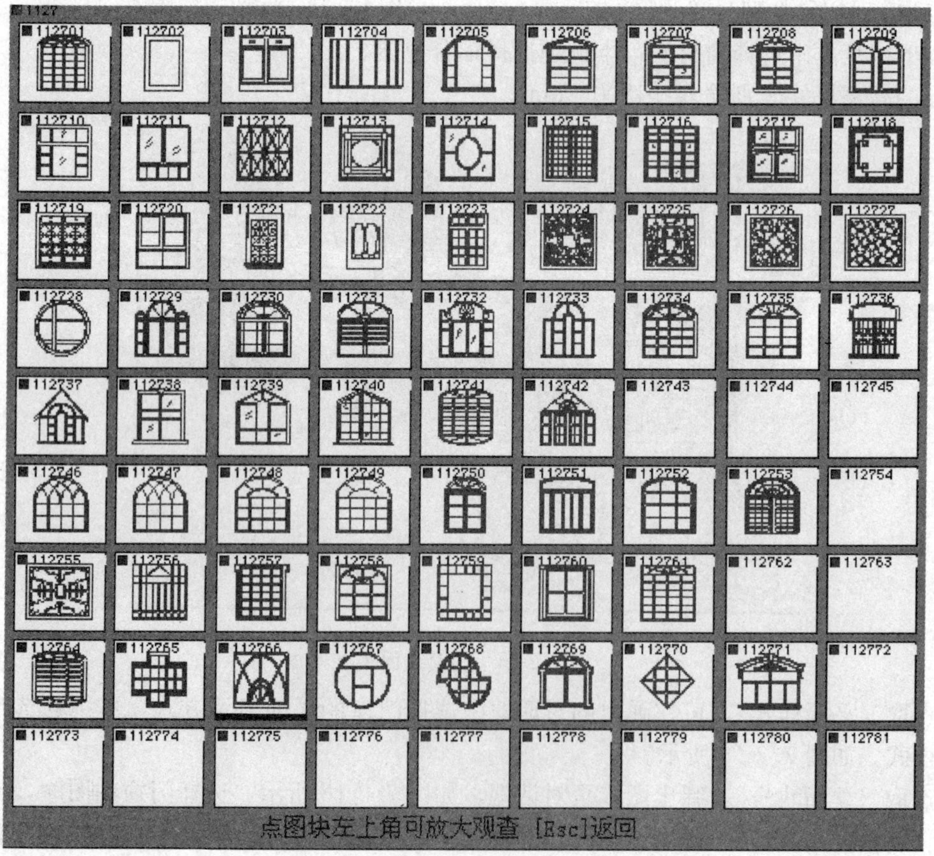

图 7.2-17　图库页

返回门窗定义对话框后,点取〈确定〉,完成第一类窗定义,已定义的窗加入选择构件对话框的门窗列表中。点击〈添加〉,按照相同的步骤继续定义三类门,其洞口尺寸分别为:1000mm×2100mm、1800mm × 2400mm、1500mm×2400mm,已定义的门窗均添加到对话框列表中,如图7.2-18所示。

APM 软件要求门窗必须布置在有墙的轴线上。本例题首先布置窗,选择列表中已定义的窗,点取〈布置〉,

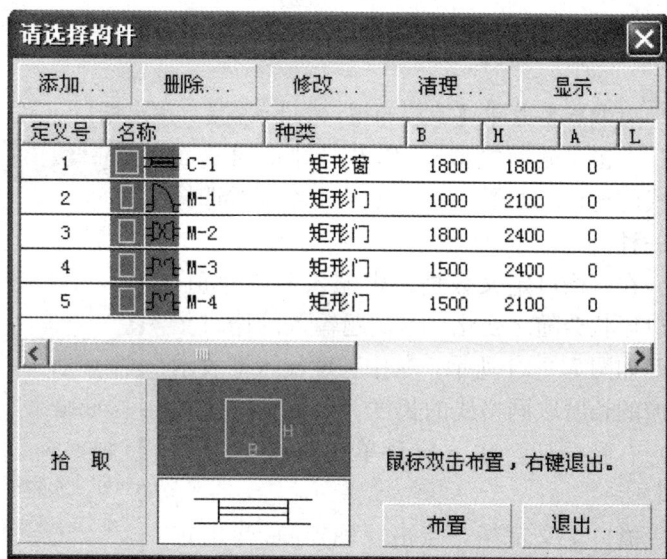

图 7.2-18　选择门窗构件对话框

图 7.2-19　门窗布置参数信息

在提示栏中显现窗布置参数信息,如图 7.2-19 所示。本例题取程序默认值,〈偏轴距离〉与〈定位距离〉均为 0,输入〈底标高〉"900",其中偏轴距离表示门窗与轴线网格的偏移距离;定位距离:0 表示门窗居中布置,正数表示门窗左边缘距左侧节点的距离,负数表示门窗右边缘距右侧节点的距离,键入 1(-1)表示门窗紧贴左(右)节点布置;底标高表示门窗距离地面的高度,通常设置窗的底标高为 900,门的底标高为 0。根据提示,选用轴线方式布置窗。用同样方法布置本例题的门,但与窗不同的是,〈底标高〉输为 0,定位距离输入 400 或 -400 或 0。门窗布置完成后,按 [Esc] 键退出门窗布置命令。第 1 标准层的门窗布置,如图 7.2-20 所示。

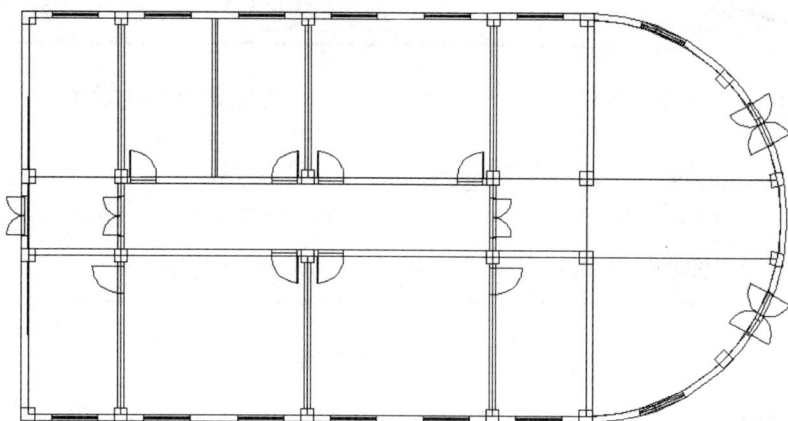

图 7.2-20　第 1 标准层门窗布置图

7.2.4　檐口布置

点取屏幕菜单【本层布置/檐口布置】，弹出檐口定义对话框，如图 7.2-21 所示。

点击〈截面类型〉，弹出三种不同截面形式的檐口，如图 7.2-22 所示，本例题选择第一种。

在〈檐口定义数据〉中输入各项数值，檐口形状会随之变化。本例题输入的檐口数据，如图 7.2-21 所示，其中长度输入 0 表示挑檐的长度取网格线的长度。点击〈材质类型〉右侧按钮，在下拉菜单中选择"混凝土"。

檐口定义完毕，点击〈确定〉，弹出选择构件对话框，如图 7.2-23 所示。点击〈添加〉，再定义第二种檐口类型，用于屋顶层。选择定义的第一种檐口，点击〈布置〉，提示栏显现檐口布置参数信息，如图 7.2-24 所示，其中〈底部标高〉表示檐口板上皮相对于本层层高处的距离，〈环墙〉表示檐口环绕闭合墙布置，一般用于布置屋顶层通长檐口。

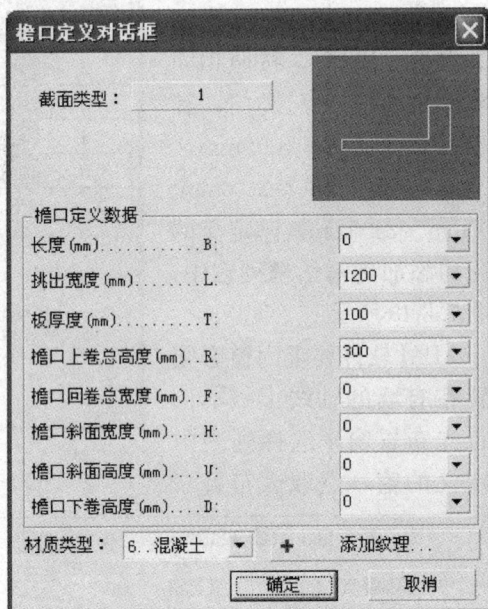

图 7.2-21　檐口定义对话框

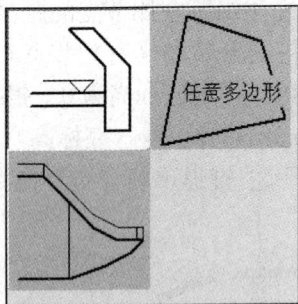

图 7.2-22　檐口类型

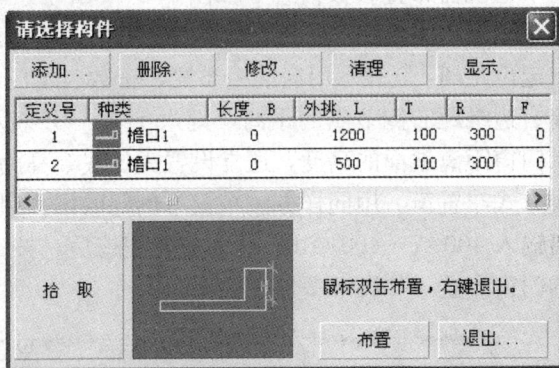

图 7.2-23　选择檐口构件对话框

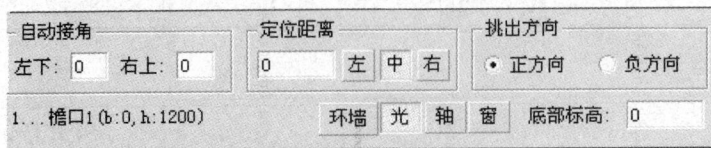

图 7.2-24　檐口布置参数信息

本例题选用光标方式在第一标准层布置檐口，即建筑物出入口处的雨篷，参看图 7.2-30。

7.2.5 楼梯布置

点取【本层布置/楼梯布置】菜单，在弹出的楼梯定义对话框中输入本例题楼梯的各项参数，如图 7.2-25 所示，这些参数的含义参看对话框左下角的楼梯示意图。

提示： 如果一个楼梯间的上平板长度和下平板长度不同，则需定义 2 个类型楼梯。

楼梯各参数定义完后，点取〈确定〉，弹出选择构件对话框，已定义的楼梯显示在列表中，如图 7.2-26 所示。

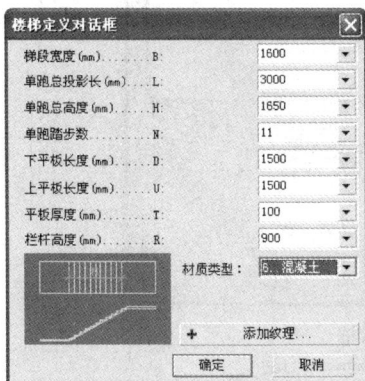

图 7.2-25　楼梯定义对话框　　　　图 7.2-26　选择楼梯构件对话框

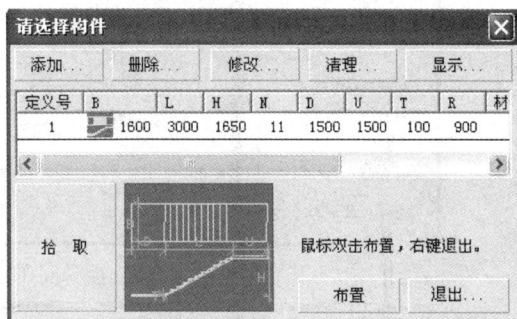

楼梯布置有两种方式：

第一种：选择已定义楼梯，点取〈布置〉，在提示栏的楼梯布置参数信息中，输入起始距离、起始标高、挑出距离和方向，及上楼方向等各项参数，然后在屏幕上移动光标，确定楼梯布置的位置，即可完成楼梯布置。

第二种：对于有楼梯间的建筑，可用布置楼梯间的方式生成楼梯，这种方式更为方便快捷，本例题采用这种方式。

点取【本层布置/梯间布置】，提示栏提示："请用光标顺序选择楼梯间的四角节点"。用光标分别点取如图 7.2-27 所示的 1、2、3、4 四个节点。继续提示："请确定布置方式，智能/交互?"。本例题选择交互布置方式，按 [Esc] 键，弹出楼梯布置类型选择对话框，如图 7.2-28所示。本例题选择右上角楼梯类

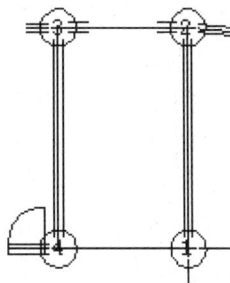

图 7.2-27　梯间布置节点选择　　　　图 7.2-28　楼梯类型选择

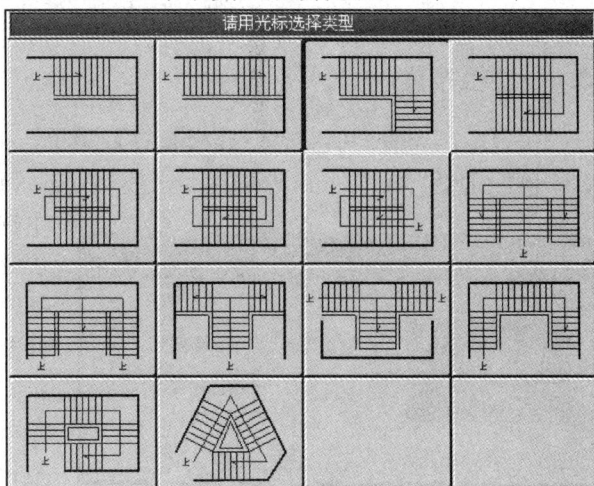

型，弹出楼梯间布置对话框，如图 7.2-29 所示。在此对话框中输入第一、二跑距离，选择已定义的楼梯，点击〈确定〉，楼梯布置完成。本例题楼梯布置情况，参看图 7.2-30。

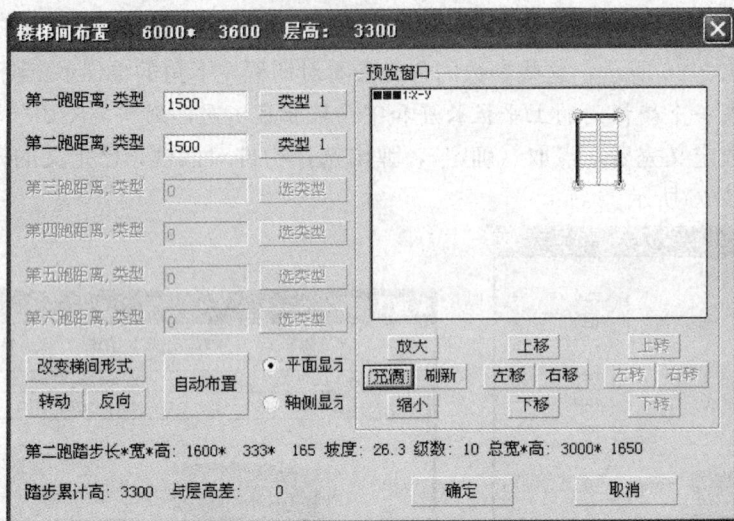

图 7.2-29　楼梯间布置对话框

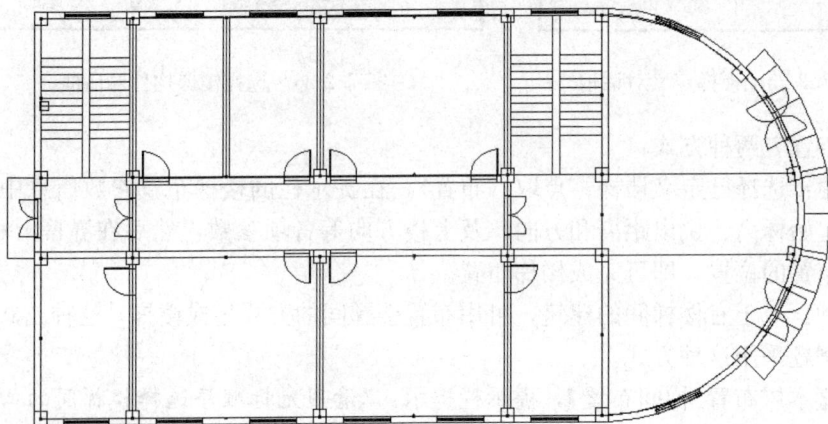

图 7.2-30　第 1 标准层檐口、楼梯布置图

7.2.6　楼板布置

点击【本层布置/其它布置/楼板布置】菜单，弹出楼板定义对话框，如图 7.2-31 所示，本例题定义"100"mm 厚的混凝土板。点击〈确定〉，在弹出的选择构件对话框列表中选择已定义的楼板。点击〈布置〉，在屏幕下方提示栏中点选〈普通布置〉，根据命令提示除楼梯间外，依次点击其他房间节点，并围成封闭状即可生成楼板。如果点选〈环墙布置〉，程序会自动算出建筑外轮廓的墙并用粗黄线表示，确认后完成该层楼板的布置，这种楼板布置方式一般用于屋顶层。

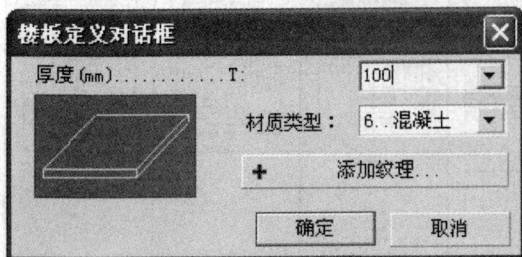

图 7.2-31　楼板定义对话框

7.2.7 台阶布置

本例题有两类台阶，点取屏幕菜单【本层布置/台阶布置】，在弹出的台阶定义对话框中先输入第 1 类型台阶的各项参数，如图 7.2-32 所示。点击〈布置〉，在弹出的选择构件对话框中点击〈添加〉，再定义第 2 类型台阶（散水）的参数，如图 7.2-33 所示。

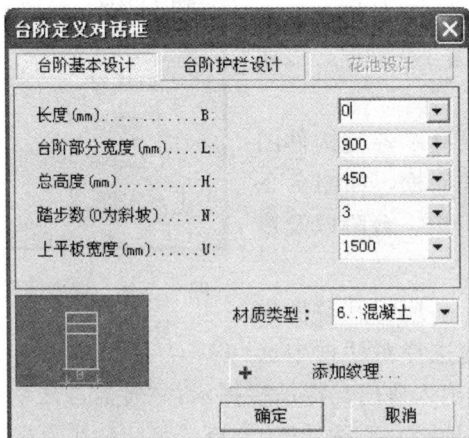

图 7.2-32　第 1 类型台阶参数　　　　　　　图 7.2-33　第 2 类型台阶参数

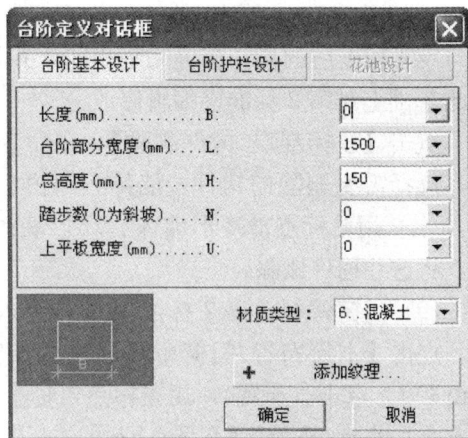

点取第 1 类型台阶，点击〈布置〉，在命令提示栏显现台阶布置参数信息，如图 7.2-34 所示，默认初始参数，采用光标方式将其布置在建筑物的出入口。

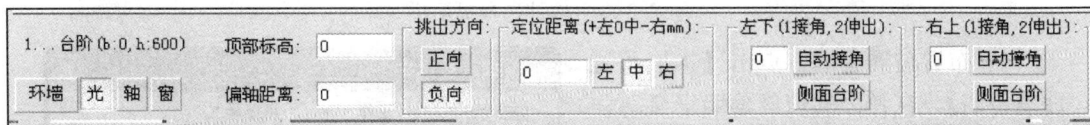

图 7.2-34　台阶布置参数信息

点取第 2 类型台阶，在台阶布置参数信息中点取〈自动接角〉，采用轴线方式将其布置在建筑物四周作为建筑物的散水。

至此，本例题第 1 标准层构件全部布置完毕，如图 7.2-35 所示。

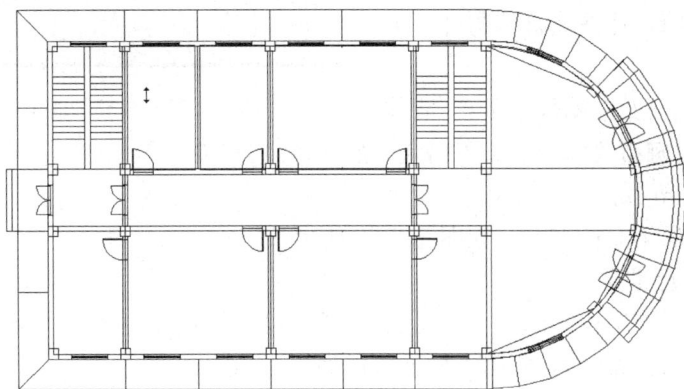

图 7.2-35　第 1 标准层平面图

7.2.8　建立第2、3标准层

1. 建立第2标准层

（1）建立新标准层。点击屏幕左上角工具栏中的〈标准层选择栏〉，从下拉列表内选择"添加新标准层"，弹出标准层复制对话框，如图7.2-36所示。点击〈全部复制〉，复制得到的第2标准层与第1标准层的构件布置完全相同，并且打开第2标准层，以便在此基础上对第2标准层编辑修改。

点击【建标准层/构件删除】，在命令提示栏显示各类构件图标，选择需要删除的构件：墙体、门窗、台阶和屋檐，如图7.2-37所示。用鼠标点击环形墙体、环形墙体上的门窗、台阶以及檐口，将这些构件删除。

（2）门窗替换。第2标准层没有出入口大门，应将其替换为窗。点击【本层布置/门窗布置】，在弹出的门窗选择对话框中选择窗C-1，点击〈布置〉，用鼠标点击标准层左侧出入口门，提示栏提示："可能与这个构件重叠！替换/叠加/放弃（［Ent］/［Tab］/［Esc］）。"按［Ent］键，将门替换为窗。

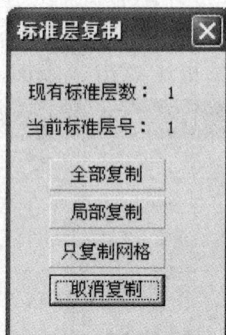

图7.2-36　标准层复制对话框

图7.2-37　构件选择提示栏

（3）布置玻璃幕墙。点击【本层布置/玻璃幕墙】，在弹出的玻璃幕墙定义对话框中输入各项数据，如图7.2-38所示。点击〈确定〉，在弹出的选择构件对话框列表中选择定义的玻璃幕墙，点击〈布置〉，提示栏显现玻璃幕墙布置参数信息，全部取初始值，采用轴线输入方式，点击环形轴线，生成环形玻璃幕墙。点击【本层工具/偏心对齐】，使玻璃幕墙与柱子外边缘对齐。

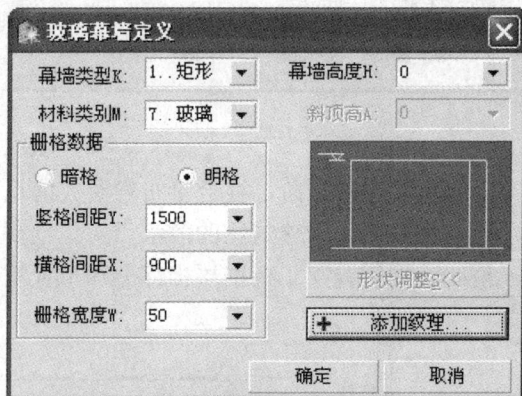

（4）增添墙。点击【本层布置/墙体布置】，在走廊右侧布置填充墙。点击【本层布置/门窗布置】，在新布置的填充墙上布置1500mm×2100mm的门。

图7.2-38　玻璃幕墙定义对话框

编辑修改后的第2标准层，如图7.2-39所示。

2. 建立第3标准层

采用与第2标准层相同的〈全部复制〉方法，复制第3标准层，再做如下修改：

（1）点击【构件删除】，删除本标准层楼梯。

（2）点击快捷图标橡皮，删除环形区域部分构件以及轴线网格。

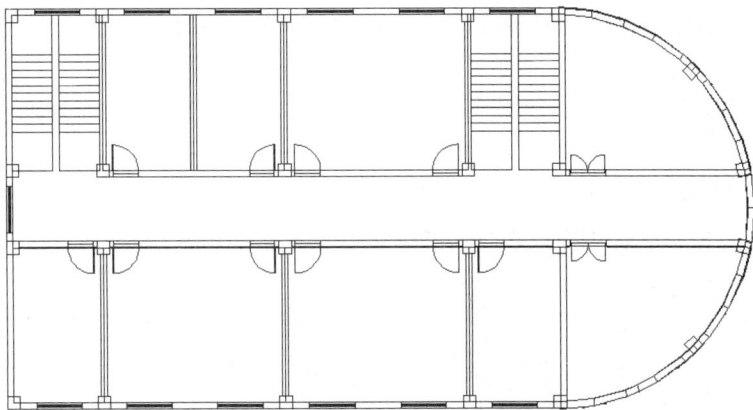

图 7.2-39　第 2 标准层平面图

（3）点击【墙布置】和【门窗布置】，在走廊尽头布置填充墙及门。

提示： 布置右侧走廊尽头的门时，输入底标高为 165mm，因为屋面做法与楼面做法有高差，参见附录 1。

（4）点击【本层布置/其它布置/坡屋顶】，弹出选择坡屋顶类型对话框，如图 7.2-40 所示。点取四坡屋顶图形，弹出坡屋顶参数对话框，如图 7.2-41 所示。同意所有初始参数，点击〈确定〉，弹出坡屋顶各边倾斜角设计对话框，如图 7.2-42 所示。输入屋顶各个屋面倾斜角度，点击〈确定〉，坡屋顶布置完成。

图 7.2-40　坡屋顶类型对话框

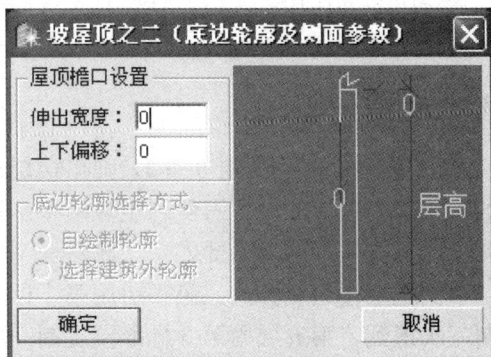

图 7.2-41　坡屋顶参数对话框

图 7.2-42　坡屋顶倾斜角设计对话框

（5）点击【本层布置/檐口布置】，将定义好的第2种类型檐口采用〈环墙〉方式布置在屋顶四周。

（6）点击【墙体布置】，新定义1200mm高、150mm厚的混凝土非承重墙，将其作为女儿墙布置在环形区域周边。

本例题第3标准层，如图7.2-43所示。

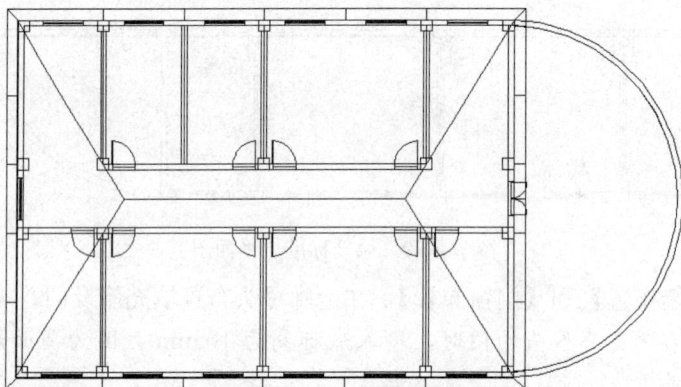

图7.2-43　第3标准层平面图

7.3　楼层组装

楼层组装的作用，是将构件布置完成的各标准层，按一定规则组合成整体模型。楼层组装需执行【楼层布置】和【全楼组装】菜单。

7.3.1　全楼布置

点击【楼层布置/楼层布置】，弹出楼层设置对话框，选择〈标准层〉、〈层高〉、〈复制层数〉，点击〈添加〉，在右侧〈组装结果〉栏中显示组装后的自然楼层。如果楼层组装有误，可以点击〈修改〉、〈插入〉、〈删除〉、〈全删〉等进行修改。

本例题全楼组装方式：第一层用第1标准层复制一次得到，第二～四层用第2标准层复制三次得到，第五层用第3标准层复制一次得到，如图7.3-1所示。

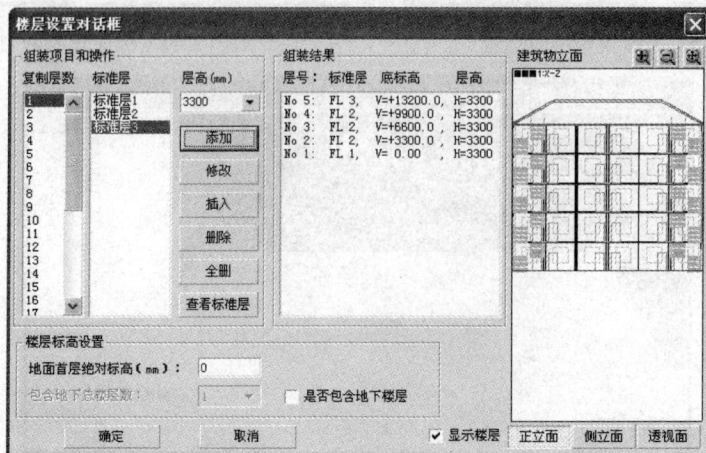

图7.3-1　楼层设置对话框

点击〈确定〉，完成楼层布置，至此，整栋建筑的模型数据输入完毕。

7.3.2 查看全楼图形

需要查看整栋建筑物的三维透视图，点击【全楼组装/全楼组装】，弹出全楼组装方式对话框，如图7.3-2所示。其中：

● 不简化组装：表示需要将本标准层的全部构件都组装到全楼模型。

● 交互简化组装：表示只将本标准层中的一部分选取出来参与组装全楼模型，例如只选择外墙等。

● 按上次组装方案重新组装：表示以前已进行过全楼组装，这次自动按上次的组装方案再组装一次。

本例题选择"不简化组装"，点击〈确定〉。组装完成后，可以点取下拉菜单的【视窗变换/透视图】，屏幕显示全楼透视图，如图7.3-3所示。

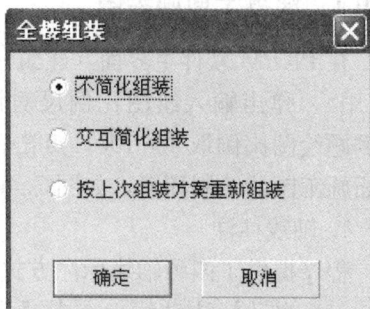

图7.3-2 全楼组装对话框

如果需要调整透视图观察角度，点击快捷图标设观察点⊕，可以从任何角度观察全楼模型。

点击【退出程序】，返回PKPM主界面。接着可以继续进行APM的后续设计工作，如绘施工图，绘效果图，或向结构软件传输模型数据等。

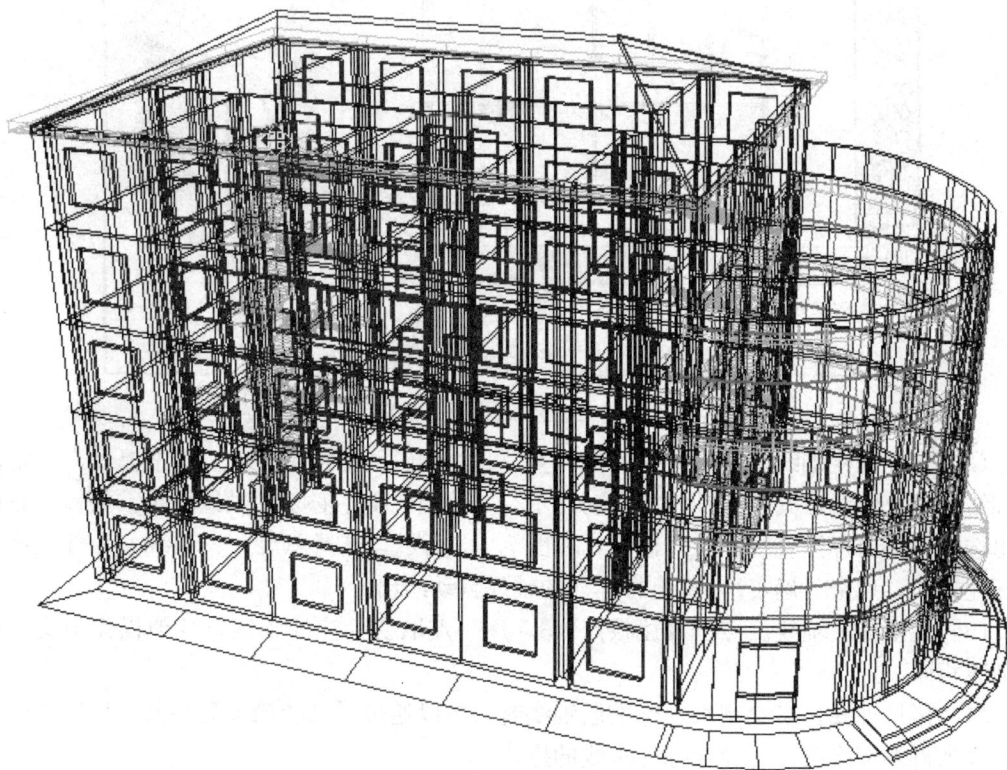

图7.3-3 全楼透视图

7.4 施工图绘制

建筑模型输入完毕后，即可进行施工图绘制。

7.4.1 建筑平面施工图

在 PKPM 软件主界面〈建筑〉页中选择〈APM〉的第 3 项〈③建筑平面图〉，点击〈应用〉，弹出输入绘图比例尺对话框，如图 7.4-1 所示，本例题绘图比例取 1∶100，点击〈确定〉，进入首层建筑平面施工图的绘制环境，如图 7.4-2 所示。

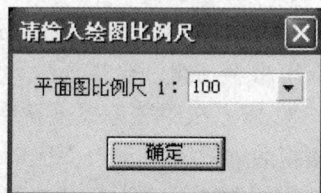

图 7.4-1　绘图比例尺对话框

1. 轴线标注

程序提供了四种轴线标注方式。

（1）自动标注轴线。点击【自动标注】，程序生成建筑物四周的贯通轴网，自动标注尺寸线和轴线号，此标注方法适用于正交的建筑平面图。

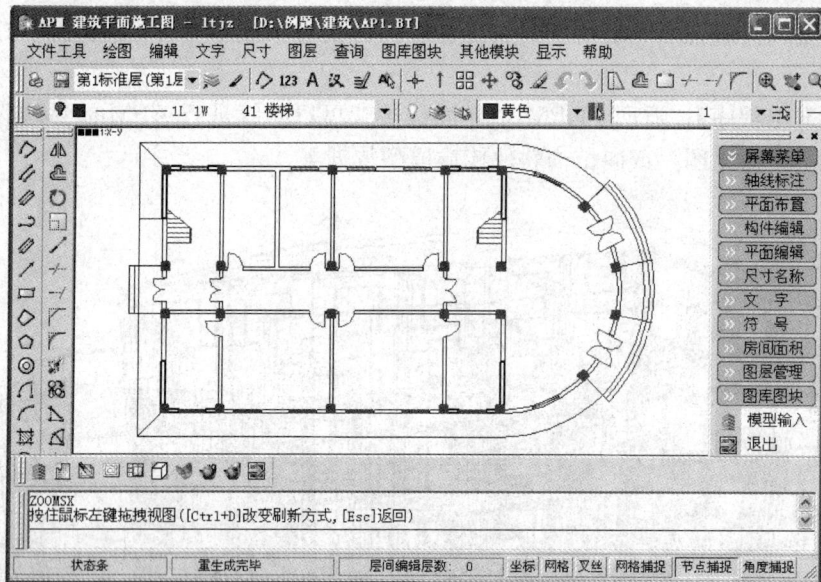

图 7.4-2　首层建筑平面图绘制环境

（2）交互标注轴线。点击【交互标注】，可绘制出一批平行轴线。根据提示，指定起始轴线和终止轴线，其间的轴线将自动显示在屏幕上，把不必要的轴线去掉，按鼠标右键退出选择，弹出标注轴线参数对话框，如图 7.4-3 所示，选择总尺寸、轴线号和外包尺寸的标注方式，点击〈确定〉，这组带标注的轴线自动绘出。

（3）逐根标注轴线。点击【逐根点取】，逐一点取要标注的轴线，其他操作与交互标注轴线相同。

（4）拷贝轴线。当绘制某一标准层轴线时，可以通过【轴线拷贝】将其他标准层轴线复制过来再编辑修改，可简化标注轴线的操作。

本例题利用【自动标注】将规则部分的建筑物轴线标注好。

2. 构件标注

（1）标注尺寸

1）标注墙尺寸。点击【尺寸名称/墙尺寸】，移动光标点取要标注尺寸的墙，自动标出该墙的厚度及与轴线的相对位置。

2）标注柱尺寸。点击【尺寸名称/柱尺寸】，操作方法同墙标注，但应注意，尺寸标注的位置取决于光标点与柱所在节点的相对位置。

3）标注门窗尺寸。点击【尺寸名称/门窗尺寸】，点取要标注的门窗所在的墙，按［Esc］键结束选择，显示门窗尺寸标注，用光标确定尺寸标注的位置及引线尾

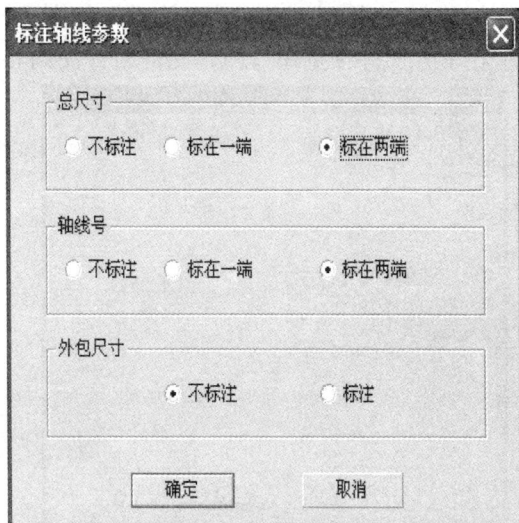

图 7.4-3　标注轴线参数对话框

端的位置，即可标出门窗的宽度及与相邻轴线的距离。允许点选同方向的多个门窗一同标注，也可按［Tab］键选择轴线方式把整条轴线上的门窗一次全部标出。

（2）标注标高

点击【尺寸名称/标高】，用光标点取合适位置即可标注标高。如需修改按［Tab］键，弹出标高输入对话框，如图 7.4-4 所示，可输入要标注的标高值。

（3）标注名称

分别点击【尺寸名称/墙名称】、【柱名称】、【门窗名称】，点取相应构件，将其名称标注在合适的位置。

3. 文字标注

（1）标注房间名称。点击【房间名称】，弹出选择所需房间名对话框，如图 7.4-5 所示。选择房间名称，点击〈确定〉后，将标注拖放到合适的位置。本例题将"办公室"、"资料室"等名称标注在相应房间。

（2）文件行注写方式。可预先写好说明文件，点击【文字/文件行】，弹出打开文本文件对话框，如图 7.4-6 所示，选择预写的文件，在左下侧的选择文件预览窗口内用鼠标选择需要标注的文字，选定的文字将出现在右侧的预览窗口内，点击〈打开〉，将该段文字行拖放到图中合适位置。

（3）文件块注写方式。点击【文字/

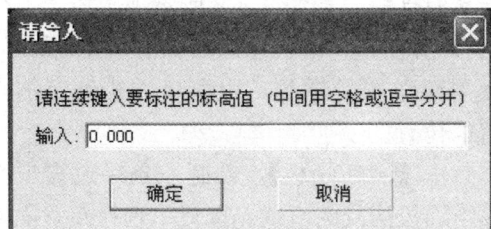

图 7.4-4　标高输入对话框

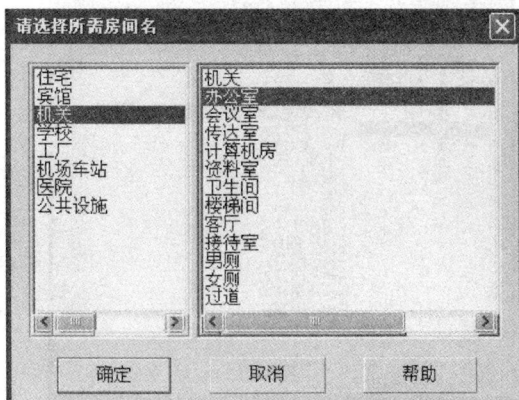

图 7.4-5　选择房间名称对话框

文件块】，弹出打开文本文件对话框，如图 7.4-7 所示，将事先写好的说明文件整个调出，显示在下方文件预览窗口内，允许对标注内容进行编辑，再将其注写到图中。

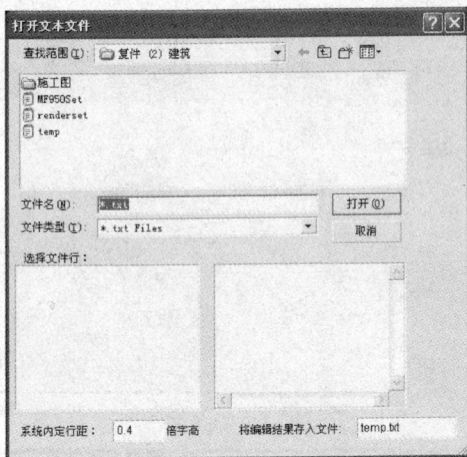

图 7.4-6　文件行输入文字对话框

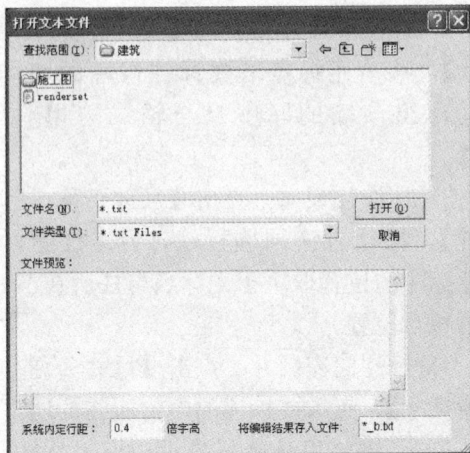

图 7.4-7　文字块输入文字对话框

（4）写图名。点击【图名】，自动显示需要标注的平面图名称，将其拖动到图中合适位置。本例题需要标注图名"第一层平面图"。

4. 符号标注

（1）指北针标注。点击【指北针】，根据命令提示输入南北向与水平线的夹角，将指北针图形拖放到图中合适的位置。

（2）楼梯走向标注。点击【楼梯走向】，移动光标依次点取楼梯走向线的各个转折点，在弹出的对话框中点取"上"或"下"，再点击鼠标左键确定标注字符的位置，绘制出楼梯走向线。

（3）楼梯扶手连接。点击【扶手连接】，用光标点取需要连接的楼梯扶手两端的位置，再移动光标定出扶手转角的位置，即可绘出楼梯扶手。

（4）剖面符号。点击【剖面符号】，弹出是否拷贝上层剖断线对话框，第一次输入时点取"不拷贝"，根据命令提示移动光标依次点取剖断线起点、转折点、终点位置，按［Esc］键结束，在剖断线的一侧指出视向，输入剖断线号，可绘制剖断线。

提示：1）操作过程中可按［F4］键使剖断线方向取正交或非正交角度。

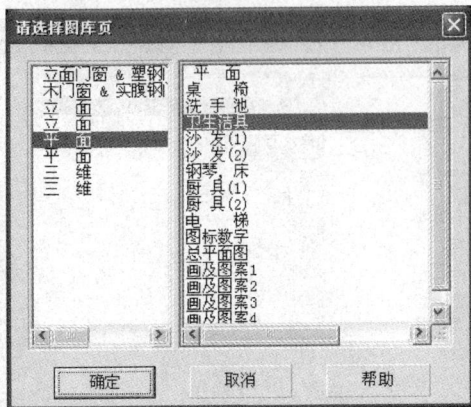

2）只有在平面图中绘出剖断线，才可以生成建筑剖面图。

图 7.4-8　选择图库页对话框

5. 洁具布置

点击【平面编辑/布置洁具】，弹出选择图库页对话框，如图 7.4-8 所示。选择"卫生洁具"，弹出卫生洁具图库，如图 7.4-9 所示。点取需要布置的洁具，用窗口方式确定洁具布置的位置。

点击【隔断隔板】，绘制一条穿过需要布置隔断隔板洁具的直线，按提示选择布置隔断或隔板的方式，洁具两侧自动布置隔断或隔板。

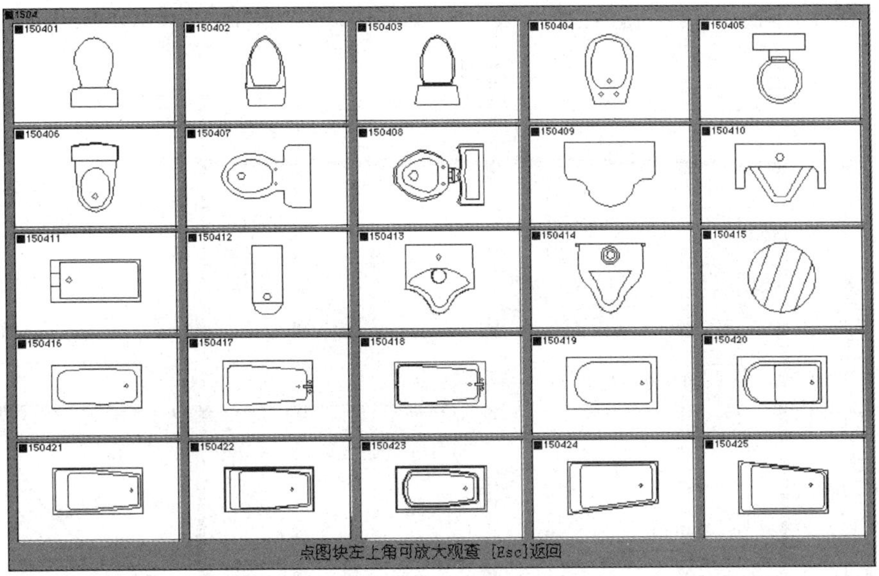

图 7.4-9　洁具图库

点击【洁具标注】，绘制一条穿过需要标注洁具的直线，自动标注洁具尺寸。

6. 平面图修改

如果建筑设计图需进一步修改完善，点击【平面布置】、【构件编辑】和【平面编辑】菜单进行修改。如还有不能完成的工作，需返回【建筑模型输入】菜单进行修改，并在平面施工图中执行【图层管理/构件更新】命令，对平面图中已修改的构件作局部更新，这样操作的好处是在自动完成局部修改的同时保留已有的平面图。本例题第一层平面图，如

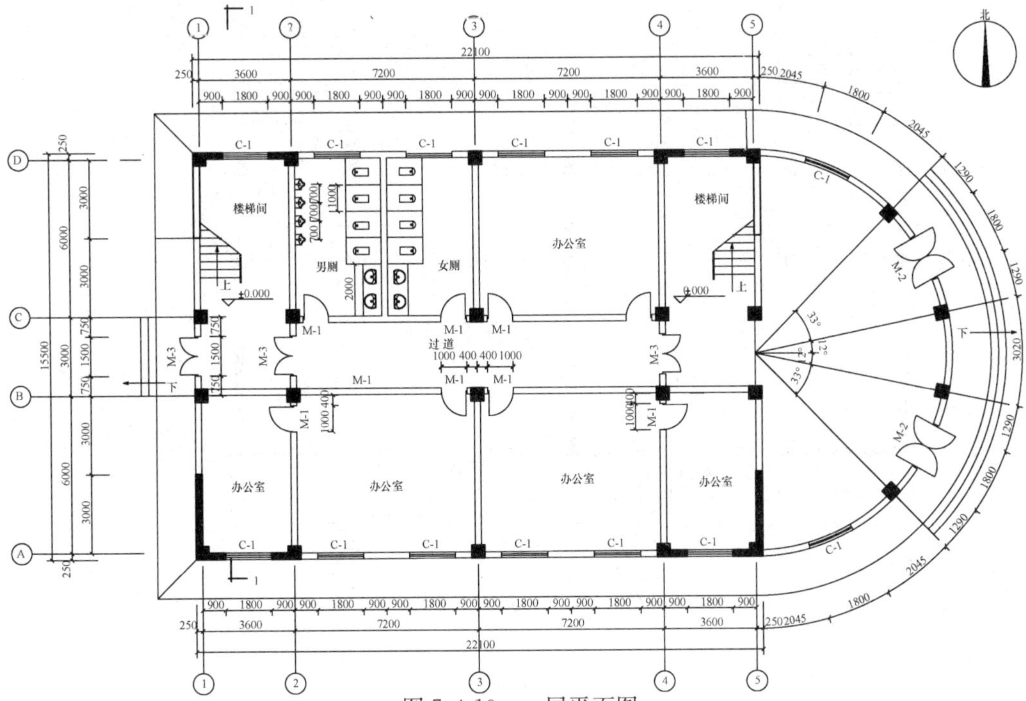

图 7.4-10　一层平面图

图 7.4-10 所示。同理，可绘制其他层平面图，如图 7.4-11 和图 7.4-12 所示。

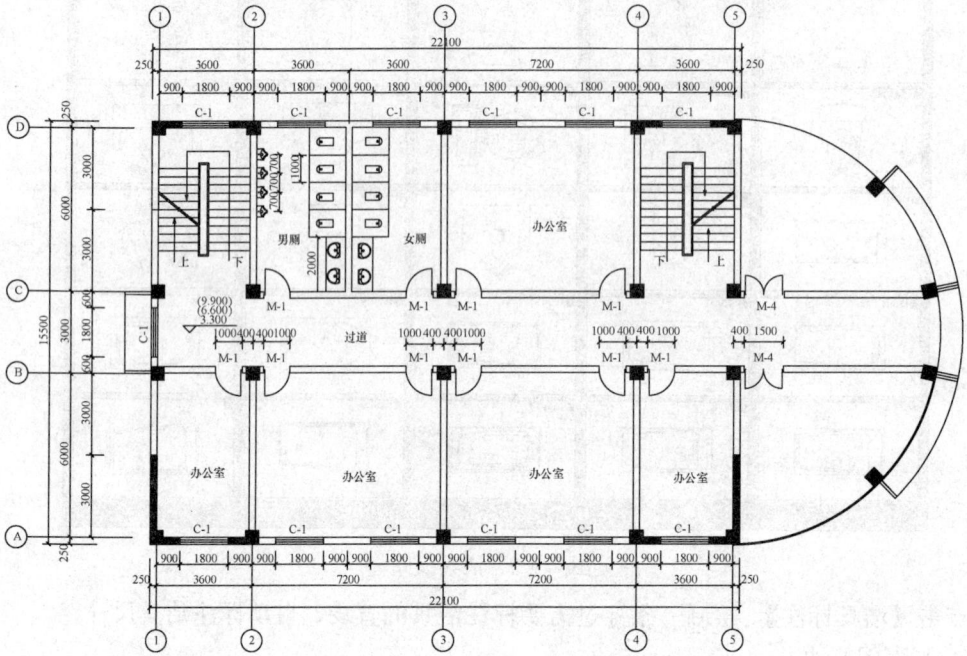

图 7.4-11　二～四层平面图

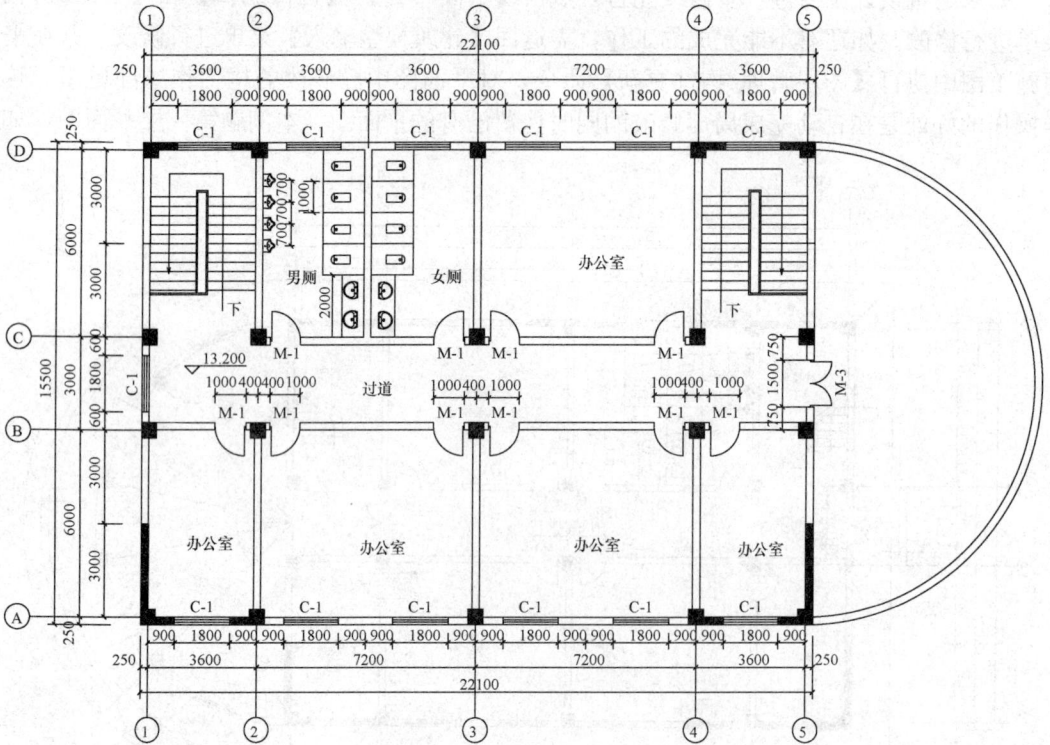

图 7.4-12　五层平面图

7.4.2 建筑立面施工图

1. 三维立面生成

在 PKPM 软件主界面〈建筑〉页中选择〈APM〉的第 4 项〈④建筑立面图〉，点击〈应用〉，弹出立面图菜单，如图 7.4-13 所示。从左到右，依次表示：构件选择、圆弧精度、正立面、右侧立面、背立面、左侧立面、任意立面。

本例题先选择第 3 项【正立面】，弹出选择操作对话框，如图 7.4-14 所示。各选项意义如下：

图 7.4-13　立面图菜单

（A）退出选择：返回上级界面，重新选择要绘制的立面图。

（B）续画旧图：打开以前绘制过的施工图，继续编辑修改。

（C）绘制新图：绘制新的立面图。

（D）构件更新：如果施工图绘制后又修改了建筑模型，选择此项，可以将模型中修改的构件在立面图中做相应更新。

本例题是第一次绘制立面图，选择"（C）绘制新图"，弹出立面图生成对话框，如图 7.4-15 所示。

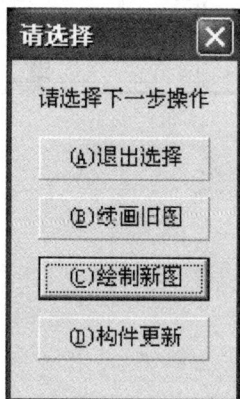

图 7.4-14　选择操作对话框

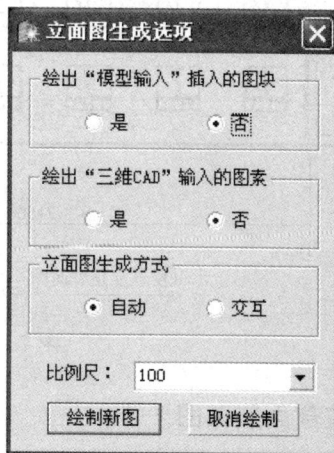

图 7.4-15　立面图生成对话框

在对话框中如〈立面图生成方式〉选择"自动"，会自动生成立面图；如选择〈交互〉，可按程序说明框的提示，绘制闭合线以确定需要生成立面的区域，在弹出的对话框中通常选择各层的闭合折线和前层相同，即取相同的外立面，程序自动生成立面图。

2. 标注轴线

点击【轴线编辑/删除轴线】，删除立面图中不需要的轴线。点击【轴线编辑/标注轴线】，拖拽轴线及轴线间的尺寸线到合适位置，即可自动标出轴线尺寸。

3. 标注标高

分别点击【标注标高】菜单下的【左侧楼层】及【右侧楼层】，将自动生成的标高移到合适的标注位置上。

4. 门窗编辑

点击【门窗插入】，根据命令提示，按［Tab］键，采用窗口方式选取图中所有门窗，程序将【建筑模型输入/门窗定义】中选择的门窗立面式样自动绘出。

5. 其他标注

利用屏幕上方下拉菜单【文字】和【符号】等，标注图名及画落水管等。本例题正立面图，如图7.4-16所示。

同理，可绘制背立面图及侧立面图（略）。

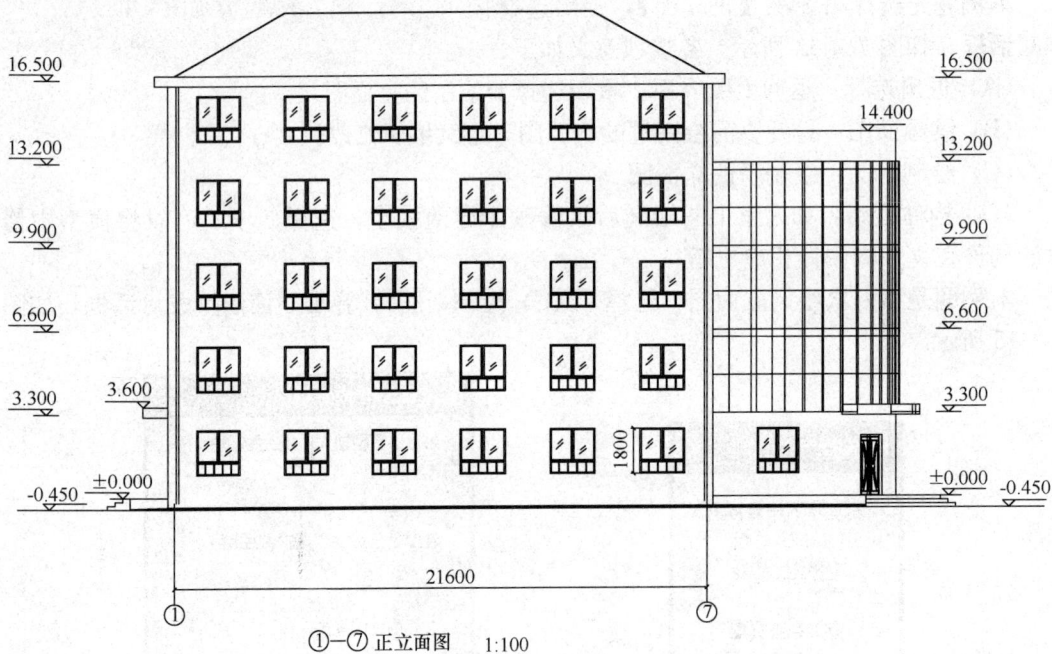

图7.4-16　正立面图

7.4.3　建筑剖面施工图

绘制剖面施工图的操作与立面施工图类似。

1. 剖面定义

要绘制剖面图，必须在首层平面施工图上定义剖面或利用【补充剖面】功能定义剖面，各剖面图按定义的先后次序排列。要特别强调的是，在首层平面施工图上标注剖面符号时，一定要用［F10］功能键设定好角度，并按［F4］键打开角度捕捉开关。否则，作剖切计算时会有误差。

本例题已在首层平面图中定义过剖面，故选择剖面对话框中有已定义的"第1剖面图"，如图7.4-17所示，选取该剖面图项，点击〈确定〉。

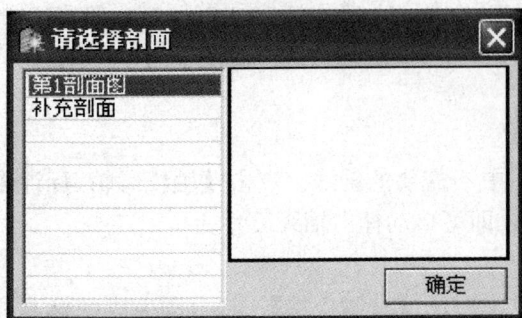

图7.4-17　选择剖面对话框

2. 三维剖面生成

对已经定义好的剖面，选择〈绘制新图〉以及〈交互生成剖面〉后，根据提示绘制闭合折线，圈定有效剖面范围，即可生成剖面图。

3. 其他标注

与立面图编辑相同，利用相关菜单进行轴线标注、标高标注、尺寸标注、写图名等操作。本例题 1-1 剖面图，如图 7.4-18 所示。

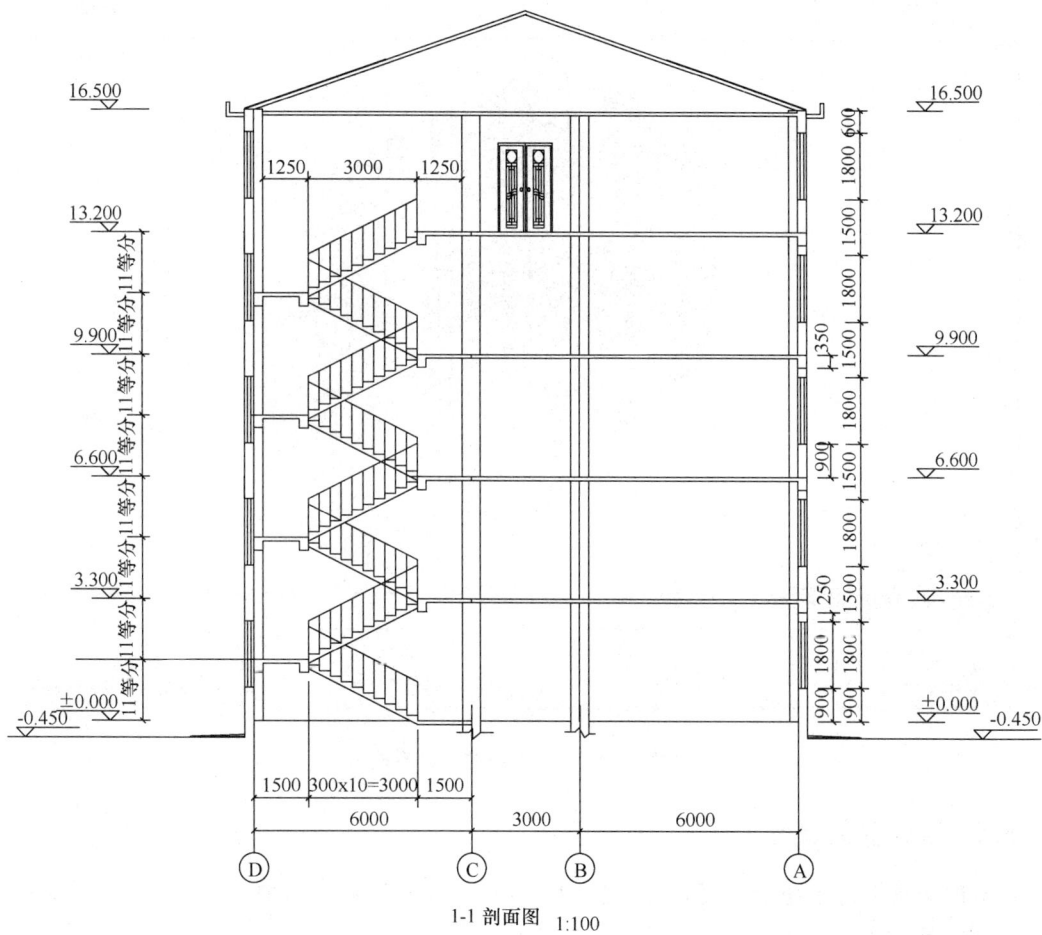

图 7.4-18 1-1 剖面图

至此，本例题平、立、剖建筑施工图绘制完成。

提示： 利用 APM 软件第 6 项〈⑥建筑大样图〉，可以绘制大样图，如楼梯详图、檐口做法等。利用第 7 项〈⑦房间面积统计及门窗表〉和第 12 项〈C 总平面图及鸟瞰图、日照分析〉，根据屏幕菜单及命令提示还可以对全楼、各层的建筑面积和使用面积进行统计，生成门窗明细表，辅助绘制总平面图及鸟瞰图，进行日照分析等，本书不再一一介绍。

7.5 渲染图绘制

在 PKPM 软件主界面〈建筑〉页中选择〈APM〉的第 9 项〈⑨三维模型渲染〉，点击〈应用〉，进入三维模型渲染环境。屏幕显示建筑物的三维图形，如图 7.5-1 所示。

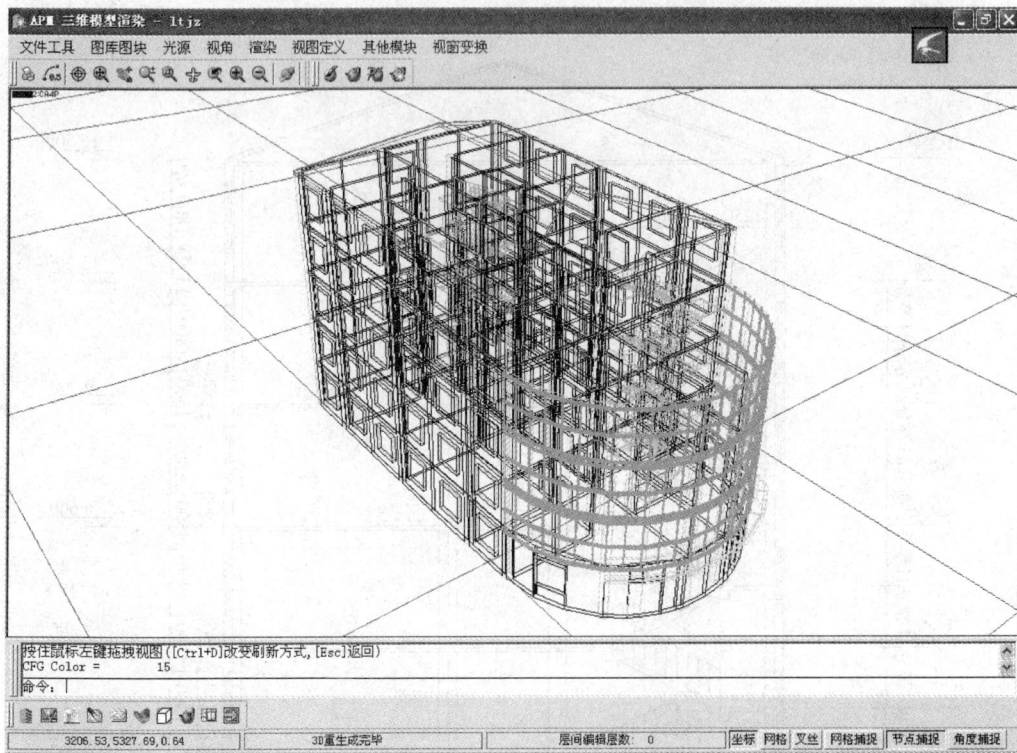

图 7.5-1　三维模型渲染界面

7.5.1　渲染参数设定

点取屏幕上方下拉菜单【渲染/渲染】，弹出渲染对话框，如图 7.5-2 所示，该对话框主要渲染参数含义如下：

● 图像文件名，用于命名彩色效果图文件名，本例题取默认文件名。APM 可接受的图形文件格式有 TIF、PCX、TGA、GIF、JPG、BMP 等。

● 尺寸计算器，用于确定绘制渲染图的图幅和精度，如 A4、A3、A2 等。

● 图像分辨率，用于选择生成图像的分辨率，程序提供的选项有 320×2000，640×800，800×600，1024×768，2000×1500，3000×2000 等，其中前四项分辨率用于计算机屏幕显示，后两项用于生成打印需要的高分辨率图像。本例题选择显示分辨率为 800×600。

● 计算透明、计算纹理、计算阴影参数用于控制生成图形的阴影、纹理和透明状况。如不勾选，计算渲染图的速度会加快，但渲染效果会差一些。本例题勾选计算纹理。

点取"定义纹理"，弹出纹理定义对话框，如图 7.5-3 所示，可以为各类构件定义材质图片，使渲染后的图像具有纹理质感效果。例如，选择该图中的"门窗1"，点击〈＋添加纹理〉，弹出选择图像文件对话框，如图 7.5-4 所示。可以在 APM 的相关文件夹内浏览、选择需要的图片，点击〈确定〉即可。（注：用户除了可选择 APM 软件自带的纹理文件外，还可以使用自己收集到的各种纹理文件。）

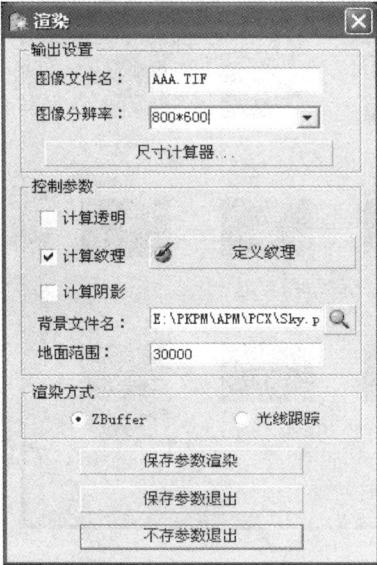

图 7.5-2　渲染对话框

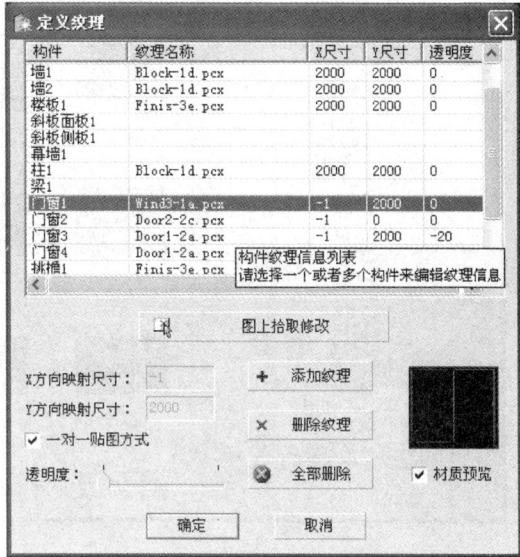

图 7.5-3　定义纹理对话框

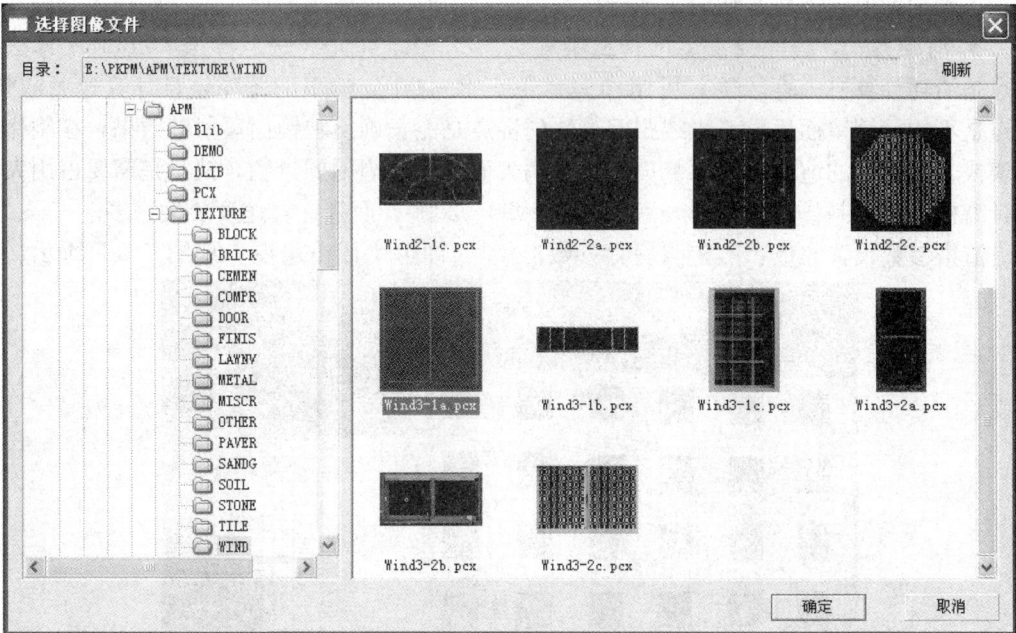

图 7.5-4　选择窗图像文件对话框

各类构件的纹理设置完后，还要设置纹理的贴图方式，参看图 7.5-3 左下角，可以输入 X 和 Y 方向的映射尺寸，或勾选"一对一贴图方式"。

● 背景文件名，用于设置生成渲染图的背景图像。点取其右侧的浏览按钮，可以搜索相关图片。本例题搜索到的图片，如图 7.5-5 所示，选择 Sky.pcx（蓝天白云图像）作为背景，点击〈确定〉，结束返回。

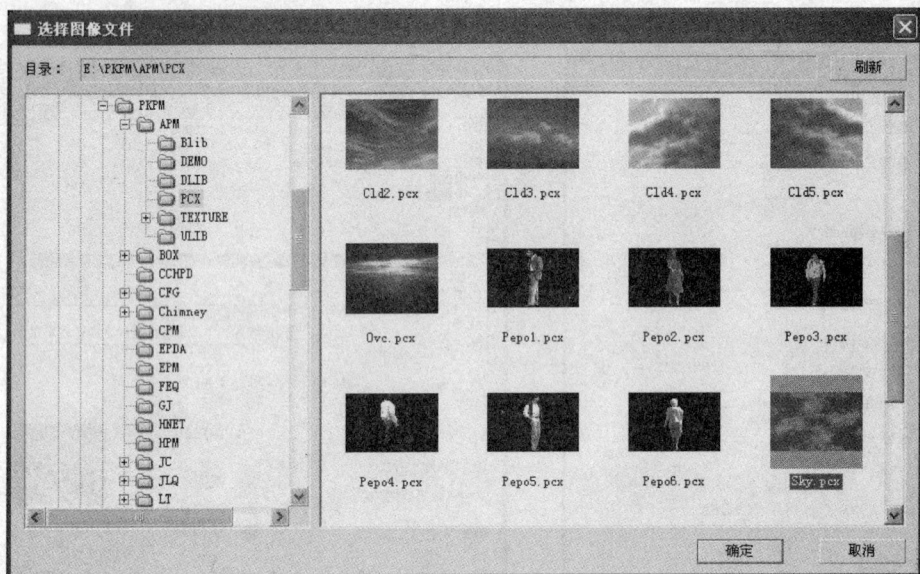

图 7.5-5 选择背景图像文件对话框

● 地面范围，表示以建筑物为中心向四周的延伸尺寸，单位为毫米。当建筑物较大时，可增加此值；当建筑物较小或制作室内效果图时，可减小此值，本例题输入 30000。

● 渲染方式，程序提供了两种渲染算法：Zbuffer 和光线跟踪算法。Zbuffer 算法的优点是消耗计算机内存较少，可制作大至 4000×4000 分辨率的图像，且计算速度较快，缺点是不能计算镜面反射。光线跟踪算法的优点是能正确反映镜面反射的效果，在制作有玻璃或金属构件的渲染图时可从玻璃或金属表面反映出周围的景物，缺点是需要占用大量的计算机内存，制作的最大分辨率只能到 3000×2000，而且计算速度要慢许多。

渲染参数设置完成，点击〈保存参数渲染〉，即可生成渲染图，如图 7.5-6 所示。如

图 7.5-6 渲染效果图

需进一步设置光源、视角等，可点击〈保存参数退出〉，这样能节约机时。

7.5.2 光源设置

在建筑渲染图的制作过程中，光源的设置是直接影响最终效果的重要因素之一。

1.环境光

点取屏幕下拉菜单【光源/设环境光】，弹出环境光调色板，如图 7.5-7 所示，用户可控制环境光的颜色。环境光是分布于空间任何部位的光源，它将所有物体照亮，但不产生阴影。环境光主要起烘托环境的作用，不能作为主体照明光源使用，因此一般情况下环境光的亮度不大，它的强度取值在 0～1 范围内，一般取 0.2～0.4 之间的值。

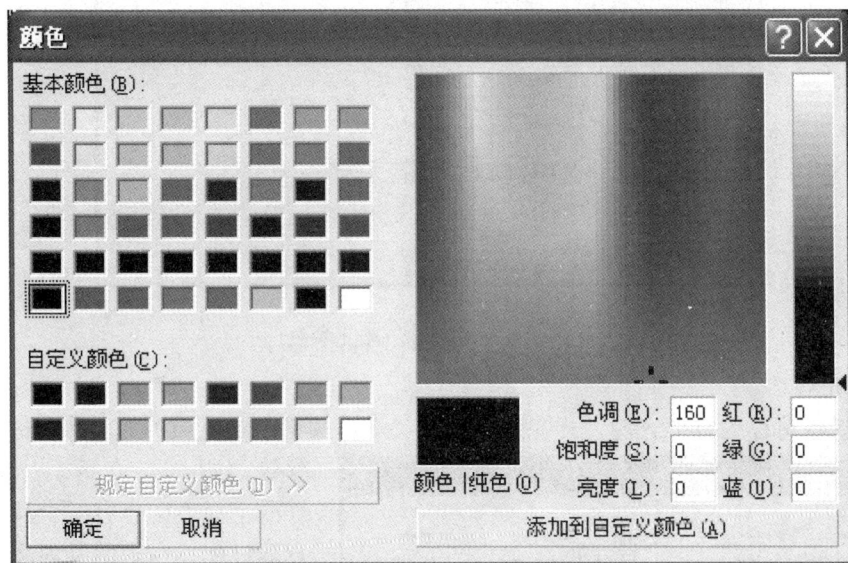

图 7.5-7　环境光调色板

2.点光源

点取下拉菜单【光源/添加光源】，弹出光源对话框，如图 7.5-8 所示，可在此对话框中设定光源。

点光源是从空间某一位置向四周照射的光源。与点光源有关的参数包括光源的颜色、光强、阴影开关、衰减距离和衰减指数。自然界中的光源由于向四周照射，随着光源的距离逐渐变远，光能逐渐发散，到一定距离以后亮度会衰减为零。衰减距离表示从光源位置到亮度衰减为零的距离。距离衰减指数表示光源亮度随距离衰减的速率，指数为 1 表示线

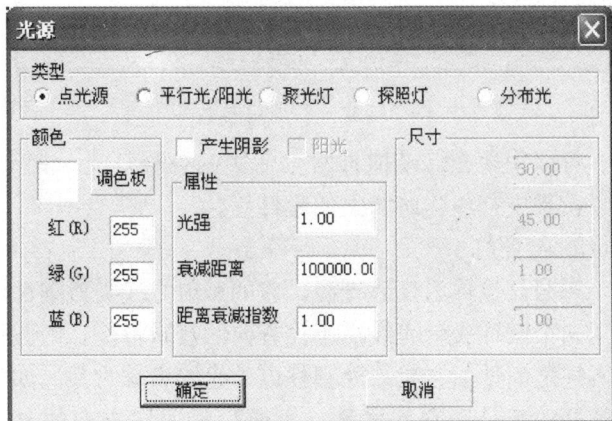

图 7.5-8　点光源参数

性衰减，指数为 2 表示平方衰减。

3. 平行光/阳光

平行光源是空间中向某一固定方向照射的光源，其参数如图 7.5-9 所示。平行光有照射方向，但没有起点和终点，衰减距离和衰减指数也不起作用，因此用平行光模拟太阳光是最合适的。

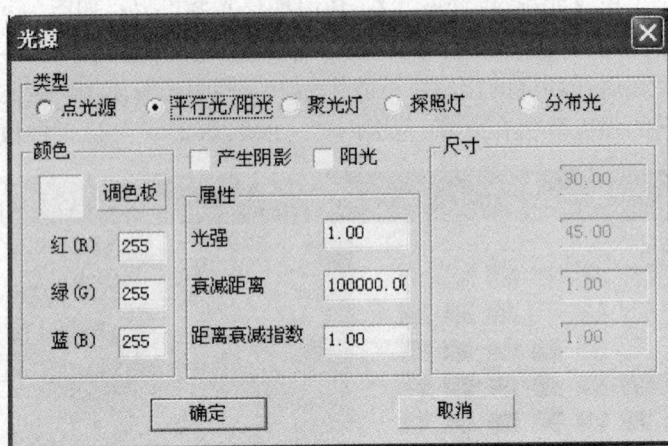

图 7.5-9　平行光/阳光参数

4. 聚光灯

聚光灯也可称为锥形光源，光源点在圆锥尖端，圆锥内的区域为光源照射的区域，其参数如图 7.5-10 所示。由于聚光灯沿半径方向也有一个从亮到暗的衰减过程。在内圆锥内部为高亮度区域，光线无衰弱；在内圆锥和外圆锥之间为光线衰弱区域，越靠近内圆锥光线越亮，越靠近外圆锥光线越暗；在外圆锥以外光线衰弱为零，此区域的物体不受光源的影响。使用时是通过输入光锥内角度和外角度来定义以上两个圆锥的，角度值从 0°～360°，内角应小于外角。可以用聚光灯模拟日常生活中的各种灯光，如室外的路灯、室内的台灯、顶灯、壁灯、夜景中打在建筑物上的彩灯等。

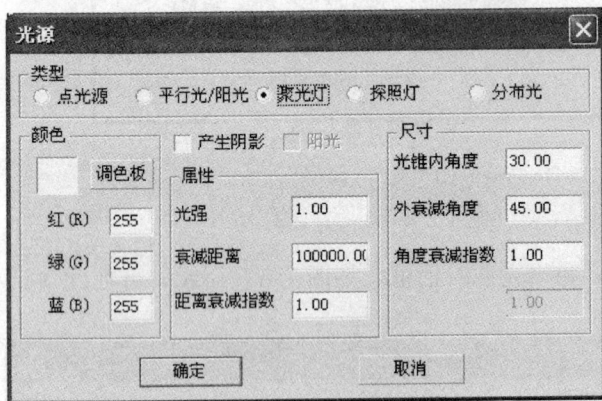

图 7.5-10　聚光灯参数

5. 探照灯

探照灯也称为柱形光源，它的照射方式类似圆柱形的平行光。与聚光灯类似，探照灯也用两个圆柱表示光线沿半径方向的衰减特性，内圆柱以内光线最亮无衰减，由内圆柱到外圆柱之间逐渐衰减，外圆柱以外光线衰减为零。如图 7.5-11 所示，用户需输入的是内、外圆柱的半径和衰减指数。探照灯沿照射方向的衰减用衰减距离和相应的衰减指数来表示。

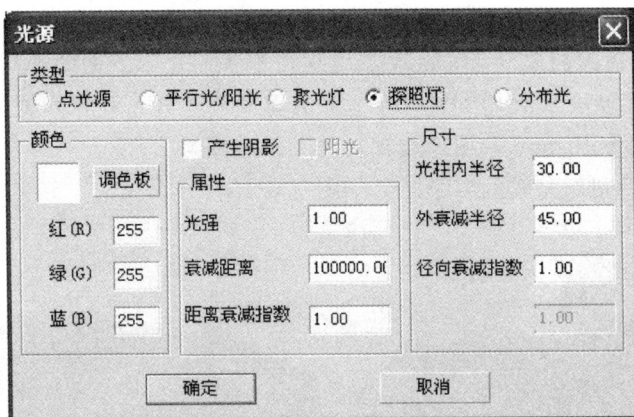

图 7.5-11 探照灯参数

6. 分布光

分布光也称为面光源，它是由分布在一个平面上的一组点光源组成，其参数如图 7.5-12 所示。定义分布光时需要输入光源所在平面的尺寸和组成分布光的点光源横纵排布个数，例如平面尺寸输入"1000，2000"，表示分布光在水平和垂直方向的大小为 1000mm×2000mm，光源排布个数输入"4，3"，表示横向为 4 排，纵向为 3 排的光源组。光源平面总是垂直于照射方向，X 方向总平行于地面，Y 方向为光源平面上与 X 垂直的方向。

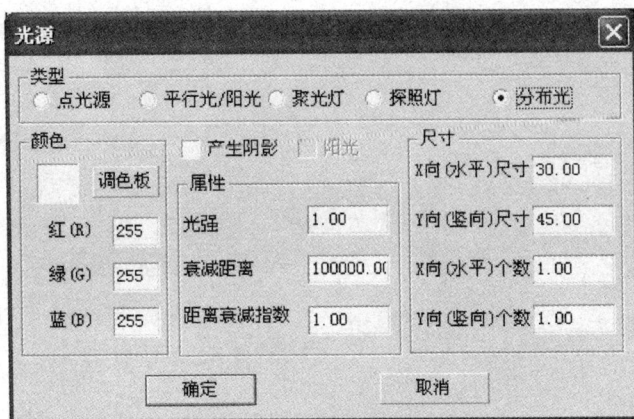

图 7.5-12 分布光参数

提示：1）由于渲染图生成要占用较长时间，而且要不断调整各项参数，因此用户在制作渲染图时，应本着从简到繁、从小到大的原则进行。

2）制作图像的分辨率应从小到大，开始时可以制作小分辨率的图像，随着各项参数、纹理材质的确定，逐渐增大分辨率，最后生成用于显示或打印的高分辨率图像。

3）选择光源，开始时不要使用分布光，因为其由多个点光源组成，计算时间很长。在使用分布光时，光源纵横排布个数由少到多，逐步到位。

4）制作大体量建筑模型的渲染图时，还应进行模型简化。例如制作建筑物的外景图，可只取建筑物的外墙，使内部所有被遮挡的构件不参与计算。再如要制作建筑正面的效果

185

图，其背面的看不见的构件都可以删减。

5）布置建筑物周围的配景时，也要尽量少用那些包含很多面的图块，如树木、行人、汽车等，因为这些图块会大大增加计算量，而且真实感不强。建议用户只渲染建筑物的主体，周围的景物用 Photoshop 等图像处理软件粘贴和编辑。

本教程例题最后制作完成的渲染图，如图 7.5-13 所示。

图 7.5-13　本例题渲染图

结 束 语

如果你已详细阅读了本教程，如果你按本教程指引完成了例题的全部操作，相信你已经初步掌握了 PKPM 软件的操作要领和设计步骤，那么笔者还有几句忠告：

1. 循序渐进

PKPM 入门有几天或一、二十学时就够了，但要对 CAD 技术融会贯通，运用自如却要花上较长的时间，要经历一段较为艰苦的"磨合期"，在这期间不应急于求成，不要急于接工程，而要扎扎实实一步一个脚印地从基础学起，从简单做起，显然一蹴而就，急功近利不现实；浅尝辄止，知难而退更不可取；唯有辛勤耕耘，持之以恒者才能到达光辉的顶峰。

2. 重在实践

学习书本理论固然重要，但掌握 CAD 技术的关键是上机操作，从这个意义上说 CAD 技术是靠机时磨出来的，因为唯有上机才能对所学有所悟，唯有上机才能掌握只可意会不可言传的技能，唯有上机才能达到手、眼、脑的高度协调统一，为高效率设计工作奠定基础。

3. 以人为本

完成复杂的工程设计，需要 CAD 技术提高工作效率，但绝不能单纯依赖计算机，应当清楚计算模型的假定和适用条件，确认计算结果合理有效后方可用于工程。因此，人的因素永远是第一位的，必须提倡概念设计，强调人在结构设计中的指挥、主导、调控作用，要做软件的主人，不做软件的奴隶。

4. 学无止境

PKPM 结构软件入门可以从本教程重点介绍的三个软件 PMCAD、SATWE、JCCAD 入手，进而还要学习其他计算分析软件 PK、TAT、PMSAP、EPDA，学习 STS 钢结构软件和 SpasCAD 任意空间建模软件，学习其他结构设计软件，学习不断推出的新版软件，学习……学而后知不足，学而后知不进则退。书山有路勤为径，学海无涯苦作舟。凡是叩开 CAD 大门，立志在高科技领域拼搏驰骋的勇者都应当给自己立下这样的座右铭：学习，学习，再学习！

附录 1 本教程例题的技术条件

1. 工程概况

工程名称：某学校办公楼

建筑面积：1501.25m²

建筑高度：19.0m

建筑层高：3.3m

结构形式：框架-剪力墙结构

基础形式：梁筏板基础

基顶标高：-1.2m

2. 设计标准

(1) 建筑物设计等级

结构的安全等级：二级

结构的环境类别：二类

结构设计使用年限：50 年

抗震设防分类：丙类

地基基础设计等级：丙级

(2) 建筑物抗震设防标准

抗震设防烈度：7 度

基本地震加速度：$0.15g$（第二组）

建筑场地类别：Ⅱ类

特征周期：0.35s

(3) 建筑物抗震等级

框架抗震等级：三级

剪力墙抗震等级：二级

3. 可变荷载（风荷载、雪荷载、活荷载）

(1) 风荷载

基本风压（50 年重现期）：0.35kN/m²

地面粗糙度类别：B 类

(2) 雪荷载

基本雪压（50 年重现期）：0.25kN/m²

(3) 活荷载（设计基准周期 50 年）

卫生间　　　　　　　2.0kN/m²

办公室　　　　　　　2.0kN/m²

走廊　　　　　　　　2.5kN/m²

楼梯间	3.5kN/m²
不上人屋面	0.5kN/m²
上人屋面	2.0kN/m²

4. 恒载

（1）楼面

①办公室、走廊：铺地砖楼面（无垫层）（40厚）

铺6～10厚地砖	20×0.01＝0.20kN/m²
5厚1：2.5水泥砂浆粘结层	20×0.005＝0.10kN/m²
30厚1：3干硬性水泥砂浆结合层	20×0.03＝0.60kN/m²
水泥浆一道	0.05kN/m²
粉底	0.5kN/m²
	合计：1.45kN/m²

②卫生间：铺地砖楼面（有防水）（90厚）

铺10厚地砖	20×0.01＝0.20kN/m²
撒素水泥面	0.05kN/m²
30厚1：3干硬性水泥砂浆结合层	20×0.03＝0.60kN/m²
1.5厚合成高分子涂膜防水层	0.05kN/m²
50水泥砂浆找坡层	20×0.05＝1.0kN/m²
粉底	0.5kN/m²
	合计：2.4kN/m²

（2）屋面

①环形区域屋顶：上人屋面

10厚地砖	20×0.01＝0.2kN/m²
25厚水泥砂浆	20×0.025＝0.5kN/m²
隔离＋防水	0.05kN/m²
20厚1：3水泥砂浆找平	20×0.02＝0.4kN/m²
120厚沥青膨胀珍珠岩板保温	4×0.12＝0.48kN/m²
1：6水泥焦渣找2％坡，最薄处30	14×（0.03＋0.075）＝1.47kN/m²
吊顶	0.5kN/m²
	合计：3.6kN/m²

②坡屋顶：不上人屋面

水泥瓦	0.55kN/m²
35×25木挂瓦条	0.1kN/m²
30×15木顺水条，用预埋ϕ12镀锌低碳钢丝绑扎	0.1kN/m²
聚氨酯防水涂膜	0.015×16＝0.24kN/m²
40厚细石混凝土找坡层（钢丝网）	0.04×25＝1.0kN/m²
40厚挤塑泡沫板	0.04×0.5＝0.02kN/m²
吊顶	0.5kN/m²
	合计：2.5kN/m²

（3）楼梯间 $8.0 \mathrm{kN/m}^2$

（4）悬挑板 $1.0 \mathrm{kN/m}^2$

5. 线荷载

240 墙 $0.24 \times 11 + 1.0 = 3.64 \mathrm{kN/m}$

240 隔墙 1 $3.64 \times 2.7 = 9.80 \mathrm{kN/m}$ $(2.7 = 3.3 - 0.6)$

240 隔墙 2 $3.64 \times 2.8 = 10.2 \mathrm{kN/m}$ $(2.8 = 3.3 - 0.5)$

有窗的隔墙 $[3.64 \times (2.7 \times 3.6 - 1.8 \times 1.8) + 0.5 \times 1.8 \times 1.8]/3.6 = 7 \mathrm{kN/m}$

有门的隔墙 1 $[3.64 \times (2.7 \times 3.6 - 1.0 \times 2.1) + 0.5 \times 1.0 \times 2.1]/3.6 = 8 \mathrm{kN/m}$

有门的隔墙 2 $[3.64 \times (2.7 \times 7.3 - 1.5 \times 2.1) + 0.5 \times 1.5 \times 2.1]/7.3 = 8.5 \mathrm{kN/m}$

玻璃幕墙 $1.5 \times 3.3 = 5 \mathrm{kN/m}$

女儿墙（1200） $0.15 \times 1.2 \times 27 = 5 \mathrm{kN/m}$

同理：由于坡屋顶 240 隔墙的高度不同，所以还有 13.5kN/m、13.8kN/m、15.3kN/m、12kN/m 的线荷载

6. 建筑材料

（1）混凝土强度等级

    基础：C25

    墙、柱、梁、板：C25

    过梁（GL）：C25

（2）钢筋与钢材

    钢筋：φ—HPB235；Φ—HRB335；Φ—HRB400（新三级钢）

    钢材：Q235（碳素结构钢、B 级）

（3）填充材料

    材料种类：240 非承重空心砖

    ±0.000 以上，采用混合砂浆 M5

    ±0.000 以下，采用水泥砂浆 M5

提示：第 6 章底部框架-抗震墙结构例题的技术条件不再详述，阅读该章内容即可明白。

附录 2 SATWE 错误信息表

错误信息分两类，一类为致命性错误，在屏幕上用红色字符显示，在数检报告中以 Error 为题头，对于这类致命性错误，用户必须修改，否则，程序无法继续运行，或者即使能够运行，其计算结果也是错误的；另一类为警告性错误，在屏幕上用黄色字符显示，在数检报告中以 Warn 为题头，在下表中序号后带"＊"号，对于这类警告性错误，希望用户尽可能修改，若工程确实需要也可以不改，且不影响程序正常运行。

序 号	说 明
1	结构总层数 Nfloor<1 或 Nfloor>100
2	柱、梁标准截面总数 Nsect<1 或 Nsect>800
3	地震力计算标志 Mear<0 或 Mear>3
4	竖向力计算标志 Mver<0 或 Mver>2
5	风荷载计算标志 Mwin<0 或 Mwin>3
6	考虑扭转耦联计算标志 Ng1<0 或 Ngl>1
7	计算振型数 Nmode<0
8	在不考虑耦联时 Nmode>Nfloor 或在考虑耦联时 Nmode<9
9	结构设防烈度 Ngf<6 或 Ngf>9
10	场地土类别 Kd>4 或 Kd<1 且 Kd≠−4
11	近震远震信息 Ner<0 或 Ner>1
12	结构材料信息 Lsc<0 或 Lsc>1
13	框架抗震等级 Nf<1 或 Nf>4
14	剪力墙抗震等级 Nw<1 或 Nw>4
15＊	活荷质量调整系数 Rms>0.5 或 Rms>3.0
16＊	周期折减系数 abs（Tc）<0.6 或 abs（Tc）>1.0
17＊	地震力放大系数 Req<1.0 或 Req>3.0
18	考虑 $0.2Q_0$ 剪力调整起算层号 Kq1<0 或 Kql>Nfloor 或 Kql>Kq2
19	考虑 $0.2Q_0$ 剪力调整终止层号 Kq2<0 或 Kq2>Nfloor
20＊	梁刚度增大系数 Bk<1.0 或 Bk>1.5
21＊	梁端弯矩调幅系数 Bt<0.7 或 Bt>1.0
22＊	梁跨中弯矩增大系数 Bm<1.0 或 Bm>1.3
23＊	连梁刚度折减系数 BlZ<0.55 或 BlZ>1.0
24＊	梁扭矩折减系数 Tb<0.4 或 Tb>1.0
25	顶塔楼内力放大系数起算层号 Ntl<0 或 Ntl>Nfloor
26＊	顶塔楼内力放大系数 Rtl<1.0 或 Rtl>3.0

序 号	说 明
27	混凝土结构的容量 Gc<0.0 或 Gc>30.0
28	钢构件容重 Gs<0.0 或 Gs>90.0
29	梁主筋级别 Ib<1 或 Ib>4
30	柱主筋级别 Ic<1 或 Ic>4
31	剪力墙端头筋级别 Iw<1 或 Iw>4
32	梁箍筋级别 Jb<1 或 Jb>2
33	柱箍筋级别 Jc<1 或 Jc>2
34	剪力墙水平分布筋级别 Jwh<1 或 Jwh>2
35	梁箍筋间距 Sb<0.05 或 Sb>0.4m
36	柱箍筋间距 Sc<0.05 或 Sc>0.4m
37	剪力墙水平分布筋间距 Swh<0.05 或 Swh>0.4m
38	剪力墙竖向分布筋配筋百分率 Rw<0.15% 或 Rw>1.2%
39	自定义地震影响系数曲线的总步数 Ntcc>100
40	自定义地震影响系数取值不应小于 0.0
41	柱、梁支撑标准截面序号 Is<1 或 Is>Nsect
42	柱、梁支撑标准截面形状标志 abs（k）>200
43	柱、梁支撑截面材料信息 M<0
44	柱、梁支撑标准截面的几何参数 B<0.0
45	柱、梁支撑标准截面的几何参数 H<0.0
46	柱、梁支撑标准截面的几何参数 F<0.0
47	复合截面参数错
48	层号信息 abs（Ifloor）≠当前层号
49	该层的总塔数 Ndt<1 或 Ndt>10
50	该层的各塔下连塔数 JDT<0 或 JDT 大于其下层的总塔数
51	该层各塔的下连塔号小于 0 或大于其下层的总塔数
52	梁混凝土强度等级 Cbeam<0 或 Cbeam>60
53	柱混凝土强度等级 Ccolm<0 或 Ccolm>60
54	剪力墙混凝土强度等级 Cwall<0 或 Cwall>60
55	钢构件钢号 Nsteel<0 或≥20
56	该层的总节点数 Nnode<1 或 Nnode>10000
57	该层的梁总数 Nbeam<0 或 Nbeam>10000
58	该层的柱总数 Ncolm<0 或 Ncolm>6000
59	该层的支撑或斜柱总数 Nbrace<0 或 Nbrace>6000
60	该层的剪力墙墙元总数 Nwall<0 或 Nwall>6000
61	该层的弹性板单元总数 Nplate<0 或 Nplate>3000
62	与前层相比，本层的不同节点数 Mnode<0 或 Mnode>Nnode

序　号	说　　明
63	与前层相比，本层的不同梁数 Mbeam<0 或 Mbeam>Nbeam
64	与前层相比，本层的不同柱数 Mcolm<0 或 Mcolm>Ncolm
65	与前层相比，本层的不同支撑或斜柱数 Mbrace<0 或 Mbrace>Nbrace
66	与前层相比，本层的不同墙元数 Mwall<0 或 Mwall>Nwall
67	与前层相比，本层的不同弹性板单元数 Mplate<0 或 Mplate>Nplate
68	节点序号 Nnod<1 或 Nnod>Nnode
69	节点约束标志 Jnod>10
70	该节点的 Z 坐标值大于该塔本层的层高
71	梁的序号 Nb<1 或 Nb>Nbeam
72	梁左节点号 abs（Nbl）=0 或 abs（Nbl）>Nnode
73	梁右节点号 abs（Nbr）=0 或 abs（Nbr）>Nnode
74	梁所属的标准截面序号 Is≤0 或 Is>Nsect
75	梁两端连结标志 Ibend<−4 或 Ibend>8
76*	梁长 Lb<0.2m
77	柱的序号 Nc<1 或 Nc>Ncolm
78	柱上节点号 abs（Ncu）=0 或 abs（Ncu）>Nnode
79	柱下节点号 abs（Ncd）=0 或 abs（Ncd）>下层总节点数
80	柱所属的标准截面序号 Is≤0 或 Is>Nsect
81	柱错层连接标志错
82	支撑或斜柱的序号 Ng<1 或 Ng>Nbrace
83	支撑或斜柱的上节点号 abs（Ngu）=0 或 abs（Ngu）>Nnode
84	支撑或斜柱的下节点号 abs（Ngd）=0 或 abs（Ngd）>下层总节点数
85	支撑或斜柱所属的标准截面序号 Is≤0 或 Is>Nsect
86	支撑或斜柱的错层连接标志错
87	支撑或斜柱的两端连接标志 Kgend<1 或 Kgend>4
88	剪力墙墙元序号 Nw<1 或 Nw>Nwall
89	墙元水平出口节点数 KL<2 或 KL>10
90	墙元侧向出口节点数 KH<0 或 KH>2
91	墙元错层连接标志错
92	墙元厚度 TW<0.0
93	墙元的洞口参数 B1<0.0
94	墙元的洞口参数 B2<0.0
95	墙元的洞口参数 H1<0.0
96	墙元的洞口参数 H2<0.0
97	墙元上边水平出口节点的节点号 IU（i）<1 或 IU（i）>Nnode
98	墙元下边水平出口节点号 ID（i）<1 或 ID（i）大于其下层的总节点数

序　号	说　明
99	墙元的左侧或右侧出口节点的节点号小于 1 或大于本层节点总数
100*	墙元水平长度 Lw<0.3m
101	该节点号没有被用到
102	两根梁重叠
103	在墙元上有距离过近的节点存在
104	定义了实心钢截面（见附录 A 的 1、3、4 类截面）
105	截面中定义了混凝土和钢以外的材料

（竖向荷载错误信息）

序　号	说　明
1001	本层加载总数 Nload<0
1002	与前层相比不同的加载数 Mload<0 或 Mload>Nload
1003	加载序号 No<1 或 No>Nload
1004	加载构件号 Ne<1
1005	加载类别号 Kp<1
1006	梁上荷载 Ne>Nbeam
1007	柱上荷载 Ne>Ncolm
1008	墙上荷载 Ne>Nwall
1009	支撑或斜柱上荷载 Ne>Nbrace
1010	梁上第一类荷载（Kp=1）X_2 大于梁长 L_b
1011	梁上第二类荷载（Kp=2）X4<X3 或 X3+X4 大于梁长 L_b
1012	梁上第三类荷载（Kp=3）X_2+2X_3 大于梁长 L_b
1013	梁上第四类荷载（Kp=4）X_2 大于梁长的一半

（风荷载错误信息）

序　号	说　明
1201	层号 Nfl<1 或 Nfl>Nfloor
1202	作用在各塔质心上的风荷载数 Ntw<0 或 Ntw 大于本层塔数 Ndt
1203	作用在本层各节点上的风荷载数 Njw<0 或 Njw 大于本层节点数 Nnode
1204	塔号 ITW<0 或 ITW 大于本层塔数 Ndt
1205	节点号 IJW<1 或大于本层节点数 Nnode

参 考 文 献

1. 砌体结构设计规范(GB 50003—2001). 北京：中国建筑工业出版社，2001

2. 建筑地基基础设计规范(GB 50007—2002). 北京：中国建筑工业出版社，2002

3. 建筑结构荷载规范(GB 50009—2001). 北京：中国建筑工业出版社，2001

4. 混凝土结构设计规范(GB 50010—2002). 北京：中国建筑工业出版社，2002

5. 建筑抗震设计规范(2008 年版)(GB 50011—2001). 北京：中国建筑工业出版社，2008

6. 建筑地基处理技术规范(JGJ 79—2002). 北京：中国建筑工业出版社，2002

7. 城市道路和建筑物无障碍设计规范(JGJ 50—2001). 北京：中国建筑工业出版社，2001

8. 建筑设计防火规范(GB 50016—2006). 北京：中国计划出版社，2006

9. 中国建筑科学研究院 PKPMCAD 工程部. PKPM 结构系列软件用户手册. 2008

10. 混凝土结构施工图平面整体表示方法制图规则和构造详图(03G101-1). 中国建筑标准设计研究所出版，2003

11. PKPMCAD 工程部. PKPM 建筑结构设计软件 2008 版新功能详解. 北京：中国建筑工业出版社，2008

12. 杨星. PKPM 结构软件从入门到精通. 北京：中国建筑工业出版社，2008

13. 易富民，李学进，李旭鹏. PKPM 建筑结构设计—快速入门与使用技巧. 大连：大连理工大学出版社，2008

14. 崔钦淑，欧新新. PKPM 系列程序在土木工程中的应用. 北京：中国水利水电出版社，2006

15. 李星荣，王柱宏. PKPM 结构系列软件应用与设计实例. 北京：机械工业出版社，2007

16. 王小红，罗喜阳. 建筑结构 CAD-PKPM 软件应用. 北京：中国建筑工业出版社，2005

17. 季韬，黄志雄. 多高层钢筋混凝土结构设计. 北京：机械工业出版社，2007

尊敬的读者：

感谢您选购我社图书！建工版图书按图书销售分类在卖场上架，共设22个一级分类及43个二级分类，根据图书销售分类选购建筑类图书会节省您的大量时间。现将建工版图书销售分类及与我社联系方式介绍给您，欢迎随时与我们联系。

★建工版图书销售分类表（详见下表）。

★欢迎登陆中国建筑工业出版社网站www.cabp.com.cn，本网站为您提
　供建工版图书信息查询，网上留言、购书服务，并邀请您加入网上
　读者俱乐部。

★中国建筑工业出版社总编室　电　话：010—58934845
　　　　　　　　　　　　　　　传　真：010—68321361

★中国建筑工业出版社发行部　电　话：010—58933865
　　　　　　　　　　　　　　　传　真：010—68325420
　　　　　　　　　　　　　　　E-mail：hbw@cabp.com.cn

建工版图书销售分类表

一级分类名称（代码）	二级分类名称（代码）	一级分类名称（代码）	二级分类名称（代码）
建筑学 （A）	建筑历史与理论（A10）	园林景观 （G）	园林史与园林景观理论（G10）
	建筑设计（A20）		园林景观规划与设计（G20）
	建筑技术（A30）		环境艺术设计（G30）
	建筑表现·建筑制图（A40）		园林景观施工（G40）
	建筑艺术（A50）		园林植物与应用（G50）
建筑设备·建筑材料 （F）	暖通空调（F10）	城乡建设·市政工程· 环境工程 （B）	城镇与乡（村）建设（B10）
	建筑给水排水（F20）		道路桥梁工程（B20）
	建筑电气与建筑智能化技术（F30）		市政给水排水工程（B30）
	建筑节能·建筑防火（F40）		市政供热、供燃气工程（B40）
	建筑材料（F50）		环境工程（B50）
城市规划·城市设计 （P）	城市史与城市规划理论（P10）	建筑结构与岩土工程 （S）	建筑结构（S10）
	城市规划与城市设计（P20）		岩土工程（S20）
室内设计·装饰装修 （D）	室内设计与表现（D10）	建筑施工·设备安装技术（C）	施工技术（C10）
	家具与装饰（D20）		设备安装技术（C20）
	装修材料与施工（D30）		工程质量与安全（C30）
建筑工程经济与管理 （M）	施工管理（M10）	房地产开发管理（E）	房地产开发与经营（E10）
	工程管理（M20）		物业管理（E20）
	工程监理（M30）	辞典·连续出版物 （Z）	辞典（Z10）
	工程经济与造价（M40）		连续出版物（Z20）
艺术·设计 （K）	艺术（K10）	旅游·其他 （Q）	旅游（Q10）
	工业设计（K20）		其他（Q20）
	平面设计（K30）	土木建筑计算机应用系列（J）	
执业资格考试用书（R）		法律法规与标准规范单行本（T）	
高校教材（V）		法律法规与标准规范汇编/大全（U）	
高职高专教材（X）		培训教材（Y）	
中职中专教材（W）		电子出版物（H）	

注：建工版图书销售分类已标注于图书封底。